Sigurd Lohmeyer u.a. · Edelstahl II

Edelstahl II

Umfassende Praxiserfahrungen
Belastungsgrenzen
Sondermetalle und metallische Gläser

Dipl.-Chem. Professor Dr. Sigurd Lohmeyer

Prof. Dr. Hans Jürgen Engell
Dipl.-Ing. Horst Körbe
Dr. Max Mayr
Dipl.-Chem. Professor Dr. Bruno Predel
Dr.-Ing. Klaus Röhrig
Dr.-Ing. Karl Schäfer
Professor Dr. Franz Schreiber
Dr. Frowin Zettler

Mit 228 Bildern und 148 Literaturstellen

Kontakt & Studium
Band 389

Herausgeber:
Prof. Dr.-Ing. Wilfried J. Bartz
Technische Akademie Esslingen
Weiterbildungszentrum
DI Elmar Wippler
expert verlag

Die Deutsche Bibliothek – CIP-Einheitsaufnahme

Edelstahl / Sigurd Lohmeyer... – Ehningen bei Böblingen : expert-Verl.,
  Literaturangaben
NE: Lohmeyer, Sigurd [Hrsg.]

2. Umfassende Praxiserfahrungen, Belastungsgrenzen, Sondermetalle und metallische Gläser.
– 1993
(Kontakt & Studium ; Bd. 389)
ISBN 3-8169-0791-1
NE: GT

ISBN 3-8169-0791-1

Bei der Erstellung des Buches wurde mit großer Sorgfalt vorgegangen; trotzdem können Fehler nicht vollständig ausgeschlossen werden. Verlag und Autor können für fehlerhafte Angaben und deren Folgen weder eine juristische Verantwortung noch irgendeine Haftung übernehmen.
Für Verbesserungsvorschläge und Hinweise auf Fehler sind Verlag und Herausgeber dankbar.

© 1993 by expert verlag, 71139 Ehningen bei Böblingen
Alle Rechte vorbehalten
Printed in Germany

Das Werk einschließlich aller seiner Teile ist urheberrechtlich geschützt. Jede Verwertung außerhalb der engen Grenzen des Urheberrechtsgesetzes ist ohne Zustimmung des Verlags unzulässig und strafbar. Dies gilt insbesondere für Vervielfältigungen, Übersetzungen, Mikroverfilmungen und die Einspeicherung und Verarbeitung in elektronischen Systemen.

Herausgeber-Vorwort

Die berufliche Weiterbildung hat sich in den vergangenen Jahren als eine absolut notwendige Investition in die Zukunft erwiesen. Der rasche technologische Fortschritt und die quantitative und qualitative Zunahme des Wissens haben zur Folge, daß wir laufend neuere Erkenntnisse der Forschung und Entwicklung aufnehmen, verarbeiten und in die Praxis umsetzen müssen. Erstausbildung oder Studium genügen heute nicht mehr. Lebenslanges Lernen ist gefordert!

Die Ziele der beruflichen Weiterbildung sind

— Anpassung der Fachkenntnisse an den neuesten Entwicklungsstand
— Erweiterung der Fachkenntnisse um zusätzliche Bereiche
— Fähigkeit, wissenschaftliche Ergebnisse in praktische Lösungen umzusetzen
— Verhaltensänderungen zur Entwicklung der Persönlichkeit und Zusammenarbeit.

Diese Ziele lassen sich am besten durch Teilnahme an einem Präsenzunterricht und durch das begleitende Studium von Fachbüchern erreichen.

Die Lehr- und Fachbuchreihe KONTAKT & STUDIUM, die in Zusammenarbeit zwischen dem expert verlag und der Technischen Akademie Esslingen herausgegeben wird, ist für die berufliche Weiterbildung ein ideales Medium. Die einzelnen Bände basieren auf erfolgreichen Lehrgängen der TAE. Sie sind praxisnah, kompetent und aktuell. Weil in der Regel mehrere Autoren — Wissenschaftler und Praktiker — an einem Band mitwirken, kommen sowohl die theoretischen Grundlagen als auch die praktischen Anwendungen zu ihrem Recht.

Die Reihe KONTAKT & STUDIUM hat also nicht nur lehrgangsbegleitende Funktion, sondern erfüllt auch alle Voraussetzungen für ein effektives Selbststudium und leistet als Nachschlagewerk wertvolle Dienste. Auch der vorliegende Band wurde nach diesen Grundsätzen erarbeitet. Mit ihm liegt wieder ein Fachbuch vor, das die Erwartungen der Leser an die wissenschaftlich-technische Gründlichkeit und an die praktische Verwertbarkeit nicht enttäuschen wird.

TECHNISCHE AKADEMIE ESSLINGEN	expert verlag
Prof. Dr.-Ing. Wilfried J. Bartz	Dipl.-Ing. Elmar Wippler

Autoren-Vorwort

Lehrgang und Buch Edelstahl, Bd. I haben in der Fachwelt eine so günstige Aufnahme erfahren, daß sehr bald die Neuauflage des Bandes nötig wurde. Das Echo zeigt, daß der Bedarf an Grund- und Fachwissen erheblich ist. Die für einen Werkstoff ungewöhnlich hohe Spezialisierung und Diversifikation des Stahls, die erst in diesem Jahrhundert in nennenswerter Weise begannen, haben die Entwicklung vieler Techniken überhaupt erst möglich gemacht. Dafür sprechen auch die beiden Denkmale, die dem Stahl als dem wichtigsten Baustoff der Welt gesetzt wurden, der Eiffelturm und das Atomium in Brüssel. Daß 69 Jahre nach Errichten des Pariser Wahrzeichens in Brüssel die Elementarzelle des Ferrits in der vorliegenden Form erstellt wurde, war eine weltbekannte Bestätigung der Unverzichtbarkeit des Stahls und seiner laufenden Vervollkommung. Die Weiterentwicklung hat allein in den letzten zehn Jahren mehrere hundert neue Schmelzen hervorgebracht.

Jedoch vermögen diese im Augenblick nicht mehr ganz alle planerischen Wünsche und drängenden harten Anforderungen zu befriedigen, welche an die Stähle gestellt werden müssen, und es hat den Anschein, daß die gegenwärtig ausgesprochen rasante Weiterentwicklung der Stähle noch zu beschleunigen ist.

In vielen Fällen verlangen Umweltschutz — Müllverbrennungsanlagen, CKW-Anlagen, Cadmium-Ersatz usw. — Luft- und Raumfahrt und die Fülle des nur noch Spezialisten vertrauten High-Tech neue Eigenschaften und Standzeiten, deren sofortige Erfüllung zur Zeit nur mit Sondermetallen möglich zu sein scheint.

Ein neuer Weg wird mit den amorphen Metallen — metallischen Gläsern — beschritten, denen dank ihrem homogenen Gefüge die wichtigsten Ansatzpunkte für Korrosion, Rißbildung und Materialermüdung, die Korngrenzen, fehlen und die darüber hinaus überragende elektrische und elektromagnetische Eigenschaften besitzen.

Lehrgang und Buch Edelstahl II führen mit theoretischer Untermauerung und an Hand technischer Beispiele und Erfahrungen an bestehende Probleme heran und zeigen Wege zu ihrer Bewältigung auf.

Giengen (Brenz), Juni 1993   Prof. Dr. Sigurd Lohmeyer

Inhaltsverzeichnis

Herausgeber-Vorwort
Autoren-Vorwort

1	**Belastungsgrenzen, verbreitete Fehleinsätze und ihre Korrekturen** S. Lohmeyer	**1**
1.1	Einleitung	1
1.2	Vom Stahl gegebene Ansatzstellen für die Korrosion	4
1.2.1	Potentialunterschiede in Schweißnähten	5
1.2.2	Durch Abschleifen oder Strahlen erzeugte Oberflächenunterschiede	10
1.3	Ausschluß von Verarbeitungsfehlern	23
1.4	Atmosphärische Angriffsmedien	39
1.5	Das Belüftungselement	47
1.6	Korrosion durch Kontakt mit Brauchwasser	52
1.7	Angriff von Produktionslösungen	68
1.8	Wirkungsweisen und Vermeiden von Konstruktionsfehlern	80
1.9	Sonderbelastungen	85
1.10	Der Einfluß von Verpackungen	87
2	**Korrosionsbeständiger Stahl- und Eisenguß** K. Röhrig	**91**
2.1	Einleitung	91
2.2	Arten der Eisengußwerkstoffe	94
2.3	Korrosionsbeständige Stahlgußsorten	111
2.3.1	Austenitische Stähle	112
2.3.2	Duplex-Stähle	120
2.3.3	Korrosionsverhalten hochlegierter austenitischer und ferritisch-austenitischer Stähle	125
2.3.3.1	Chloridbeständigkeit	125
2.3.3.2	Vergleich zwischen Guß- und Walzstählen	126
2.3.3.3	Beständigkeit gegen Schwefelsäure	128
2.3.3.4	Verhalten bei Strömung	129
2.3.4	Martensitische und ferritisch-carbidische rostfreie Stahlgußsorten	131

2.3.5	Austenitische Gußeisen	137
2.3.6	Eisen-Silicium-Guß	143
2.3.7	Gegen Verschleiß und Korrosion beständige Eisengußwerkstoffe	147

3 Verarbeitung nichtrostender Stähle im Behälter- und Rohrleitungsbau 154
K. Schäfer

3.1	Oberflächenzustand	155
3.1.1	Bearbeitung nur mit Werkzeugen aus nichtrostenden Stählen	155
3.1.2	Vermeidung von Mischbauweise	155
3.1.3	Schutzgasabdeckung von Oberflächen, die über ca. 600°C erwärmt werden	156
3.2	Umformung	158
3.3	Schweißen	159
3.4	Wärmebehandlung	160
3.5	Werkstoffauswahl	162

4 Bildung und Einfluß von α'-Martensit auf die Spannungsrißkorrosion von Chrom-Nickel-Stählen 163
F. Schreiber, H.-J. Engell

4.1	Einleitung	163
4.2	Korrosionssystem	163
4.3	Versuchsergebnisse	167
4.3.1	Martensitbildung	167
4.3.2	Der Einfluß des α'-Martensitgehaltes auf die Spannungsrißkorrosion	171
4.4	Zusammenfassung	175

5 Freiformschmieden von leicht-, mittel- und hochlegierten Stählen 176
H. Körbe

5.1	Zusammenfassung	176
5.2	Einleitung	176
5.3	Erhöhte qualitative Anforderungen und deren Erfüllung	178
5.4	Weiterentwicklung von Stählen und Verfahren	184
5.5	Erzeugnisbeispiele	185
5.5.1	Chemische Zusammensetzung	192
5.5.2	Blockherstellung	195
5.5.3	Warmformgebung und Wärmebehandlung	195

6 Beizen und Elektropolieren von Edelstahl 212
F. Zettler

6.1	Einleitung	212
6.2	Beizen von Edelstahl	213
6.2.1	Korrosionsbeständigkeit durch die Passivschicht	213
6.2.2	Korrosionsverhalten von Edelstahl	214
6.2.3	Das Beizen	217
6.2.4	Beizverfahren	220
6.2.4.1	Beizen durch Tauchen	222
6.2.4.2	Passivieren	223
6.2.4.3	Beizen mit Beizpaste	223
6.2.4.4	Sprühbeizverfahren	224
6.2.4.5	Kombiverfahren	225
6.2.4.6	Edelstahlreiniger	226
6.2.5	Prüfungen	227
6.2.6	Gesetzliche Bestimmungen	227
6.2.6.1	Persönliche Schutzmaßnahmen	228
6.2.6.2	Organisatorische Schutzmaßnahmen	228
6.3	Elektropolieren von Edelstahl	228
6.3.1	Elektropoliervorgang	230
6.3.2	Eigenschaften elektropolierter Oberflächen	232
6.3.3	Anwendungsgebiete für elektropolierte Oberflächen	233
6.3.3.1	Chemische Industrie	233
6.3.3.2	Pharmazie und Biotechnik	233
6.3.3.3	Lebensmittel- und Getränkeindustrie	234
6.3.3.4	Reinstgastechnik	234
6.3.3.5	Vakuumtechnik	236
6.3.3.6	Kerntechnik	236
6.3.3.7	Papierindustrie	236
6.3.4	Technik des Elektropolierens	237
6.3.5	Hinweise für den Konstrukteur	239
6.3.5.1	Werkstoffauswahl	239
6.3.5.2	Elektropoliergerechte Konstruktion	240
6.3.5.3	Qualitätsbeurteilung	240
6.4	Zusammenfassung	243

7 Vom Stahl bis zu den Sondermetallen 245
F. Schreiber

7.1	Entwicklungstendenzen	245
7.2	Werkstoffauswahl	247
7.2.1	Werkstoffanforderungen	247

7.2.1.1	Einsatzbedingungen	247
7.2.1.2	Verarbeitungseigenschaften	249
7.2.1.3	Wirtschaftlichkeit	250
7.2.2	Werkstoffdaten	250
7.2.3	Werkstoffbeurteilung und Auswahl	251
7.2.3.1	Technische Auswahl	251
7.2.3.2	Wirtschaftliche Auswahl	251
7.3	Vorzugseigenschaften von ausgewählten Werkstoffen	253
7.3.1	Mikrolegierte Stähle	253
7.3.1.1	Übersicht	253
7.3.1.2	Schweißgeeignete Feinkornstähle, DIN 17 102	256
7.3.1.3	Vergleich kaltgewalzter Bleche	257
7.3.1.4	Mikrolegierte perlitische Stähle für Schmiedeteile	258
7.3.2	Nichtrostende Stähle	260
7.3.2.1	Vorzugseigenschaften	260
7.3.2.2	Chemische Zusammensetzung	260
7.3.2.3	Korrosionsart	262
7.2.3.4	Werkstoffgruppen	263
7.3.3	Hitzebeständige Stähle und Nickellegierungen	264
7.3.3.1	Vorzugseigenschaften	264
7.3.3.2	Chemische Zusammensetzung	264
7.3.3.3	Werkstoffe	265
7.3.4	Titan und Titanlegierungen	268
7.3.4.1	Titan	268
7.3.4.2	Titanlegierungen	269
7.3.5	Tantal	270
7.4	Zusammenfassung	271

8	**Sondermetalle — Eigenschaften und Anwendung im Chemischen Apparatebau** M. Mayr	**273**
8.1	Zusammenfassung	273
8.2	Einleitung	273
8.3	Vorkommen, Herstellung und Verarbeitung Sondermetalle	274
8.4	Herstellung der Halbzeuge	276
8.5	Korrosionseigenschaften der Sondermetalle	277
8.6	Passiv-Verhalten der Sondermetalle	285
8.7	Sondermetalle in Schwefelsäure	289
8.8	Titan	290
8.9	Zirkonium	290
8.10	Tantal und Tantal-Wolfram-Legierungen in Schwefelsäure	291
8.11	Sondermetalle in Salzsäure	296

8.12	Sondermetalle in Salpetersäure	298
8.12.1	Titan	298
8.12.2	Zirkonium	302
8.12.3	Tantal	303
8.13	Sondermetalle in Flußsäure	304
8.14	Verwendung in der chemischen Verfahrenstechnik	305
8.15	Verarbeitung der Sondermetalle	307
8.15.1	Schweißen	307
8.15.2	Röhrenwärmeaustauscher	307
8.16	Sprengplattieren	309
8.17	Titan in der Elektrochemie	311

9	**Metallische Gläser** B. Predel	**322**
9.1	Einführung	322
9.2	Zum Prinzip der Glasbildung	323
9.3	Thermodynamische Voraussetzungen der Glasbildung	326
9.4	Zur Struktur metallischer Gläser	331
9.5	Glasbildung und Kristallisation als Konkurrenzreaktionen	332
9.6	Zur Herstellung metallischer Gläser	340
9.7	Relaxation metallischer Gläser	343
9.8	Kristallisation metallischer Gläser	343
9.9	Eigenschaften und Anwendung metallischer Gläser	346

10	**Der Einfluß der Strahlenschädigung durch schnelle Neutronen auf die Spannungskorrosion (SRK) von Eisen-Chrom-Nickel-Stählen** F. Schreiber, H.-J. Engell	**349**
10.1	Einleitung	349
10.2	Korrosionssystem	349
10.3	Die Änderung der mechanischen Eigenschaften durch die Strahlenschädigung	351
10.4	Der Einfluß der Strahlenschädigung auf die Spannungsrißkorrosion	356
10.5	Zusammenfassung	362

Literaturverzeichnis	**363**
Sachregister	**371**
Autorenverzeichnis	**374**

1 Belastungsgrenzen, verbreitete Fehleinsätze und ihre Korrekturen

S. Lohmeyer

1.1 Einleitung

Die Standzeiten von Werkstücken, Apparaturen und Anlagen aus hoch- und höherlegierten Stählen korrelieren eindeutig mit der Qualität ihrer oxidischen Oberflächenschutzschicht und den Angriffen kontaktierender Medien auf diese Schicht.

Die Qualität der Schicht ist von der Zusammensetzung des Stahles und des umgebenden Mediums, in welchem sie entstanden ist, abhängig. Auf gleichem Stahl differiert ihr an trockener und sauberer Luft erfolgter Aufbau von dem unter reinem Wasser oder in einem Elektrolyten erzeugten.

Bei gegebenem Stahlaufbau und Umgebungsmedium gibt die Schicht einen Teil der unvermeidbaren Gefügeinhomogenitäten wieder: Korngrenzen und -größen, Versetzungen, Gitterbaufehler, nicht umgewandelte Restphasen, eingelagerte Fremdatome und -metalle, hochschmelzende Seigerungen u.v.a.m..

Darüberhinaus hängt ihre Reaktionsbereitschaft mit aggressiven Kontaktmedien von eingespeicherten Verformungsenergien ab, von ihrer Ionen- und Elektronenleitfähigkeit, von ungenügend rekristallisierten Bereichen und von dem über längere Zeiten verlaufenden Umklappen solcher Mikrobereiche, die nicht im thermodynamischen Gleichgewicht mit den herrschenden Bedingungen stehen.

Nach Verletzen der Schutzschicht hängt das weitere Schicksal der oberflächennahen Bereiche — und später des ganzen betroffenen Stahlteils — vom metallurgischem' Zustand des Gefüges, wie Karbidausscheidungen, 475-Grad-Versprödung, Sigmaphase und ähnlichem, ab.

Gefüge und Schutzschicht resultieren damit zunächst aus den Herstellungsbedingungen des Stahls, sie halten aber auch bei sorgfältig und gut überwacht erzeugten Produkten Überraschungen bereit: So zeigte sich vor Jahren, daß unter bestimmten Bedingungen die Korrosionsanfälligkeit sorgfältig erschmolzener Güten einer gewissen ausländischen Provenienz größer war als die in Deutschland erzeugter Stähle gleicher DIN-Bezeichnungen, weil das ausländische Material aus Aufbauschmelzen, das deutsche hingegen aus Schrottschmelzen resultierte.

Den Aufbauschmelzen fehlten die mit dem Schrott unbeabsichtigt eingetragenen geringfügigen Anteile, die in dem gegebenen Falle schon in kleinen Mengen die Korrosionsfestigkeit erhöhen.

Auch innerhalb der in den Normen fixierten Toleranzen schwankende Anteile führen zu deutlichen Unterschieden der Widerstandsfähigkeit und Verarbeitbarkeit, wie Zeller es für den Nickelgehalt in der Güte 1.4301 gezeigt hat (9). Und auch die von der Norm nicht erfaßten, zufällig in den Stahl mit Schrott eingetragenen geringen Molybdänanteile vermögen dessen Resistenz gegen bestimmte wäßrige Lösungen deutlich zu erhöhen. Deshalb sollten gerade die in schwach belasteten Wässern erzielten Ergebnisse von Beständigkeitsprüfungen mit sehr genauen Stahlanalysen (und möglichst mit Schliffen) dokumentiert werden, will man sich vor unliebsamen Überraschungen schützen oder eingekaufte Stähle möglichst vorteilbringend einsetzen.

Von solchen aus primären Produktionsschritten resultierenden Eigenschaften der Stähle und ihrer Oberflächen sind streng die dem Stahl und seiner Schutzschicht während Lagerungen, Weiterverarbeitung, Fügen, Zusammenbau, Versand und Einsatz aufgezwungenen zu unterscheiden. Und es darf festgestellt werden, daß hierbei — abgesehen von unangepaßter Werkstoffwahl und ungenügender Kenntnis der Einsatzbedingungen — die meisten zum Versagen führenden Fehler und diese wiederum überwiegend aus Unkenntnis begangen werden.

Im folgenden wurde deshalb eine Auswahl von Fehlern — mit einfachen theoretischen Begründungen und mit Abhilfevorschlägen — getroffen, die mit zu den am meisten verbreiteten gehören. An zeitlich und ursächlich erster Stelle steht die Schonung der Oberfläche beim Verarbeiten, wozu das Fernhalten aller ungeeigneten Metalle — besonders in Span- oder Pulverform — in erster Linie von unlegiertem oder niedriger legiertem Stahl und von Chloriden, z.B. aus dem Handschweiß und aus Handschuhen, und von Etikettierungen und Bezeichnungen mit Stempelfarben u.ä. gehören, aber auch exakte Temperaturführungen beim Formen, Löten und Schweißen, optimales Schleifen und Ätzen.

Für schonendes Lagern vor und nach der Verarbeitung ist die Lageratmophäre entscheidend, dazu kommt die Berührung mit Unterlagen und Stützen usw.. Für Verpacken und Versand ist der Schutz vor eindringenden Atmosphärilien und vor aggressiven Stoffen aus dem Packmaterial wichtig, hinzu kommen Schutzmaßnahmen gegen das Einwirken durchfahrener Zonen geändertern Kleinklimas (Gebirgspässe) und der Transportatmosphäre (Schiffstransport!).

Das allgegenwärtige Kontaktmittel ist die Luft mit ihren örtlich stark unterschiedlichen Schadstoffgehalten an Säuren, Basen, Oxiden, Stäuben und Salzen (besonders den Chloriden) sowie der Luftfeuchtigkeit differierender pH-Werte.

In weitgehend abgeschlossenen Innenräumen stellen sich stark von der Aussenluft abweichende Atmosphären ein, wie es jedermann von Hallenbädern bekannt und in Fertigungsbetrieben selbstverständlich der Fall ist. Auch unter solchen Bedingungen macht sich bevorzugt ein eventueller Chloridgehalt, in Betrieben meist als Salzsäure, bemerkbar. Wird Werkhallenluft, die mit Salzsäure, CKW, FCKW oder organischen Chlorverbindungen beladen ist, in Trocken-, Lakier- und anderen Öfen verbrannt, kann man das Ergebnis leicht am Zustand der Essen aus höherlegierten Stählen in, unter und über dem Kondensationsbereich ablesen.

Aber auch Raumluft ohne Chlorid- und andere Schadstoffbelastung vermag infolge nächtlicher Kondenswasserausscheidung Flugrost und dessen Folgeprodukte hervorzurufen.

Am schwierigsten sind erfahrungsgemäß die Wirkungen als harmlos eingestufter Brauchwässer abzuschätzen. Zwar ist es wirtschaftlich vernünftig, die mit derartigem Wasser in Berührung kommenden oder betriebenen Anlagen aus Stählen der billigeren Schmelzen zu erstellen, aber nur, wenn die Eignungsteste alle im Extremfall auftretenden Betriebs- und Stillstandsbedingungen unter Überschreitung der vorgesehenen Temperaturen und Konzentrationen im Wasser sowie dessen Sauerstoffbeladung und die Einflüsse der anderen Installationswerkstoffe berücksichtigt haben. Dabei ist zu bedenken, daß die Reihenfolge der Metalle in der elektrochemischen Spannungsreihe durch bestimmte Lösungsgenossen verändert wird. Zementationen können verheerende Folgen haben, und Sauerstoffkonzentrationsunterschiede zwischen den vom strömenden Wasser direkt benetzten Oberflächenbereichen und solchen, die durch eine winzige Ablagerung von der Berührung mit Sauerstoff ausgeschlossen sind, provozieren Lochfraß. Die Wirkung schwach belasteter Wässer auf Schweißstellen wird in vielen Fällen ungenügend berücksichtigt.

Produktionslösungen sind meist wohldefiniert. Sie können ihren Anlagen oder diese den Lösungen angepaßt werden. Schweißnähte, wechselnde Füllstandshöhen und als ungefährlich angesehene Ablagerungen (z. B. Kalk) sind hier kritisch zu beobachten. Eingeleiteten Schwingungen und pH-Wertänderungen durch Fällungen oder Entgasungen ist verstärkte Aufmerksamkeit entgegenzubringen.

Von konstruktiv bedingten Schwachstellen sind in erster Linie Fügestellen mit solchen Metallen, die im galvanischen Element mit dem Edelstahl oder mit einem seiner Bestandteile die Kathode bilden oder Rost absondern, und unzureichend dimensionierte Spalte streng zu vermeiden. Der Begriff des Spaltes ist hier ungewöhnlich weit, praktisch auf jede Doppelung und Abdeckung auszudehnen. Medien, deren Aggressivität leicht erkennbar ist oder die man als stahlangreifend gewohnheitsmäßig kennt, setzt man i.A. nur solche Stähle aus, von deren Beständigkeit man sich überzeugt hat. Das setzt allerdings die wirkliche und umfassende Kenntnis der entsprechenden Medien im Arbeits- oder Gebrauchszustand voraus, und die ist in vielen Fällen nicht vorhanden. Das zeigt beispielhaft die verbreitete Fehleinschätzung der in vielen Betrieben verschiedenster Art zu Reinigungen herangezogenen Chlorkohlenwasserstoffe. Die Zersetzungs- und Hydrolyseprodukte einiger CKW — besonders die gebildete Salzsäure oder die nach deren Neutralisation immer noch vorhandenen Chloride — haben schon oft zur Zerstörung der von unerfahrenen Anwendern selbst konstruierten Anlagen geführt.

1.2 Vom Stahl gegebene Ansatzstellen für die Korrosion

Stahl ist ein großtechnisches Produkt. Er kann deshalb weder ein homogenes Gefüge noch eine homogene Oberfläche besitzen. Erwünschte und unerwünschte Legierungspartner, Seigerungen, Fremdstoffe, metallurgische Phasen, Gitterbaufehler, Versetzungen, eingespeiste mechanische Energie u.v.a.m. führen zu Potentialunterschieden, die in Gegenwart von Wasser oder Feuchtigkeitsspuren Korrosion provozieren können.

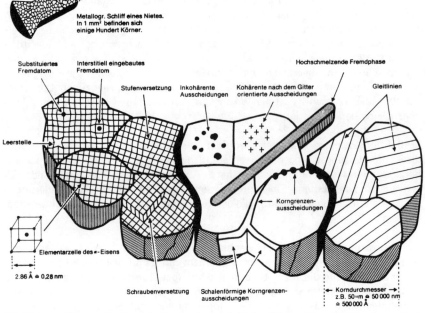

Bild 1.1: Schematischer Aufbau eines vielkristallinen Metallgefüges am Beispiel eines Eisennietes (aus (15) mit freundlicher Genehmigung)

Bild 1.1 erteilt einen Überblick über die wichtigsten Oberflächenfehler, die jeder Stahl unabdingbar mit sich bringt, und die zum Teil geeignet sind, die Passivschicht auf der Oberfläche eines nichtrostenden Stahls zu stören, zu schwächen oder ihre Bildung überhaupt zu verhindern. Allein schon das chemische Potential einer Korngrenze ist geringfügig höher als das des Korns (7). Diese und andere Inhomogenitäten erzeugen auf den Oberflächen die Fülle von Potentialunterschieden, die Bild 1.2 wiedergibt.

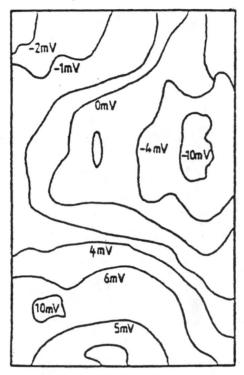

Bild 1.2: Potentialdiagramm eines unlegierten Stahls (aus (16) mit freundlicher Genehmigung)

1.2.1 Potentialunterschiede in Schweißnähten

Bereits beim autogenen Schweißen (Erzeugen der Schweißnaht aus dem Material der zu verschweißenden Teile) und erst recht beim Fügen mit Schweißzusatzstoffen entstehen neue Bereiche aus anderem Gefüge und vorher nicht vorhandene gewesener chemischer und kristalliner Zusammensetzung. Sie gehen in feinen Abstufungen von der Schweißnaht, symmetrisch zu deren beiden Seiten, in die metallurgischen Zustände der beiden verschweißten Grundmetalle über.

Während bei autogener Schweißung noch stoffliche Ähnlichkeiten zwischen den einzelnen Bereichen bestehen, zeigen die mit Schweißzusatzstoffen erzeugten Fügestellen unter Umständen erheblich größere Unterschiede. Zwischen den Bereichen verschiedener stofflicher Zusammensetzung, unterschiedlicher Kristall- und Gefügestruktur und differierender Spannungszustände aus Schrumpf-, Abkühlungs- und anderen Spannungen bilden sich — auch in exakt ausgeführten Qualitätsverschweißungen — elektrische Potentiale aus. Zwischen Orten verschiedenen Potentials fließen elektrische Ausgleichsströme. Die Spannungen erhöhen lokal die chemische Reaktionsfähigkeit (Bild 1.3).

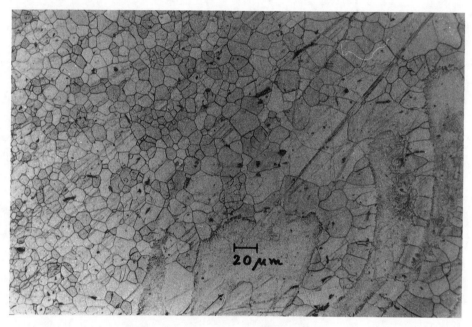

Bild 1.3:   Schweißlinse in Chromferrit, V = 500 : 1

Die Ausgleichsströme verlangen das Überbrücken der Stellen verschiedenen Potentials mit Wasser, wofür in vielen Fällen der Kondenswasserfilm, den die Luftfeuchte abscheidet, ausreicht.

Die der realen Atmosphäre ausgesetzten Oberflächen sind grundsätzlich von Kohlenwasserstoffen, Salzen — vorwiegend Kochsalz, NaCl —, Hydroxid-Ionen, OH^-, radikalischen Luftsauerstoffmolekülen, $\bar{O} \div \bar{O}$, und ammoniumstickstoffhaltigen Molekülen (Bild 1.4) bedeckt, also von vielen Stoffen, welche die Wassermoleküle — infolge deren Dipolcharakter (Bild 1.5) — mit elektrischen Kräften binden.

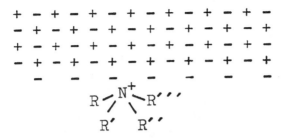

Bild 1.4: Zum Verständnis der Haftung ammomiumstickstoff-haltiger Verbindungen auf der elektronegativen Metalloberfläche (+ = positiv geladene Atomrümpfe der Metallatome, — = Elektronen des Elektronenkollektivs)

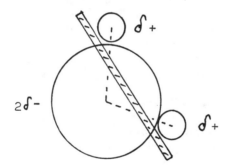

Bild 1.5: Primitiv-Modell des Wasserdipols, Mittelpunktswinkel = 105° die eingezeichnete Trennebene unterteilt das Molekül in einen Bereich negativer und einen zweiten positiver Teilladungen

Der Luftsauerstoff — eines der stärksten Biradikale — und besonders das spannungsrißauslösende Chlorid-Ion, Cl^-, vermögen bevorzugt mit den Oberflächenbereichen zu reagieren, an denen die Energie mechanisch eingespeister Spannungen als chemische Aktivierungsenergie wirken kann. Vergleiche hierzu die ausführlichen Untersuchungen derartiger Effekte in metallischen Verformungsbereichen in Kapitel 1.2.2 und die Ausführungen von Bruno Predel (2).

BandI(1) erläutert die in einer Schweißnaht herrschenden Potentiale. Solange Schweißnähte ebenso gut schützende Oberflächenschichten ausbilden wie die unbeeinflußten Bereiche, sind sie — bei qualifizierter Nachbearbeitung — nicht bevorzugt bedroht.

Nach einer — nicht unwidersprochen gebliebenen — Faustregel ist zur Korrosion von Stahloberflächen das Überschreiten eines Schwellenwertes der relativen Luftfeuchte von etwa 43 % nötig. Sind die Oberflächen jedoch verschmutzt oder auch nur verstaubt, so erfolgt im Kontaktbereich zwischen — selbst mikroskopisch kleinen — Schmutz- oder Staubteilchen und der Stahloberfläche Kapillarkondensation.

Wie Bild 1.6 verstehen läßt, hängt die Kapillarkondensation von Luftfeuchte und Spaltbreite ab. Deshalb bilden alle nicht plan aufliegenden Teilchen mit der Stahloberfläche Keilspalte, in denen die Abstände der einander gegenüberliegenden Flächen von einem endlichen Wert bis zum Wert Null reichen, so daß grundsätzlich Kapillarkondensation auftreten muß. Die Bilder 1.7a und b zeigen, daß die unvermeidliche Oberflächenrauhigkeit ebenfalls Kapillarkondensation begünstigt. Teilchen und Krusten, die völlig plan aufliegen, führen aus den in (1) beschriebenen Gründen infolge des Sauerstoffausschlusses zur Korrosion. Bild 1.7c erläutert den Transport kondensierten Wassers.

Nach (8) kann man zwar die Gefügezusammensetzung des Schweißgutes in Relation zu seiner chemischen Zusammensetzung mit Hilfe des Schaeffler-Diagramms abschätzen, aber die so gewonnenen Vorstellungen über Zähigkeits- und Korrosionseigenschaften gelten nur für schnelle Abkühlung im Ungleichgewichtszustand. Das sehr instruktive Bild eines Konzentrationsschnitts durch das Zustandsdiagramm Eisen-Chrom-Nickel in (8) erläutert diese Verhältnisse.

Dabei ist zu beachten, daß das Schweißgut nach dem Niederschmelzen in dendritischer Struktur erstarrt, die mit Elementseigerungen durchsetzt ist. Handelt es sich dabei um Molybdän, so fällt lokal — dort, wo das Molybdän fehlt — die gute Korrosionsfestigkeit des hochlegierten Stahls ab (8).

Da die Korrosionsfestigkeit der nichtrostenden Stähle auf ihrer homogenen und dichten Passivschicht basiert, muß sie überall dort abfallen, wo diese Schicht gestört oder geschwächt ist, also im Bereich von Anlauffarben, Zunder, Schlackenresten, Fremdeisen, Oberflächenporen, Schweißrippen, Schweißspritzern, Bindefehlern, Nahtübergangsrissen, Erstarrungsrissen, Randkerben, Heißrissen, Wurzelrissen, mit den Folgen der Erosionskorrosion, interkristallinen Korrosion, Messerlinienkorrosion, Lochfraßkorrosion, Spaltkorrosion, Spannungsrißkorrosion, galvanischen Korrosion und gleichförmigen Korrosion (8).

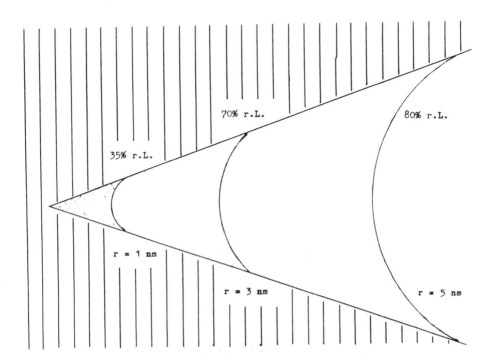

Bild 1.6: Kapillarkondensation in einem Keilspalt, Relationen zwischen Spaltbreite und relativer Luftfeuchte (untere Skizze: Realer Keilspalt)

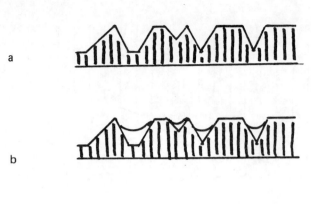

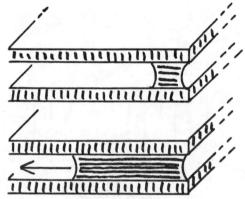

Bild 1.7 a) Oberflächenrauhigkeit der trockenen Metalloberfläche
b) Kapillarkondensation in den Vertiefungen der Oberflächenrauhigkeit
c) Eindringen kapillarkondensierter Feuchtigkeit zwischen planparallelen, eng benachbarten Flächen.

1.2.2 Durch Abschleifen oder Strahlen erzeugte Oberflächenunterschiede

Schleifen oder Strahlen trägt die korrosionsschützende Oberflächenschicht ab. In normaler — nicht stahlaggressiver — Luft bildet sie sich nach kurzer Zeit wieder neu (3). Wird jedoch, was besonders beim mechanischen Abtragen der Schweißnähte der Fall ist, ein Bereich abweichenden metallurgischen Zustandes freigelegt, so bilden sich zwischen ihm und den unbeeinflußten Oberflächenbereichen elektrische Potentialdifferenzen aus. Außerdem entstehen Verformungs- und Abkühlungsspannungen sowie — beim Strahlen — Druckspannungen in den verfestigten Oberflächen, wobei die letztgenannten chemischen Angriffen und Spannungsrissen entgegenwirken.

Auch andere spangebende Verfahren, wie Drehen, Fräsen, Hohnen und Bohren erzeugen Zug- und Druckspannungen in der Oberfläche (5). Das zu schwache Beizen von Anlauffarben kann Zunderschichten zurücklassen, die mit dem bloßen Auge nur schwer zu entdecken sind (4). Der Zunder legierter Stähle enthält in der Regel schon in sehr dünnen Schichten merkliche Mengen an Legierungsbestandteilen, wie Chrom, Aluminium, Nickel, Silicium und andere, und ist deshalb schwer löslich. Das von vielen Praktikern als das sicherste Entfernungsverfahren angesehene Strahlen mit Stahlkorn aus nichtrostendem Stahl kann in der Oberfläche Reste des Strahlgutes hinterlassen, die Lokalelemente bilden. Haben derartige Stellen eine elektrolytische Behandlung erfahren, dann können dort Legierungsbestandteile selektiv in Lösung gegangen sein (4).

Auch von einer Beizpaste nicht vollständig aufgelöster und deshalb mit einer Edelstahlbürste entfernter Zunder vermag inselartige Oberflächenstellen abweichender Zusammensetzung mit eingetriebenem Fremdmaterial und korrosionsbegünstigenden Riefen zu hinterlassen.

Die Oberflächenfeinbearbeitung von Funktionsflächen durch mechanisches Schleifen, Polieren, Naß- oder Trockenstrahlen erzeugt nicht die Oberflächenqualität, welche der Werkstoffqualität tatsählich entspricht (6):

Die bei der Spanabtrennung an den Schneiden des Schleifkorns erzeugten hohen Drücke und Temperaturen rufen örtlich Verformungen und Gefügeumwandlungen hervor sowie starke Zug- und Druckspannungen, die sich, wegen der schnellen nachfolgenden Abkühlung, nicht ausgleichen können, in der Oberfläche eingefroren werden und allmählich relaxieren. Dabei entstehen an den Korngrenzen Mikrorisse, die sich zu Schleifrissen und Schleifbrand auswachsen können (6).

Verziehen und Überlappungen sind weitere Folgen. Die Überlappungen schließen unter Umständen Werkzeugabrieb, Oxide, Zunder, Schleif- und Poliermittel sowie Fette und Öle in der Oberfläche ein. Diese Fremdstoffe provozieren im späteren Gebrauch — falls sie für das Nachreinigungsverfahren unerreichbar tief eingelagert waren — das Ablösen von Oberflächenpartikeln und Korrosion.

Die schleifbedingten Veränderungen reichen nach (6) etwa 30, nach W. Küppers etwa 50 μm tief. Deshalb besteht die Oberfläche nicht mehr aus der Originalqualität des Werkstoffs, sondern aus einem undefinierten umstrukturierten Konglomerat oxidischer und teilferritischer Substanzen (6).

Das Kugelstrahlen (Shot-peening (11)) erzeugt in den Oberflächen hochfester Metalle Druckeigenspannungen, welche die Schwingfestigkeit verbessern und die Anfälligkeit für Schwingungs- und Spannungsrißkorrosion herabsetzen (10). Da die Spannungsrißkorrosion an austenitischen rostfreien Stählen am häufigsten in chloridhaltigen Lösungen unter der Wirkung herstellungsbedingter Zugeigenspannungen (Umformungen, Schweißen, ungünstiges Schleifen) auftritt, wirkt deren Abbau oder Überlagerung mit Druckspannungen, die durch Kugelstrahlen mit Glaskugeln hervorgerufen wurden, korrosionsschützend. Überlagerte Lochfraßkorrosion kann jedoch nur verzögert, aber nicht verhindert werden (12).

Die plastische Verformung durch die aufprallenden Strahlmittelteilchen, die stets härter als die zu strahlende Oberfläche sein müssen, erzeugt zwar neben Verdichtung und plastischer Verformung die gewünschten Druckeigenspannungen, verpreßt auch Risse und andere Oberflächenfehler und mildert vorhandene Eigenspannungen herab, rauht aber die Oberfläche auf und kann im späteren Gebrauch Schichtkorrosion zur Folge haben (10).

Senkrecht zur Oberfläche aufprallende Strahlmittelteilchen erzeugen das Maximum der Druckspannung aufgrund der Hertzschen Pressung unterhalb der Oberfläche, während schräges Auftreffen in Winkeln zwischen $0°$ und $90°$ das Maximum an der Oberfläche entstehen läßt (12).

Davon abgesehen, ist das Maximum unterhalb der Oberfläche typisch für harte Werkstoffe, das an der Oberfläche typisch für weiche. Bei mittleren Festigkeitswerten findet man die Maximalwerte entweder an oder unter der Oberfläche (12).

Bei weichen Werkstoffen tritt Versetzungsverfestigung auf, bei harten dagegen Versetzungsentfestigung (12).

Durch thermische Effekte beim Auftreffen der Strahlmittelteilchen auf der zu strahlenden Oberfläche können örtlich sogar Zugeigenspannungen auftreten und die Druckeigenspannungen verringern (12).

Mehrfache Überdeckung erzeugt Versetzungsstrukturen, wie bei Ermüdungsbeanspruchung. Daneben sind auch noch Restaustenit-Umwandlung und Deformationszwillings-Bildung möglich (12).

Flachproben lassen in ihren Randbereichen andere Spannungszustände erkennen als in den randfernen Bereichen (12).

Der Abbau der Eigenspannungen verläuft über die Plastifizierung der gestrahlten Schicht mit Überschreiten der Fließgrenze unter der Wirkung superpositionierter Eigen- und Lastspannungen, danach relaxieren die Eigenspannungen aufgrund mikroplastischer Vorgänge (12).

Die optimale Kombination der Strahlparameter aus Strahlgutart, -größe, -form und -härte sowie Strahlzeit, Strahlgutmenge, Abwurfgeschwindigkeit, Überdeckung — nach (12) über 98 % —, Aussieben und Strahlgutersatz muß exakt kontrolliert und eingehalten werden, damit die unvermeidbaren verfahrenstypischen Oberflächenschäden klein bleiben. Hierzu dienen rechnerüberwachte und -gesteuerte Strahlmaschinen (12). Sobald die zur Spannungsrißauslösung in einem bestimmten aggressiven Kontaktmedium nötige Mindestzugspannung von

den durch das Strahlen erzeugten Druckeigenspannungen unter ihren kritischen Wert verringert wird, besteht keine Gefahr der Spannungsrißauslösung mehr (10). Das Überschreiten der stahlspezifischen Maximaltemperaturen läßt die günstigen Druckeigenspannungen und mit ihnen die erzielten Sicherheiten verlorengehen (10).
Auch das relativ frühe Auftreten von Anrissen bei Reibkorrosion wird durch Kugelsandstrahlen verzögert (10).
Beim partiellen Strahlen muß der bedeckte Bereich genügend groß sein, um den Übergang zwischen gestrahltem und nicht gestrahltem Werkstoff in möglichst spannungsarme Zonen zu verlegen (12).
Die erforderliche Strahlintensität steigt — größere Durchmesser der Strahlmittelteilchen und höhere Strahlmittel-Geschwindigkeit — mit der Streckgrenze des Stahls an. Überstrahlen mit zu großer Intensität kann eine zu starke Rauheit und sogar Oberflächenrisse hervorrufen (12).
Hämmern statt Strahlen von Schweißnähten ist in bestimmten Fällen vorteilhaft (13), zumal es die Oberfläche eher glättet als aufrauht. Die Verfestigungstiefe beträgt allerdings mehrere Millimeter (13).

Nach (14) steigt das Lochkorrosionspotential eines bestimmten 13%igen Chromstahls in 5%iger NaCl-Lösung bei $20°C$ je nach Oberflächenbehandlung von -30 mV_H für gesandstrahlte und danach passivierte Proben auf $+420$ mV_H für mechanisch polierte und dann passivierte Proben an (Bild 1.8).

Die über mechanische Be- und Verarbeitungen in den Stahl eingespeiste Verformungsenergie vermag später als chemische Aktivierungsenergie in Erscheinung zu treten:

Von zwei gleichen Uhrfedern aus Stahl werde die eine in entspanntem Zustand, die andere nach ihrem Zusammendrehen so in ein Schwefelsäurebad gelegt, daß sie sich nicht aufdrehen kann. Nach dem Lösen des Stahls in der Säure stellt sich die Frage nach dem Verbleib der in die zusammengedrehte Feder eingespeisten mechanischen Energie: Diese findet sich in der stärkeren Erwärmung der Schwefelsäure wieder (Bild 1.9). Den analogen Effekt fand Predel (17) bei der Untersuchung von Stahlblechen, die im Falzbereich deutlich meßbar — und sogar sichtbar — dickere Phosphatschichten ausbildeten. Bild 1.10 zeigt einen Blechausschnitt fern der Biegekante, der zehn Minuten lang bei $700°C$ geglüht und an der Luft abgekühlt worden war, Bild 1.11 einen gleichbehandelten aus dem Biegebereich. Es ist deutlich zu sehen, daß lediglich im Bereich der Biegekante eine Rekristallisation eingesetzt hat, und zwar auch hier nur in der besonders stark verformten oberflächennahen Schicht (sowohl im Streckungs- als auch im Stauchungsbereich). Im unverformten Blechteil ist das Gefüge unverändert geblieben.

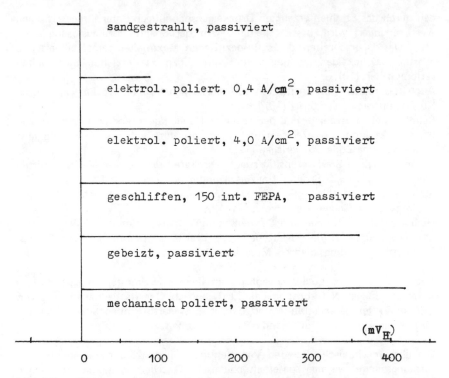

Bild 1.8: Zusammenhänge zwischen Lochkorrosions-Potentialen und Oberflächenbehandlungen, gemessen in 5%iger Kochsalzlösung bei 20°C, Stahl Nr. 1.4301 (Werte aus (14))

Die Rekristallisation besteht in der Bildung und Wanderung von Großwinkelkorngrenzen, wobei die Versetzungsliniendichte stark reduziert wird. Diese Versetzungsvernichtung ist die treibende Kraft der Rekristallisationsreaktion, die demgemäß, wenn hinreichend hohe Temperaturen für das Ermöglichen des kritischen Ablaufs vorgegeben sind, an solchen Stellen einsetzt und am schnellsten abläuft, die eine besonders hohe Versetzungsliniendichte besitzen. Die dargestellten Experimente zeigen, daß das an den Biegekanten der Fall ist. Das ist verständlich, da bei der Kaltverformung während des Biegevorgangs im Material Versetzungen erzeugt werden (17).

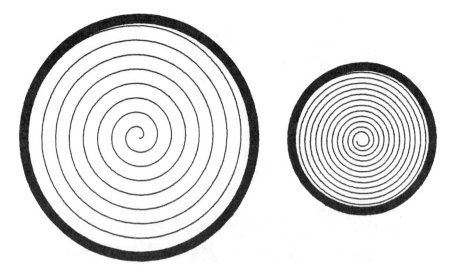

Bild 1.9: Auflösung zweier gleicher Federn in einer Säure. Die in der unter Kraftanwendung eng gewickelten Feder gespeicherte mechanische Arbeit wird als gesteigerte Reaktionswärme freigesetzt

Bild 1:10: Querschnitt durch ein phosphatiertes Stahlblech im nicht von der Biegung erfaßten Bereich: bei 700°C zehn Minuten lang geglüht, an der Luft abgekühlt. Blechdicke = 0,5 mm

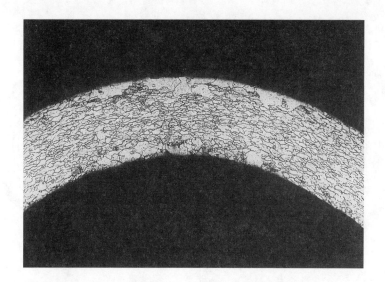

Bild 1.11: Stahlblech, wie in Bild 1.10, Biegebereich, bei 700°C 25 Min. geglüht und an der Luft abgekühlt. In den Streck- und Stauchzonen liegen größere Kristalle vor

Versetzungen sind Stellen erhöhten Energieinhalts im Metallgitter. An diesen Stellen wird ein Teil der Aktivierungsenergie für Reaktionen des Elektrolyten mit den Metallatomen des Blechs bei der Phosphatierung dadurch aufgebracht, daß beim Auflösen des Gitters um eine Versetzungslinie herum weniger Energie aufzuwenden ist als an einer anderen Stelle. Unter sonst gleichen Reaktionsbedingungen ist in der Nähe des Durchstoßpunktes einer Versetzung an die Oberfläche daher eine erhöhte Reaktionsgeschwindigkeit gegeben. Hier kann deshalb die Phosphatierung leichter einsetzen und schneller ablaufen (17).

Bild 1.11 zeigt, daß auch die im Stauchungsbereich, also in der druckverdichteten Oberfläche, erzeugten Druckspannungen (unter den angegebenen Bedingungen) zum Kristallwachstum führen. Jedoch ist die chemische Angreifbarkeit solcher Oberflächenbereiche, zumindest unter den beim Phosphatieren angewandten Temperaturen, geringer als die der nicht verdichteten Nachbarbereiche. Die Reaktionshemmung durch Druckverdichtung der Oberfläche kann also beim Phosphatieren, je nach Verdichtungsgrad, größer oder kleiner als die Reaktionsbegünstigung durch die eingespeiste mechanische Energie sein.

Schwer erkennbar, unerwartet, nur durch Zufall bei der stichprobenartigen Blecheingangskontrolle auffallend und für den Verarbeiter äußerst gefährlich sind Qualitätsmängel, die auf Chromausscheidungen in angelieferten Blechen beruhen (Bild 1.12). Sie erzeugen nach kurzem Lagern in kaltem Leitungswasser vom pH-Wert 7,3 bereits Rost. Weil sich derartige Fehler in großtechnischen Serienfabrikaten erst bei Gebrauch des Produktes zeigen, ist es schwierig zu entscheiden, ob sie von der Blechherstellung, von unsachgemäßer Verarbeitung oder vom falschen Einsatz im Gebrauch her stammen.

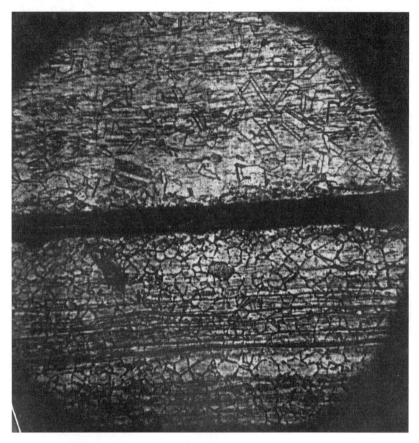

Bild 1.12: Chromcarbid-Ausscheidung im angelieferten Stahlblech 1.4301. Obere Bildhälfte vor, untere Bildhälfte nach Wasserlagerung

Eine bemerkenswerte Ursache hatte das Versagen von Apparaturen aus nichtrostenden Stählen ausländischer Provenienz. Der Stahlhersteller hatte seine Aufbauschmelzen ohne jeglichen Schrottzusatz streng nach den westdeutschen Vorschriften der einschlägigen DIN-Normen erzeugt. Sie waren im Vergleich mit deutschen Stählen gleicher nomineller Zusammensetzung korrosionsanfälliger. Eine genaue Untersuchung bewies, daß die mit Schrotteinsatz erzeugten einheimischen Stähle ihre Überlegenheit den mit dem Schrott eingebrachten korrosionsschützenden Legierungsanteilen verdankten (18).

Nickel-diffundierte Oberflächen können grün oder braun aussehen. Sie entstehen durch galvanisches Abscheiden einer 10 bis 50 μm dicken Nickelschicht und anschließendes Glühen zwischen 800 und 1000°C in oxidierender Atmosphäre. Die Nickelschicht sollte aus einem Elektrolyten abgeschieden werden, der keine organischen Substanzen — wie Glanzzusätze, Glanzträger, Einebner usw. — enthält, sonst besteht die Gefahr, daß die Nickelschicht während des Glühens porös wird. Infolge von Potenatialdifferenzen kann es später zu Spaltkorrosionen und mikroskopisch feinen Aussprengungen kommen, In einigen Fällen war die Lebensdauer derart vorgeschädigter Oberflächen kürzer, als die nicht nickel-diffundierter gleichen Grundmaterials.
Je nach Stärke der Nickelschicht, Temperaturhöhe und Glühzeit diffundiert mehr oder weniger Eisen aus dem Grundmaterial in das Nickel und Nickeloxid ein, wobei sich die Oberfläche mit wachsendem Eisengehalt von Grün über Grau nach Braun verfärbt. Relativ kurze Glühzeiten unter vergleichsweise niedriger Temperatur erzeugen auf relativ dicken Nickelschichten den grünen Farbton.

Es empfiehlt sich, die Schichtstärken grundsätzlich immer nach derselben Meßmethode zu bestimmen, da der Übergang zwischen den Phasen sich lichtoptisch nicht so deutlich zu erkennen gibt wie elektronenoptisch mit der Mikrosonde. Diese Tatsache hat zu Mißverständnissen bei Schiedsverfahren geführt.

Tabelle 1.1 stellt die an zwei verschiedenen Proben licht- bzw. elektronenoptisch ermittelten Schichtstärken dar und den Zusammenhang zwischen Eisengehalt und Oberflächenfarbe.

Die Diagramme in Bild 1.13 zeigen, daß die Lage der Phasenübergänge oder -grenzen zu vereinbaren ist, und lassen verstehen, daß es unter dem Lichtmikroskop schwierig ist, die genauen Grenzen zu fixieren. Die Diagramme in Bild 1.14 beweisen, daß zwischen den beiden verschiedenfarbigen Oberflächen keine gravierenden Unterschiede bestehen.

Tabelle 1.1: Schichtstärken und Eisengehalte von nickel-diffundierten Oberflächen

Grundmaterial entsprechend dem Chrom-Nickel-Stahl 1.4301,		
Cr = 18,15 Gew% Ni = 9,97 Gew% Mo = 0,28 Gew%		
Oberflächenfarbe:	braun	grün
Schichtstärke Ni lichtoptisch Mikrosonde	38 – 42 μm 22 μm	26 – 30 μm 20 μm
Schichtstärke der Diffusionsschicht Mikrosonde	19 μm	15 μm
Ges. Stärke der Ni-haltigen Schicht Mikrosonde	41 μm	35 μm
Eisengehalt in der Oberfläche, Impulsrate	4	1

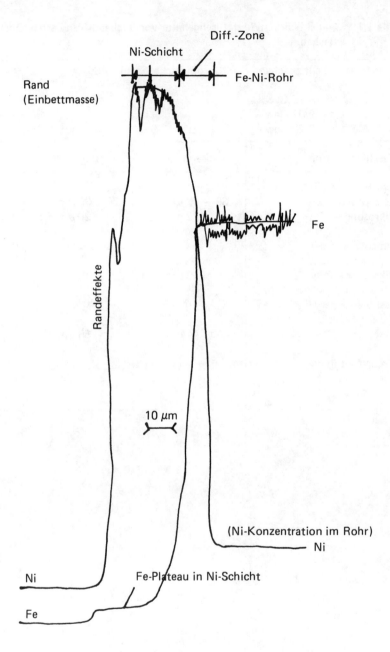

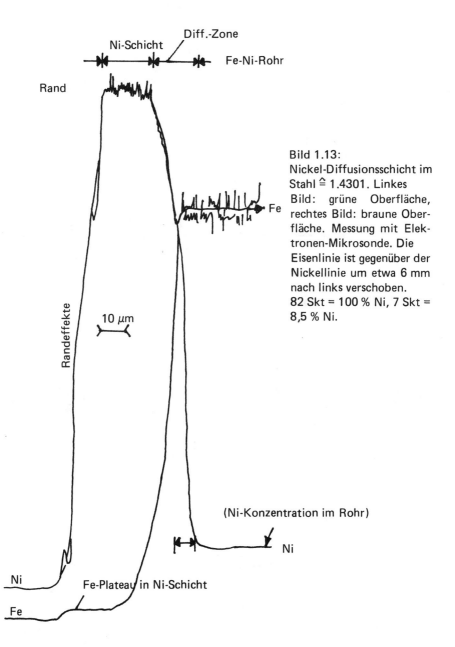

Bild 1.13: Nickel-Diffusionsschicht im Stahl $\widehat{=}$ 1.4301. Linkes Bild: grüne Oberfläche, rechtes Bild: braune Oberfläche. Messung mit Elektronen-Mikrosonde. Die Eisenlinie ist gegenüber der Nickellinie um etwa 6 mm nach links verschoben. 82 Skt = 100 % Ni, 7 Skt = 8,5 % Ni.

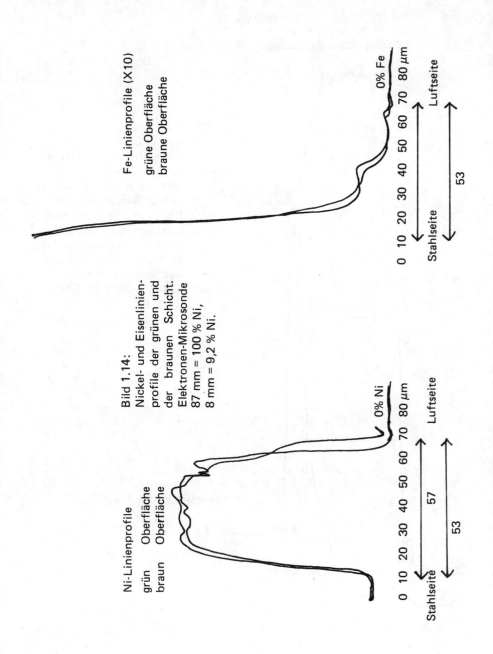

Bild 1.14:
Nickel- und Eisenlinienprofile der grünen und der braunen Schicht. Elektronen-Mikrosonde. 87 mm = 100 % Ni, 8 mm = 9,2 % Ni.

1.3 Ausschluß von Verarbeitungsfehlern

Auch hochlegierte Stähle rosten, wenn man sie falsch für den Einsatzzweck aus-
wählt
lagert,
belastet,
verarbeitet,
schweißt,
fügt,
paart,
reinigt,
beizt,
schleift, strahlt, poliert
und ungenügend pflegt.

Die hochlegierten Stähle verdanken ihre hohe Korrosionsfestigkeit einer Schutzschicht, die sie unter geeigneter Atmosphäre selbst ausbilden. Diese Passivschicht kann nur auf sauberen Oberflächen fehlerfrei entstehen. Fast alle fester haftenden Ablagerungen verhindern ihre Bildung, wie Anlauffarben, Glüh-, Walz- und Schleifzunder oder Normalstahl-Teilchen. Andere Substanzen zerstören sie sogar, wie Chloride aus Reinigungsmitteln oder starke Laugen (19). Die Reaktionsbereitschaft der Oberfläche wächst und ihre Neigung zur Spannungsrißbildung steigt mit der Höhe eingespeister Spannungen an. Diese Spannungen resultieren aus unsachgemäßem oder sachgemäßem, aber nicht genügend nachgearbeitetem Spannen, wie Schleifen, Drehen, Fräsen und Bohren. Daß Tiefziehen und Abstrecken ähnlich wirken und auch noch die Oberfläche aufreißen, liegt auf der Hand, Störungen in der Oberfläche provozieren in der Passivschicht Schwachstellen. Und unter korrosiven Bedingungen stellt die Passivschichtbildung keinen statischen, sondern einen dynamischen Zustand dar, der zwischen Schichtabbau und -neubildung wechselt (20).

Aber auch in nichtaggressiver Umgebung — sofern sie nur Sauerstoff anbietet — steht die gesunde Passivschicht im chemischen Gleichgewicht mit dem molekularen Sauerstoff:

Das Gleichgewicht $4\,Cr + 3\,O_2 \rightleftharpoons 2\,Cr_2O_3$ unterliegt einer von Temperatur und Druck abhängigen Konstanten c,

$$\frac{[Cr]^4 \cdot O_2}{[Cr_2O_3]^2} = c$$

und verschiebt sich bei längerer oder dauernder Abwesenheit von molekularem Sauerstoff nach links, die Passivschicht löst sich auf. Das geschieht unter mannigfachen Bedingungen, unter Krusten (bei Feuchtigkeitsausschluß, sonst Korrosion), unter dicht anliegenden Bedeckungen, in steter Berührung mit stehenden oder fließenden sauerstofffreien Flüssigkeiten oder Gasen usw..

Die Wiederherstellung der metallischen Reinheit einer bearbeiteten Oberfläche, auf der sich dann die Passivschicht allein bildet, ist über sachgemäßes Beizen in absolut chloridfreien Medien zu erreichen. Da Chlorid-Ionen den Passivfilm depolarisieren und Chlor-Eisen-Komplexe bilden, welche den Passivfilm sprengen und schließlich Lochfraß hervorrufen, war das früher übliche Beizen mit Salzsäure — auch wenn diese hinterher abgewaschen wurde — riskant. Denn die durch das Beizen freigelegten nichtmetallischen Einschlüsse in der Oberfläche sorbieren etwas Beizflüssigkeit und halten sie während des Spülens zum Teil zurück. Die neue Passivschicht beginnt schon während des Spülens, sich unter Reaktion mit Luftsauerstoff zu bilden. Wenn in dieser Situation korrodierende Stoffe angreifen können, passiviert man nicht in Wasser sondern in Lösungen oxidierender — aber sonst unschädlicher — Substanzen, z.B. in verdünnter, sauberer Salpetersäure.

Zunder auf hochlegierten Stählen ist wegen seines Gehalts an Legierungsmetallen schwer löslich. Seine mechanische — das ist die sicherste — Entfernung geschieht durch Strahlen mit Korn aus ebenfalls hochlegiertem Stahl. Zur chemischen Beseitigung zieht man geeignete Salzschmelzen oder Säuregemische heran. Die Hintereinanderschaltung beider Methoden ist besonders erfolgreich.

Marktgängige Salzschmelzen enthalten z.B. Natriumhydroxid und -hydrid. Die Säuren werden meist — auf den jeweiligen Beizzweck eingestellt — aus Salpeter-, Schwefel- und Flußsäure gemischt.

Elektrolytische Behandlungen verlangen höchste Sorgfalt, da sie unter Umständen Legierungsbestandteile in Lösung bringen (4).
Für den Fall, daß es nicht gelingt, die Passivschicht völlig abzulösen und damit die Oberfläche zu aktivieren, empfiehlt (4) verschiedene Maßnahmen:

Schwefelsäurebeize bei 60 bis 70°C, Abbrechen nach etwa einer Minute, unterstützt in kathodischer Schaltung (gegen Bleiplatten) unter der Stromdichte von mindestens 0,5 A/dm^2.
Kathodische Schaltung in Schwefelsäure bei Raumtemperatur, mindestens 0,5 A/dm^2, drei bis fünf Minuten.
Kathodische Behandlung in Salzsäure, mindestens 2 A/dm^2, Raumtemperatur, zwei Minuten.
Anodische Oxidfilmabscheidung (definierte Filmeigenschaften und Löslichkeit), in Schwefelsäure bei Raumtemperatur, 30 Sekunden bei 5 A/dm^2, danach spülen,
kathodisch geschaltet in einem Schwefel-Salzsäure-Elektrolyten, Raumtemperatur, 5 A/dm^2, 30 Sekunden.

Elektropolierte Oberflächen verfügen nach (20) über die bestmögliche Korrosionsfestigkeit, weil sie metallisch rein sind und während des Elektropolierens auf der Oberfläche Sauerstoff auftritt, der nach Abschalten des Stroms sofort für die Passivschichtbildung genutzt wird (20).

Beizwäschen sollen nur das Aussehen verbessern und bedienen sich deshalb in manchen Fällen fünfprozentiger Phosphorsäure. Der Effekt ist so stark produktionsgebunden, daß er in vielen Fällen mit Phosphorsäure dieser Konzentration unterbleibt. Allerdings löst diese Säure Fremdeisen und verschiebt das Lochfraßpotential in günstigem Sinne. Nach (21) ist 33%ige Salpetersäure hierfür gut geeignet.

Beim chemischen Beizen bilden in der Regel die Kornmitten Kathoden aus — werden also nicht abgetragen —, während die anodischen Korngrenzen dem Abtrag unterliegen. Im Gegensatz hierzu wirkt beim anodischen Beizen die ganze Oberfläche als Anode gegenüber der an anderer Stelle des Bades angeordneten Kathode. Und während sich beim chemischen Beizen Wasserstoff entwickelt (Metall + 2 H_3O^+ ⇌ Metall^{++} + H_2 + 2 H_2O), entsteht beim anodischen Beizen Sauerstoff.

Um Belagbildung zu vermeiden oder wenigstens stark zu reduzieren, müssen Funktionsflächen glatt und riß- sowie porenfrei sein, Spannungen, starke Kaltverformungen und Kristallzertrümmerung in der Oberfläche stellen für Adhäsion und Korrosion Energie zur Verfügung. In solchen Fällen bedient man sich der Elektropolitur, welche die Oberflächengröße gegenüber der einer geschliffenen Fläche um mehr als 80 % reduziert und glatte, geschlossene sowie spannungsarme Oberflächen hinterläßt (20).

Bei vergleichenden Messungen der Oberflächenrauhigkeit ist zu bedenken, daß die Fühlerspitze einen definierten, endlichen Radius aufweist, so daß kleinere Vertiefungen unvollkommen oder nicht zu erfassen sind. Die Adhäsion fremden Materials unterliegt einer ganzen Reihe (selektiver) Mechanismen, von denen die mechanische Verankerung nur einer ist.

Wasserstoffbrücken-Bindungen, Van der Waals'sche Kräfte, elektrostatische und chemische Bindungskräfte, Physisorption, Chemisorption und chemische Bindungen mit Bindungsenergien zwischen 0,1 und 10 eV treten vor allem an aktiven Zentren, wie Korngrenzen, Gleitstufen, Versetzungen, Leerstellen und Kristallitkanten,—die alle Folge mechanischer Bearbeitung sein können — auf (20).

Alterungen adhäsiv gebundener Stoffe können die Bindungsmechanismen verstärken, weshalb häufiges Reinigen vorteilhafter und einfacher ist als selteneres.

Hygienisch-medizinische und nahrungsmitteltechnische Untersuchungen zeigen, daß das Keimwachstum auf elektropolierten Oberflächen um den Faktor 1000

gegenüber dem auf gebeizten Oberflächen und um den Faktor 60 gegenüber dem auf geschliffenen verringert ist (20).
Ein grobes Überschleifen verzunderter Schweißnähte führt zwar zur metallisch blank aussehenden Oberfläche, begünstigt aber sowohl Lochfraß als auch Spannungsrißkorrosion (19).

Umformen :
Die oxidische Deckschicht weist eine andere Verformbarkeit auf als das Grundmetall. Deshalb führt jedes Umformen zu Tangentialspannungen zwischen beiden Phasen oder sogar zum Zerreißen der Passivschicht. Über ihr Verhalten im Stauchungsbereich bestehen konträre Vorstellungen. Die Tangentialspannungen scheinen mit der Zeit zu relaxieren*. Falls sie zu Rissen führen, passivieren sich die Rißgründe an nicht aggressiver Luft von selbst.
Verbleib und Wirkung eingespeister mechanischer Spannungen sind im Absatz 1.2.2 beschrieben.

Thermische Spannungen:
Thermische Spannungen überlagern sich den vorhandenen Eigenspannungen und verstärken oder schwächen sie. Die thermischen Spannungen sind aus dem Konstruktionsplan eines Produktes und bei Kenntnis der Einsatzbedingungen — zugeführte oder abgeleitete oder -gestrahlte Wärme — abschätz- oder berechenbar, ebenso die beim Schweißen oder Löten von außen kommenden Wärmeeinflüsse und die aus dem Materialinneren kommenden Abkühlungsspanungen.
Ihnen gegenüber stellen die von Schweißtupfern oder -patzern erzeugten Spannungen und Gefügeveränderungen eine große Gefahr dar. Sie bauen örtlich Eigenspannungen auf, die ihrerseits transkristalline Spannungsrißkorrosionen auslösen. Obwohl diese nur wenig in die Tiefe vordringen, wirken sie als Kerben und veranlassen gegebenenfalls im Verein mit Schwingungen unter gleichzeitiger Einwirkung eines Mediums Schwingungsrißkorrosion. Ein versuchsweise auf der Außenseite eines Geschirrspülbehälters aus dem Stahl 1.4301 fern von der Schweißnaht aufgesetzter Schweißpatzer führte in drei Jahren trotz der in dieser Zeit aus der Küchenluft abgeschiedenen Fettschicht zur Korrosion mit Durchlöcherung. Die betroffene Oberfläche war nicht belüftet und ihre ständige Umgebung feucht.

Der thermische Ausdehnungskoeffizient für den Stahl 1.4301 beträgt

$$\alpha_m = 19{,}4 \cdot 10^{-6} \; [\frac{m}{m \cdot K}] = 19{,}4 \cdot 10^{-6} \; [K^{-1}],$$

das heißt, ein Stab von einem Meter Länge dehnt sich beim Erwärmen um ein Grad Celsius um $19{,}4 \times 10^{-6}$ m = 19,4 µm aus. Unter der Annahme, daß der

---

*) Relaxation = Abfall der mechanischen Spannungen unter konstanter Dehnung
 Retardation = Abfall unter konstanter Kraft.

Schweißpatzer 1 000°C heiß ist und einen Durchmesser von drei Millimetern hat, beträgt die Temperaturdifferenz zum zimmerwarmen Stahl 980°C. Die Ausdehnung des betroffenen Bereichs errechnet sich zu $980 \times 19{,}4 \times 10^{-6} \times 3 \times 10^{-3} = 57036 \times 10^{-9}$ m = 57,036 μm (von 20 bis 100°C gilt der Wert von $14{,}8 \times 10^{-6}$).

Diese Primitivrechnung mit dem linearen Ausdehnungskoeffizienten liefert nur einen für Vergleichszwecke geeigneten Anhaltswert.

Zum möglichst sicheren Ausschluß der Korrosion müssen Verbindungselemente mindestens gleich fest und gleich korrosionsbeständig sein wie die zu verbindenden Teile (22). Ist dies nicht zu erreichen, sind sie in höherer Festigkeit und Korrosionsbeständigkeit auszuwählen, niemals jedoch in niedrigeren Qualitäten. Hierbei werden häufig die falschen Potentialdifferenzen berücksichtigt. Die Werte in der elektrochemischen Spannungsreihe gelten nur für die zugrundegelegten Meßbedingungen, wie Konzentration, Temperatur, Druck und völligem Ausschluß von Lösungsgenossen. Im Realfall sind jedoch die Spannungsdifferenzen zwischen den kontaktierenden speziellen Werkstoffen unter den Einsatzbedingungen — Temperatur, Druck, wäßrige Lösung, Lösungsgenossen — zu messen. Die so gefundenen Werte unterscheiden sich in vielen Anwendungsfällen sehr stark von denen in der Normalspannungsreihe. Unter bestimmten Voraussetzungen kann sogar Potentialumkehr auftreten, denn in einer konzentrierteren Lösung ist das Potential eines Metalls edler, die Potentialänderungen verlaufen nicht linear, sondern logarithmisch mit der Ionenkonzentration, in korrosiven Lösungen liegt in den seltensten Fällen die ein-molare Metallionenkonzentration vor. Zum Beginn der Korrosionsvorgänge liegen keine arteigenen Metallionen vor, die Korrosion kann die Oberfläche so verändern, daß große Potentialverschiebungen entstehen. So kommt es, daß beispielsweise in künstlichem Meerwasser die edlen Metalle unedler und die unedlen Metalle, besonders Nickel, zumeist edler sind als in ihren ein-molaren Ionenlösungen.

Da mechanische Spannungen die für Korrosionsvorgänge wesentlichen Potentiale der Oberflächen verändern, müssen die infragekommenden Verbindungen (Fügungen) unter ihren durch Vorspannung und Betriebslasten erzeugten dreiachsigen Spannungszuständen geprüft werden (22).
Tabelle 1.2 gibt einige der Verschiebungen wieder, unter anderem die Potentialumkehr zwischen Eisen und Zink.

Tabelle 1.2: Ideal-Potentiale und Real-Potentiale

Metall	Ideal-Potential (V)	Potential in künstlichem Meerwasser +) (V)
Gold	+ 1,7	+ 0,243
Silber	+ 0,7999	+ 0,149
Kupfer	+ 0,52	+ 0,01
Zinn	− 0,14	− 0,18
Nickel	− 0,23	+ 0,046
Cadmium	− 0,40	− 0,519
Eisen	− 0,44	− 0,455
Zink	− 0,76	− 0,284
Aluminium	− 1,66	− 0,667

+) pH-Wert = 7,5, Temperatur = $25°C$, luftgesättigt, bewegt

Die Abhängigkeit der elektromotorischen Kraft (EMK), die den Korrosionsstrom fließen läßt, von der Konzentration der gelösten Ionen (C) und der herrschenden Temperatur (T) beschreibt die Nernstsche Gleichung

$$\text{EMK} = E_o + \frac{n\,R\,T}{z\,F} \cdot \ln \frac{C_2}{C_1} \quad \text{mit den Dimensionen}$$

$$\text{EMK [V]} = E_o\,[V] + \frac{n\,R\,[J/K\,mol]\,T\,[K]}{z\,F\,[J/V\,mol]} \quad \ln \frac{C_2\,[mol/l]}{C_1\,[mol/l]}$$

und
- E_o = Elektrodenpotential gegenüber der Normalwasserstoffelektrode
- R = Allgemeine Gaskonstante
- n = Anzahl der gelösten Mole (hier = 1)
- z = Wertigkeit der Ionen
- F = Faraday-Konstante
- ln = logarithmus naturalis = 1/2,303 lg
- lg = Briggs'scher Logarithmus (zur Basis 10)
- C = Konzentration der Ionen = a/f
- a = Aktivität
- f = Aktivitätskoeffizient (= 1 gesetzt, solange die zu Beginn des Korrosionsvorganges vorliegenden Lösungen noch hochverdünnt sind).

Für die Temperatur von 20[°C] = 293 [K], folgt mit dem Wert von R = 8,315 [J/K mol], dem von F = 96548 [J/V mol] und dem Umrechnungsfaktor lg = 2,303 in die einfachere Formel

$$EMK = E_o + \frac{0,058}{z} \lg \frac{C_2}{C_1} \ [V]$$

Infolge katalytischer Effekte, kinetischer Vorgänge und Hemmungen der Ionenübergänge kommt es jedoch in vielen Fällen zur Polarisation oder Überspannung, weshalb die realen Meßwerte oft von den nach der Nernstschen Formel errechneten theoretischen Gleichgewichtspotentialen abweichen. Es sei daran erinnert, daß z.B. der Schwefelsäure-Blei-Akkumulator ohne die Überspannung des Wasserstoffs nicht funktionieren könnte.

Cadmium verfügt über ein etwas höheres elektrochemisches Potential als Eisen:
Cd/Cd^{++} = $-0,40$ V
Fe/Fe^{++} = $-0,44$ V
Zn/Zn^{++} = $-0,76$ V

dennoch verhält sich ein Cadmiumüberzug auf Eisen nach seiner mechanischen Verletzung ähnlich wie ein Zinküberzug: das Cadmium wird zur Anode und löst sich auf. Zinkmetall scheidet jedoch aus Cadmiumlösungen Cadmiummetall ab. Obwohl Cadmium säurelöslich ist, erleidet ganz reines Cadmium in nichtoxidierenden Säuren wegen der Überspannung des Wasserstoffs kaum einen Angriff.

Schäden an Schraubenverbindungen aus nichtrostenden Stählen:
Die Ursachen können sehr verschieden sein, häufig entstehen die Schäden durch Paaren unverträglicher Werkstoffe, Fehler in den Werkstoffen, Verarbeitungsfehler oder Verwendung gefährdender Teile (22).

Die Gefahr der Kontaktkorrosion ist bei der Verwendung verschiedener Werkstoffe, die große korrosionschemische Unterschiede aufweisen, immer gegeben, sofern Feuchtigkeit Zugang hat (kondensierende Luftfeuchte reicht bereits aus). Nach (22) ist besonders bei Schwermetallen, wie Messing oder Kupfer, Vorsicht geboten.
In Bild 1.15 liegt die Unterlegscheibe aus Messing zwischen dem Schraubenflansch aus dem Chrom-Nickel-Stahl 1.4301 und einer Gummidichtung. Die Schraube steht in galvanischer Verbindung mit dem großflächigen Blech aus 1.4301 und bildet mit ihm zusammen eine erheblich größere Kathodenfläche als die Messinganode. Die Folgen waren nicht nur die stundenschnelle Korrosion der Unterlegscheibe, sondern auch noch die Ausschwemmung der Korrosions-

produkte, welche zur Korrosionsgefährdung der ganzen Anlage führten, in welche die Verbindung eingebaut war (22). Ersatz der Messingscheiben durch eine aus dem Stahl 1.4301 beseitigte die Korrosionsgefahr dauerhaft.

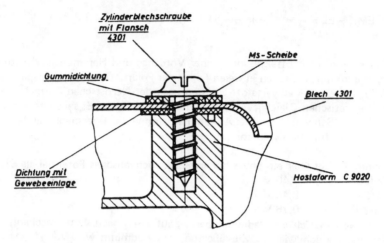

Bild 1.15. Lokalelementbildende Verschraubung (aus (22))

Je kleiner die Anodenfläche gegenüber der Kathodenfläche in einer Paarung ist, umso schneller und stärker wird sie angegriffen und aufgelöst. Im umgekehrten Fall vermag eine relativ kleine Kathodenfläche eines edleren Metalls nur eine praktisch unwirksame Korrosion der viel größeren Anodenfläche des unedleren Verbindungspartners zu provozieren. Nach (22) ist Kontaktkorrosion zu befürchten, sobald die Potentialdifferenzen zwischen den Kontaktpartnern größer als 400 mV sind.

Da Kupfer edler als Stahl ist, werden Kupfernieten in Stahlblech auch nach Jahren höchstens geringe Korrosion zeigen (kleine Kathodenflächen, große Anodenfläche), während umgekehrt, Stahlnieten in Kupferblech in relativ kurzer Zeit Korrosionsschäden erkennen lassen. Aber auch bei derartigen einfach erscheinenden Verhältnissen müssen für eine Abschätzung alle realen Bedingungen betrachtet werden. So zeigte sich an der in Bild 1.16 dargestellten Verbindung aus zwei relativ großen Edelstahlflächen aus dem Werkstoff 1.4301 mit Messingnieten keine Korrosion, obwohl die Konstruktion über Jahre dem periodischen Wechsel der Durchspülung mit warmer, alkalischer Tensidlösung, kalter saurer Lösung, Leitungswasser und der dazwischen erfolgenden Warmlufttrocknung ausgesetzt gewesen war. Der angegebene Abstand ermöglichte die rückstandslose Ausspülung aller Elektrolytbestandteile der Lösungen, während die des letzten spülenden Leistungswasser stets antrockneten.

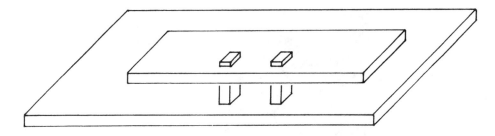

Bild 1.16: Skizzierte Verbindung zweier relativ großflächiger Edelstahlbleche mit Messingnieten

Die in Bild 1.17 wiedergegebenen Schraubengewinde-Spitzen lassen Schäden erkennen, die nach einem Salznebel-Prüfcyclus aufgetreten waren. Zum leichteren Einschlagen der Gewinde waren die Schraubenkörper kupferzementiert worden, und das Kupfer war dann in die unvermeidlichen Überlappungen mit eingeschlossen worden, Auch ohne diesen Vorgang können Kupferzementationen Lokalelemente bilden, sobald sie — was oft der Fall ist — keinen geschlossenen Überzug, sondern nur eine poröse Überdeckung darstellen.

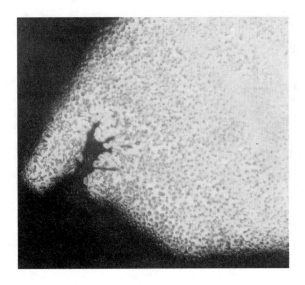

Bild 1.17a

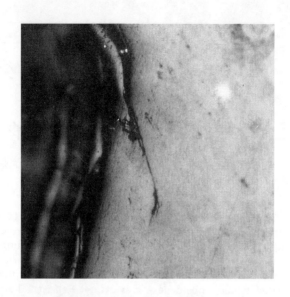

Bild 1.17b + c: Korrodierte Überlappungen an den Gewindespitzen von Schrauben, deren Gewinde in die kupferzementierten Schäfte eingeschlagen worden war

Mindestanforderungen an die Arbeitsplatzsauberkeit

Transport und Lagerung (23)
Der zur Verarbeitung vorgesehene Stahl wird bis zur ersten Verarbeitungsstation in seiner Anlieferungsverpackung transportiert. Öffnen der Verpackung und Teile entnahmen zur Anlieferungskontrolle sind mit größter Sorgfalt vorzunehmen, jede unnötige Handhabung ist zu unterlassen.
Jede Zwischenlagerung ist zu vermeiden, Vorräte werden nur in der temperierten und mit konditionierter Luft beschickten Verarbeitungshalle gelagert.
In der Verarbeitungshalle dürfen keine Fahrzeuge mit Verbrennungsmotor verkehren.
Gefügte oder oberflächenbearbeitete Teile, die an einem anderen Ort gebeizt ält, werden sollen, sind unmittelbar nach ihrer Fertigstellung so sorgfältig zu verpacken, daß sie weder beschädigt werden, noch mit aggressiver oder feuchter Atmosphäre in Berührung kommen können. Eindrücke und Kratzer sind selbstverständlich auszuschließen.
Jeder Kontakt mit anderem als dem freigegebenen Verpackungsmaterial — z.B. Klebebänder — muß unterbleiben.
Jede Markierung — Filzstift, Stempelfarbe usw. — ist verboten.

Kennzeichnung
Schlagzahlen und -buchstaben nur auf der Seite oder Oberfläche anbringen, die später nicht mit aggressiven Medien belastet werden oder die Außenseite an Luft darstellen.
Markierungen ausschließlich mit ausgewählten, erprobten und freigegebenen Farbmarkierungsstiften vornehmen, deren konstante saubere Zusammensetzung vom Lieferer schriftlich garantiert werden muß (andernfalls regreßpflichtig machen).
Alle anderen Markierungs-Utensilien (Farbstifte, Bleistifte, Tinten, Lacke usw.) sind wegen Korrosionsgefahr strengstens zu verbieten. Die Beschäftigten sind auf Besitz in der Arbeitskleidung zu überprüfen. Es hat sich gezeigt, daß eine bestimmte Stempelfarbe auf einem die meiste Zeit durch einen Ölfilm geschützten Produkt noch nach Monaten im Einsatz Rost erzeugte.

Sauberkeit der Arbeitsstätte
Krankketten und -haken durch Gurte und Spanset ersetzen.
Alle für die gegenwärtige Verarbeitungsaufgabe nicht benötigten Hilfsmittel, wie Drehvorrichtungen, Positionierungen u. ä., aus dem Arbeitsbereich entfernen.
Laufrollen der verwendeten Dreh- und Transportvorrichtungen reinigen oder auswechseln; so schützen, daß die keine Metallspäne oder Eisenpartikel abgeben können.
Kräne, Pressen, Walzen, Schneidanlagen, Automaten, Montageplatten usw. müssen nach jedem Arbeitsgang von Schleifstaub und Eisenpartikeln gereinigt werden.

Der Hallenboden muß kurz vor Arbeitsbeginn abgesaugt und unter Zugabe eines geprüften und freigegebenen Reinigungsmittels abgedampft werden.
Druckluft darf in keinem Falle jemals zum Abblasen verwendet werden. Hallentore sind stets geschlossen zu halten, die Schlüssel von bestimmten Personen zu verwahren. Bei stürmischem Trockenwetter dürfen die Tore nie geöffnet werden. Personen benutzen nur einen zweitürigen Schleusendurchgang.
Die Hallenluft wird konditioniert, in der Halle herrscht immer ein leichter Überdruck.
Die engeren Arbeitsbereiche werden mit Kettenabsperrungen gekennzeichnet, innerhalb derer sich nur die zuständigen Mitarbeiter aufhalten dürfen.

Arbeitskleidung
Als Hautkrem kommen nur überprüfte und freigegebene Materialien infrage, die keine Silikone, saure, alkalische, oxidierende oder reduzierende Bestandteile enthalten.
Als Handschue kommen nur überprüfte und freigegebene in Betracht. Sie sind vor ihrer Ausgabe auf ihren Gehalt an Chromsäure zu überprüfen. Die Spezifikationen sind mit dem Hersteller zu vereinbaren und abzusichern. Verwerfen der verschmutzten Handschuhe ist sicherer als Reinigen und Wiederverwenden. Vergleiche Tabelle 1.3.
Schuhe müssen immer frei von Fett und Metallteilchen sein.
Arbeits- und Straßenkleidung werden in besonderen Schränken in der Nähe des Arbeitsplatzes untergebracht.
Straßenschuhe sind beim Betreten der Halle sorgfältig trocken und feucht zu reinigen.
Jeder Arbeitsplatz verfügt über definierte Lösemittel und festgeschriebene saugfähige, weiße Putzlappen.

Tabelle 1.3: Chromgehalte von ledernen Arbeitshandschuhen, alle Werte in mg Chrom/g Leder

Analyse	Probe	Cr(VI)	ges. Cr
mechan. zerkleinert, verascht, Soda-Pottasche-Aufschluß	dickeres Schweinsleder, gelblich	8,5	22,3
	dünnes Nappaleder	5,2	34
Salzsäure-Eluate	gebrauchte Handschuhe		23,5
	neue Handschuhe		16,4
Wäßrige Eluate	neue Handschuhe		0,6

Werkzeuge, Vorrichtungen und Anlagen
Für alle Arbeiten dürfen nur rostfreie Werkzeuge herangezogen werden. Sicherheitshalber sind alle anderen Werkzeuge — auch Hämmer — aus dem Arbeitsbereich zu entfernen. Angebrauchte Schleifmaterialien und Bürsten sind ebenfalls zu entfernen. Richtplatten und Vorrichtungen, Walzen, Pressen, Schneidanlagen und ähnliche Geräte und Anlagen müssen so geschützt werden, daß der Werkstoff weder zerkratzt wird, noch mit Normalstahl, Stahlstaub oder Flugrost in Berührung kommen kann.
Schleifscheiben, Schleifmittel und Bürsten müssen deutlich erkennbar für rostfreien Stahl markiert sein. Es dürfen nur Schleifbänder auf Gummiunterlage verwendet werden. Für den Einsatz von Schleifscheiben an Schweißkanten müssen — zur Abwendung der Kerbgefahr — die Kanten der Schleifscheiben leicht abgerundet sein.
Kommt das Werkstück später mit sauren chloridhaltigen Lösungen oder Dämpfen in Berührung, dann können feinste Kratzer, Eindrücke, Schweißspritzer, Schleifriffe, Anlauffarben und Zunder wie auch Fette und Schmutz Korrosion hervorrufen.

Ver- und Bearbeitung
Aus Verpackungen sollte nur immer dasjenige Material entnommen werden, das unmittelbar verarbeitet wird. Für jede noch so kurze Zwischenlagerung ist der Stahl abzudecken. Nimmt man hierzu Kunststoff-Folien, so ist auf deren Weichmachergehalt und die elektrostatische Aufladung zu achten. Manche Weichmacher können auf die Metalloberfläche aufziehen; die elektrostatische Aufladung der Kunststoffe führt zu ihrer Verstaubung, die sich durch auffällige Staubfiguren zu erkennen gibt. Dazu muß der spezifische Durchgangswiderstand des Kunststoffs größer als 10^{13} Ω cm sein. Ist er hingegen kleiner als 10^9 Ω cm, dann ist diese Gefahr nicht gegeben. Für sehr viele Kunststoffe liegt der Wert bei 10^{17} Ω cm.
Das Lagern von Blech auf Blech oder von Rohren auf Blech ist nur mit Abstandshaltern aus trockenem Holz erlaubt. Bei längerem Lagern ist die aus der Esterspaltung der Zellulose-Essigsäure-Ester langsam, aber ständig abgegebene Essigsäure zu berücksichtigen. In wäßrigen Auszügen von Eichenholz stellt sie den pH-Wert von 3,3, in solchen von Tannenholz einen von 4,8 ein; vergleiche (24). Auch muß das Holz frei von Spänen und Schmutz sein.
Vor dem Plasma-Schneiden sind die Flächenbereiche neben der Schnittkante vor Spritzern zu schützen — (23) empfiehlt hierfür Liron —. Nach dem Plasma-Schneiden müssen die Schnittflächen geschliffen werden, ohne daß Anlauffarben auftreten. Hierbei ist darauf zu achten, daß nur die Schweißkanten, aber nicht die Blechoberflächen geschliffen werden. Anschließend sind Kanten und Oberflächen sofort vom Schleifstaub — gegebenenfalls mit Lösemitteln — zu befreien. Nach Scherschnitten ist die Kante verfestigt, und dieser Bereich muß mittels Schleifen oder Handfräsen abgetragen werden.
Niederhalter sind mit rostfreiem Blech zu unterlegen.

Durch geeignete Vorbeugung ist zu vermeiden, daß herunterfallende Teile Kratzer und ähnliches erleiden.
Anriß- und Körnerkerben sind so anzubringen, daß sie während der Bearbeitung mit abgetragen werden. Körner oder Risse für die Positionierung von Montageteilen bringt man vorteilhafterweise nur auf Schweißkanten an. Markierungsstoffe für die Oberflächen müssen vor Gebrauch auf absolute Gefahrlosigkeit und rückstandsfreie Entfernbarkeit untersucht worden sein. Und auch dann sollte man sie äußerst sparsam anwenden.
Für Walz- und Preßarbeiten, bei denen Fremdstoffe relativ tief in die Oberfläche eingedrückt und zudem noch zugedeckt werden können, ist peinlichste Sauberkeit oberstes Gebot. Es empfiehlt sich, die Werkzeuge auf rostfreien Unterlagen unter Filzabdeckung zu lagern. Vor und während aller Arbeiten sind Material, Werkzeuge, Schweißdrähte usw. immer wieder auf Reinheit zu überprüfen.
Warmrichten verbietet sich.
Für allgemeine Reinigungen empfiehlt (23) HAKU, für die von Schweißkanten und -stäben Azeton. Die Behälter der Reingungsmittel müssen zu jedem Zeitpunkt gut lesbar beschriftet sein.
Während Arbeitspausen oder anderer Unterbrechungen müssen die einzelnen Teile zum Schutz vor Verunreinigungen abgedeckt werden.
Zu kalte Bleche — besonders unter $4^\circ C$ — sind handwarm vorzuwärmen.

Mechanisches Bearbeiten
Für das mechanische Bearbeiten sind wohldefinierte Öle festzulegen. Zur Vermeidung von Kratzern muß nach jeder Operation unverzüglich entgratet werden, und fertige Werkstücke sind sofort zu entfetten oder zu entölen und abzudecken. Für alle Aufspannungen sind glatte, saubere und rostfreie Unterlagen und Zwischenlagen heranzuziehen.

Schweißen
Mit dem Schweißen sollten möglichst geprüfte Schweißer mit spezieller Sachkunde beauftragt werden.
Die Wärmeeinbringung darf bei Blechen 11 800 kJ/cm nicht überschreiten (23). Der Nahtbereich sollte unmittelbar vor dem Schweißen, wie auch der Schweißdraht, mit Aceton gereinigt und der Nahtbereich überdies mit Liron eingestrichen werden, wobei ein Nahtbereich von 20 cm Breite zu bedecken ist.
Die Handschuhe müssen fettfrei sein.
Gezündet werden darf nur an den Nahtflanken, nicht an der Bleckoberfläche, und die Wolfram-Elektrode darf das Werkstück nicht berühren. Etwaige Wolfram-Einschlüsse verlangen Ausfräsen.
Endkrater werden unter Vermeidung von Endkraterrissen durch langsames Zurückfahren aufgefüllt, und nach jeder Lage muß die Schlacke zuverlässig abgeschliffen, gegebenenfalls abgefräst werden. Spritzer sollten zu vermeiden sein, sie werden gegebenenfalls durch sorgfältiges Schleifen entfernt. Auch Anlauffarben sind sofort abzuschleifen.

Vorsichtshalber sollte nur das für die jeweils anstehende Arbeit benötigte Schweißmaterial am Arbeitsplatz bereitliegen. Es versteht sich von selbst, daß Verwechslungen durch sachgerechtes Markieren und Lagern des Schweißmaterials auszuschließen sind, daß zum Abdecken der Schweißnähte keine Papierklebestreifen benutzt und zum Reinigen und Entfetten anstelle der Schweißhandschuhe solche aus Gummi herangezogen werden.

Allgemeines
Da jede Beschädigung, Veränderung oder auch nur leichteste Verschmutzung die Oberfläche korrodieren kann, ist diese stets sauber zu halten. Klebeetiketts, Klebebänder farbliche Markierungen, aber auch Schlagzahlen oder -buchstaben u. v. a. dürfen nicht verwendet werden.
Spritzer von Nahrungsmitteln und Getränken, vom Husten oder Nießen, Speichel, Tabakasche oder -saft, Hautpflegemittel und ähnliche Kontaminationen lassen sich organisatorisch ausschließen.
Eine oft vergessene Schadensquelle sind Schuhe, Metallknöpfe an der Arbeitskleidung und Schmuck, einschließlich Armbanduhren — und deren Metallbänder — bei Innenarbeiten in Behältern und ähnlichem, die begangen werden müssen oder in die man sich hineinlehnt oder -bückt oder in die jemand — und es sei nur einmal (bei Prüfung und Abnahme!) — hineinkriecht.
Die extrem saubere Entfernung von Schleifstaub und feinen Spänen aus liegenden Behältern, Rohren, Tanks usw. — besonders aus dem Bereich von Bördelungen, Rillen und Fügestellen, Schrauben, Unterlegscheiben und anderem — ist manchmal problematisch, da nicht mit Druckluft gearbeitet werden sollte, aber unumgänglich.

Gasgefüllte Doppelungen in Blechen stellen ein mit wirtschaftlichen Methoden nicht lösbares Problem dar. Infolge des Walzens und Abkühlens steht das eingeschlossene Gas unter hohem Druck. Wird beim Schweißen eine derartige Doppelung angeschmolzen, bildet sie in der Schweiße unter Umständen Lunker, in vielen Fällen ohne Öffnung zur Atmosphäre. Bild 1.18 ist die Röntgenaufnahme einer solchen Fehlstelle.

Bild 1.19 zeigt Oberflächenrisse von 100 μm Tiefe in der unverdichteten ferritischen Randzone eines gezogenen Vollstabes aus dem Stahl Nr. 1.4016, die nach kurzer Wasserlagerung rosteten. Weitere Korrosionen beruhen auf der — oft unbekannten oder unbeabsichtigten — Erzeugung von Verformungsmartensit (9). Er kann unter anderem während des Schlagformens von Schrauben oder beim Walzen von Federringen, beim Tiefziehen u.v.a.m. entstehen. Bild 1.20 zeigt Verforumgsmartensit im Stahl Nr. 1.4301.

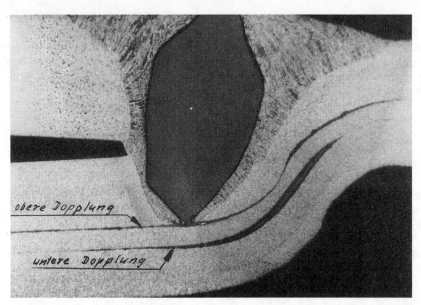

Bild 1.18: MAG-Schweißstelle, Blechdicke = 2,95 mm. Die beiden Doppelungen sind Walzfehler. Beim Schweißen wurde die obere Doppelung aufgeschmolzen, und das heiße Gas strömte in die Schmelze. Herkunft aus (42)

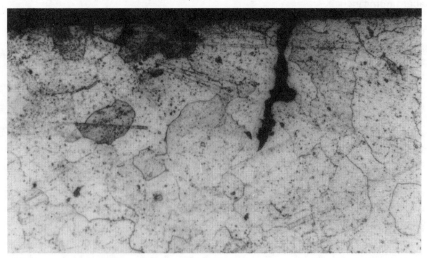

Bild 1.19: Gezogener Vollstab aus dem Stahl Nr. 1.4016 mit herstellungsbedingten Rissen

Bild 1.20: Schliffbild von Verformungsmartensit in dem Stahl Nr. 1.4301 (47), V = 1000 : 1 (die erkennbaren Schlieren sind Verformungsmartensit)

1.4 Atmosphärische Angriffsmedien

Die durch den industriellen Vorgang Erz + Energie = Metall gewonnenen Metalle sind bestrebt, unter Abgabe von Energie in der umgekehrten Richtung zu reagieren, wenn sie mit den dazu benötigten Stoffen in Berührung kommen. Derartige Stoffe bietet die Atmosphäre an. Es sind insbesondere Sauerstoff, der in der Luft zum großen Teil als reaktionsfähiges Biradikal vorliegt, in gewittrigen Entladungen gebildete Stickoxide, Salpetersäure und salpetrige Säure und die Hunderte von Kilometern weit vom Meer ins Landesinnere gewehten Salze. Von jeder überkippenden oder brechenden Welle wird Luft eingeschlossen, die als Blase nach oben steigt und beim Durchbrechen der Wasseroberfläche Salzwasserspritzer erzeugt. Die salzhaltigen Mikrotröpfchen werden vom Wind zum Teil ins Land transportiert und die Salze auf der Erde, auf Bauten, Brücken usw. abgelagert. Der Regen war durch die natürlichen Stoffe schon immer sauer. Heizung, Industrie, Verkehr u.v.a. emittieren naturfremde Stoffe in die Luft, von denen viele metallaggressiv sind, besonders Säuren und säurebildende Materialien, wie Schwefeldioxid und schweflige Säure, Schwefeltrioxid und Schwefelsäure, Schwefelwasserstoff, Schwefelkohlenstoffverbindungen, Salzsäure, Flußsäure, Kohlendioxid, Teersäuren und andere organische Säuren Natriumchlorid, Ammoniumsulfat, Ammoniumchlorid, Peroxide, zusätzliche Salpetersäure und Stickoxide, Ozon, Ammoniak, flüchtige Amine und viele andere. Dabei überwiegen Schwefeldioxid und Stickoxide.

Ein Blick auf die Weltkarte (Bild 1.21) zeigt, daß die hochindustriealisierten Staaten nördlich des Äquators liegen und deshalb auf dieser Erdhälfte die Luft stärker belastet ist. Da auch die größten Landmassen auf der Nordhalbkugel liegen, sind die größten Anteile der Weltmeeroberflächen mit ihrem Absorptionsvermögen für Luftschadstoffe auf der ohnehin begünstigten Südhalbkugel zu finden.

Zur genaueren Abschätzung der einem Metall drohenden atmosphärischen Angriffe durch natürliche und anthropogene Luftverschmutzungen kann man entsprechende Karten und Tabellen heranziehen oder auch die von den meteorologischen Stationen oder Umweltschutzämtern publizierten Werte. Von größter Wichtigkeit ist hierbei der Wassergehalt der Luft. So kann ein Gerät oder eine Maschine, die in der nördlichen Sowjetunion, auf Spitzbergen oder Alaska nur sehr schwach korrodiert, im Kongo oder in der indischen Tiefebene sehr schnell verrosten. Tabelle 1.4 zeigt die Regenwasserbelastungen in einer schwach industrialisierten Zone Süddeutschlands.

Tabelle 1.4: Regenwasser-Belastung (ohne Staub) an drei Orten Süddeutschlands
Quelle: (43)

	Pleidelsheim	Obereisesheim	Ulm/West
abfiltrierbare Stoffe [mg/l]	7,0	12,1	10,2
spezifische elektrische Leitfähigkeit [μS/cm]	74	44	30
Chemischer Sauerstoffbedarf, CSB [mgO$_2$/l]	18,7	18,1	22,5
Mineralöl [mg/l]	0,41	0,34	0,32
Cadmium [mg/l]	8×10^{-4}	1×10^{-3}	5×10^{-4}
Chrom [mg/l]	19×10^{-4}	21×10^{-4}	2×10^{-3}
Kupfer [mg/l]	21×10^{-3}	14×10^{-3}	6×10^{-3}
Eisen [mg/l]	22×10^{-2}	32×10^{-2}	13×10^{-2}
Blei [mg/l]	31×10^{-3}	37×10^{-3}	21×10^{-3}
Zink [mg/l]	12×10^{-2}	12×10^{-2}	8×10^{-2}
Chlorid [mg/l]	2,0	0,3	————
Ammoniumstickstoff [mg/l]	1,26	1,59	0,98
Gesamtphosphor [mg/l]	0,10	0,19	0,15

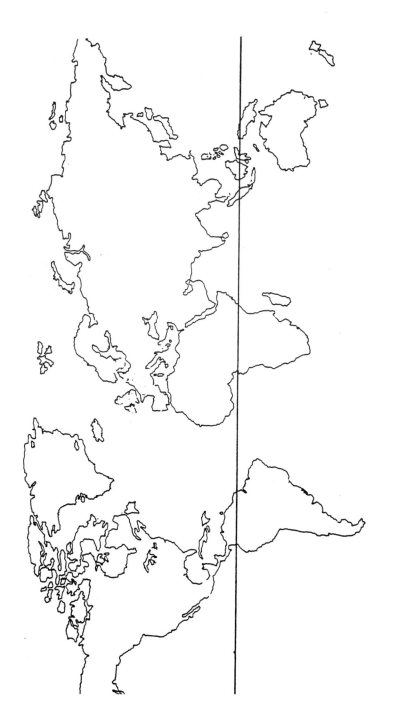

Bild 1.21: Weltkarte mit eingezeichnetem Äquator. Fast alle hochindustrialisierten Staaten liegen auf der Nordhalbkugel, die größeren Flächen des Weltmeeres auf der Südhalbkugel

Neben den gasförmigen oder in Regentropfen, Neben oder Schnee gebundenen Luftschadstoffen sind auch Stäube gefährlich. Ruß- und Staubteilchen bilden Kondensationskeime für Wasserdampf und absorbieren atmosphärische Verunreinigungen. Die Folgen sind auf Metalloberflächen
Tröpfchen-Korrosion,
Spaltkorrosion und
chemische Angriffe.
Dazu kommt noch die Begünstigung der Kapillarkondensation im Ablagerungsbereich eines jeden noch so kleinen Stäubchens auf der Metalloberfläche. Nach den statistischen Angaben des Bundesministeriums für Umwelt ist die aus den alten Ländern der Deutschen Bundesrepublick emittierte Schwefeldioxidmenge größer als die Immissionen aus den Nachbarländern.
Besonders gefährlich sind Stäube, die Ferritteilchen oder gar Rost enthalten. Denn der Rost provoziert Fremdrostinfektionen (auch, wenn der Fremdrost mit dem Winde herangeweht wird, handelt es sich keineswegs um Flugrost, wie manchmal irrtümlich behauptet wird). Bild 1.22 erläutert die Fremdrostinfektion auf einer reinen Stahloberfläche durch abgelagertes Eisenoxid.

Aufgelegter Rost reagiert mit den Eisenatomen eines noch nicht angerosteten Stahls nach

$$2\,Fe^{+++} + Fe \longrightarrow 2\,Fe^{++} + Fe^{++}$$

Die drei zweiwertigen Ionen reagieren mit Luftsauerstoff weiter gemäß

$$4\,Fe^{++} + O_2 \longrightarrow 4\,Fe^{+++} + 2\,O^{--}$$

und dieses dreiwertige Eisen bilden mit diesen Sauerstoffionen und der Luftfeuchte Rost

---

Bild 1.22: Der elektrochemische Ablauf der Fremdrostinfektion Fe^{+++} liegt im fremden Rost meist als $FeOOH$ oder Fe_2O_3 vor, Fe repräsentiert die Oberfläche des sauberen, noch nicht oxidierten Stahls. Das neu entstandene Fe^{+++} bildet, erneuten Rost, $FeOOH$, und später Magnetit, Fe_3O_4, der auch Fe^{++} enthält

Große Aufmerksamkeit ist salzsäurehaltiger Luft zu schenken. Salzsäure ist ein in Wasser gelöstes Gas, das fortwährend aus dem Wasser verdampft. Dieses Gas findet sich in allen Räumen, in denen mit Salzsäure gearbeitet oder in denen sie nur umgefüllt oder aufbewahrt wird. Außerdem entsteht es beispielsweise beim Einbrennen von PVC-Lack und beim Trennen von PVC-Teilen mit dem Schneidbrenner. Diese Gefahren kann man immerhin noch erkennen. Heimtückischer ist dagegen die Disproportionierung von Chlorgas in der Luft — z.B.

in Hallenbädern — nach der Reaktionsformel $Cl_2 + H_2O \rightleftharpoons HOCl + HCl$ (25, 26).
Zu der korrosiven Wirkung der Salzsäure als solcher kommt noch die Spannungsrißbildung durch das Chloridion.
Auch der Deacon-Prozeß zur Herstellung von Chlor aus Salzsäure über einem Kupferkatalysator zeigt die Gefahr der Salzsäurebildung aus Wasser und Chlorgas, wenn man das chemische Gleichgewicht in der dritten Formelzeile von rechts nach links liest:

$$CuCl_2 + 1/2\, O_2 \rightleftharpoons CuO + Cl_2$$
$$CuO + 2\, HCl \rightleftharpoons CuCl_2 + H_2O$$
$$\overline{2\, HCl + 1/2\, O_2 \rightleftharpoons H_2O + Cl_2}$$

Salzsäure entsteht auch beim Mitverbrennen von CKW und FCKW in Öfen. In Lackierbetrieben wird oft die Verbrennungsluft für die Lacktrockenöfen aus der Werkhalle abgesaugt. Der dadurch gegebene konstante Luftzug ist in die überwachte und geregelte Hallenzwangsbelüftung integriert. Mit der aus der Halle abgesaugten Luft gelangen auch alle verdampften CKW- und FCKW-Mengen — meistens aus Entfettungs- oder Reinigungsbädern, bis zu kleinen Werkstattschüsseln stammend, — in die Verbrennungsluft. Die entstandene Salzsäure kann die Essen der Öfen schnell und stark angreifen. In einem untersuchten Fall enthielt die Ofenansaugluft 6 mg R 113/l und 8 mg Methylchloroform/l. Die Esse des Ofens aus dem Werkstoff 1.4571, X10CrNiMoTi18 10, war am oberen Ende nach zwei Jahren so intensiv durchlöchert — Lochfraß durch Salzsäure — als sei sie mit Schrotschüssen bearbeitet worden. Die Rauchtemperatur betrug im Schadensbereich 130 bis 140°C, und das Kondensat hatte die Zusammensetzung von 493 mgCl$^-$/l und 10 mg NO$_3^-$/l bei dem pH-Wert 2,4.
Zur Abwehr derartiger Schäden empfehlen stark sich erhöhte Strömungsgeschwindigkeiten,

Rauchgaswäsche — die Esse der MVA einer Stadt aus dem Stahl 1.4571, der eine Rauchgaswäsche vorgeschaltet ist, zeigt über viele Jahre keinen Angriff (27),

andere Stähle — Stahl 1.4571 geeignet für trockene chloridfreie Dämpfe,
nach (31)   Stahl 1.4439 „Sonder 7" geeignet bis zu 3 g Chlorid pro Liter und bis zu dem pH-Wert 0,5,
Inconel 625 ist noch sicherer,
Stahl 1.4439 geeignet für die Blitzableiter über den Essen,
Blitzableiter entlang den Essen aus Stahl 1.4571.

Ein sehr positives Beispiel für die hohe Widerstandsfähigkeit gut verarbeiteter rostfreier Stähle in aggressiver Luft ist der aus V4A-Stahl (1.4571) gefügte Luftbrunnen neben dem Kongreßzentrum ·am Rosengarten im Zentrum Mannheims. Er wurde 1976 aufgestellt, der Stahl unter Argon elektrogeschweißt, jede Schweißnaht geschliffen (Designierungsschliff), im Beizbad gebeizt. Die Zylinder (Bild 1.23) tragen zum Teil lange stehenbleibende Regenwasserpfützen und zeigen nirgends Rost. An wenigen Schweißnähten hat kaum sichtbare Korrosion angesetzt.

Bild 1.23: Der aus V4A-Stahlblechen geschweißte Luftbrunnen in Mannheim, Detail-Ansicht

Das aus der Luft bei ihrer Abkühlung abgeschiedene Kondenswasser kann stark zum Rosten beitragen. Während des Abkühlens von +30 auf +10°C scheidet mit Wasser gesättigte Luft 21 Gramm Wasser pro Kubikmeter Luft aus. In dem in Bild 1.24 skizzierten Raum (kleine Werkhalle oder Werkstatt) von 1000 m^3 Luftinhalt und 700 m^2 Wandoberfläche (einschließlich Fußboden und Decke) werden bei dieser Abkühlung 21 Liter Wasser abgeschieden und auf den Flächen kondensiert: 21 000 ml/ 700 m^2 = 30 ml Wasser pro m^2, die einer Wasserschicht von 30 μm Dicke entsprächen. In Realität liegen jedoch feinste diskrete Tröpfchen höherer Schichtdicke nebeneinander vor, von denen jedes ein Belüftungselement ausbildet, falls es auf Stahl abgeschieden wurde.

Geschieht diese Taupunktunterschreitung in sauberer Luft, dann entsteht der klassische Rost (Tabelle 1.5 a). Ist die Luft jedoch SO$_2$-haltig, scheidet sich ein sulfathaltiger Rost ab, dessen Sulfatanteil immer weiteres Rosten hervorruft (Tabelle 1.5 b).

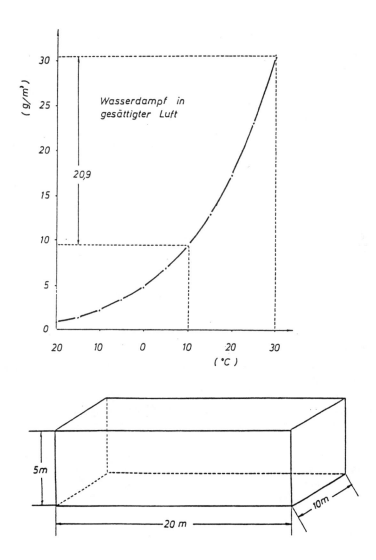

Bild 1.24: Wasserdampfgehalt gesättigter Luft. Mögliche Flächenaufteilung eines umbauten 1000 m³-Raumes

Tabelle 1.5a: Rosten in schwefeldioxid-freier Atmosphäre

$$2\,Fe \longrightarrow 2\,Fe^{++} + 4\,e^-$$
$$4\,e^- + O_2 \longrightarrow 2\,O^{--}$$
$$2\,Fe^{++} + 2\,O^{--} + 2\,H_2O \longrightarrow 2\,Fe(OH)_2$$

$$4\,Fe^{++} \longrightarrow 4\,Fe^{+++} + 4\,e^-$$
$$4\,e^- + O_2 \longrightarrow 2\,O^{--}$$
$$4\,Fe(OH)_2 + O_2 \longrightarrow 4\,FeOOH + 2\,H_2O$$

Tabelle 1.5b: Rosten in schwefeldioxid-haltiger Atmosphäre

$$2\,Fe \longrightarrow 2\,Fe^{++} + 4\,e^-$$
$$4\,e^- + O_2 \longrightarrow 2\,O^{--}$$
$$2\,Fe + O_2 \longrightarrow 2\,Fe^{++} + 2\,O^{--}$$

$$2\,S^{4+} \longrightarrow 2\,S^{6+} + 4\,e^-$$
$$4\,e^- + O_2 \longrightarrow 2\,O^{--}$$
$$2\,SO_2 + O_2 \longrightarrow 2\,SO_3$$

$$2\,Fe + 2\,SO_2 + 2\,O_2 \longrightarrow 2\,FeSO_4$$

===

$$4\,Fe^{++} \longrightarrow 4\,Fe^{+++} + 4\,e^-$$
$$4\,e^- + O_2 \longrightarrow 2\,O^{--}$$
$$4\,FeSO_4 + O_2 + 6\,H_2O \longrightarrow 4\,FeOOH + 4\,H_2SO_4 \quad (1)$$

===

$$2\,Fe + 2\,H_2SO_4 + O_2 \longrightarrow 2\,FeSO_4 + 2\,H_2O \quad (2)$$

===

Das nach (2) gebildete $FeSO_4$ reagiert nach (1) zu Rost und erneuter Schwefelsäure unter Verwendung des nach (2) gebildeten Wassers usw., usw..

Das nach $Fe + SO_2 + O_2 = FeSO_4$ entstandene Sulfat hydrolysiert nach
$$FeSO_4 = Fe^{++} + SO_4^{--}$$ und bildet Rost gemäß
$$2\,Fe^{++} + 3/2\,O_2 + H_2O + 4\,e^- = 2\,FeOOH \text{ (Rost)}$$
außerdem entsteht aus dem Schwefeldioxid mit Luftfeuchtigkeit Schwefelsäure, die das Eisen angreift:

$$H_2O + SO_2 + 1/2\,O_2 = H_2SO_4$$

An der Fülle der Lokalanoden geht zweiwertiges Eisen in Lösung, während die Elektronen zu den Lokalkathoden fließen:

$$Fe = Fe^{++} + 2\,e^-$$

Im Kathodenbereich reduzieren diese Elektronen einen Teil der Fe^{3+}-Ionen zu zweiwertigen Eisen, und es entsteht aus dem vorhandenen Rost Magnetit:

$$2\,e^- + Fe^{++} + 8\,FeOOH = 3\,Fe_3O_4 + 4\,H_2O$$

Die Reduktion ist besser zu überblicken, wenn man den Magetit, Fe_3O_4, in FeO und Fe_2O_3 aufgliedert $-$ 3 FeO + 3 Fe_2O_3 $-$, dann stammt eines der FeO unverändert aus dem Fe^{++} der linken Seite obiger Reaktionsgleichung, und zwei FeO wurden durch die beiden Elektronen aus zwei Fe^{+++} der rechten Seite der Reaktionsgleichung gebildet.

Da hier nur jeweils die von links nach rechts verlaufenden Reaktionen interessieren, wurden statt der exakten Doppelpfeile Gleichheitszeichen gesetzt.

Die noch in dem Fe_2O_3 vorhandenen zweiwertigen Eisenionen werden von hinzutretendem Luftsauerstoff zu dreiwertigen oxidiert, und es entsteht Rost:

$$4\,Fe_3O_4 + O_2 + 6\,H_2O = 12\,FeOOH$$

Wenn einmal Sulfationen in den Rost oder Magnetit eingeschlossen wurden, katalysieren sie fortwährend weiter Rostbildung. Wird ihr Nachschub aus der Atmosphäre unterbunden, läßt ihre Wirkung nur in dem Maße nach, wie sie sich in dem Rost verteilen, also verdünnen. Unter Bedeckungen, durch welche die Luft mit ihren Schadstoffen permeiert, wirken sie weiter. Deshalb müssen sie entfernt werden. Bei mechanischem Entfernen — durch Feilen, Bürsten und ähnliches — wird mit Sicherheit Rost oder Magnetit in den gesunden Stahl eingerieben und provoziert Rostinfektionen. Es ist deshalb eine abschließende Beize nötig.

Verwendet man Rostumwandler, die den Rost in schützendes Phosphat umwandeln, muß man sich von der Fähigkeit des Rostumwandlers oder der Arbeitsmethode, das Sulfat zu beseitigen, überzeugen.

1.5 Das Belüftungselement

Das Evans-, Tröpfchen- oder Belüftungselement beruht auf eng benachbarten Bereichen unterschiedlicher Sauerstoffkonzentrationen in metallbedeckenden Wasserfilmen oder -tropfen.

Im Kontaktbereich des Wassers und der sauberen, fett- und ölfreien Stahloberfläche gehen sofort an vielen Stellen — den von der Herstellung vorgegebenen Lokalanoden — zweiwertig positive Eisenionen, Fe^{++}, in das Wasser über und hinterlassen im Stahl je zwei Elektronen, e^-. Die Grundlagen dieses Vorganges sind in Band 1´ von B. Predel und S. Lohmeyer eingehend beschrieben. (Bild 1.25)

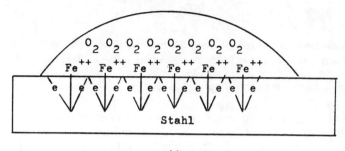

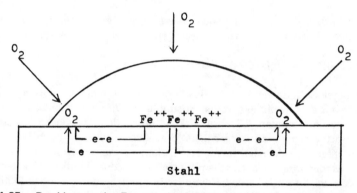

Bild 1.25: Der Vorgang im Evans- oder Belüftungs- oder Tröpfchenelement

Die Elektronen fließen im Metall zu den zahlreichen Lokalkathoden und reduzieren dort den im Wasser gelösten, aus der Umgebungsluft stammenden Sauerstoff zu zweiwertig negativen Sauerstoffionen,

$$2e^- + 1/2\ O_2 = O^{--},$$

die mit Wassermolekülen Hydroxidionen bilden:

$$O^{--} + H_2O = 2\ OH^-$$

Sobald hierdurch der metalloberflächennahe Sauerstoff verbraucht ist, kann die Reduktion nur mit der Geschwindigkeit weiterlaufen, mit der neuer Sauerstoff an die Stahloberfläche diffundiert. Diese Geschwindigkeitsbedingung gilt auch für das Auflösen des Eisens an den Anoden, denn, wenn die Elektronen nicht aus dem Metall entfernt werden, laden sie das Metall negativ auf, und die positiv geladenen Eisenionen werden angezogen und rekombinieren wieder zu Eisen im Metallzustand. Da der Luftsauerstoff auf seinem Diffusionsweg durch das Wasser in dem dünnen Randbereich des Tropfens erheblich schneller zur Metalloberfläche gelangt als durch die viel dickere Tropfenmitte, verlagern sich die Kathodenreaktion auf einen wenige Mikrometer breiten Kreisbogen am Tropfenrand und die Auflösung des Eisens in den mittleren vom Tropfen bedeckten Metallbereich. Das Metall geht im Belüftungselement immer an der Stelle in Lösung, an der ein relativer Sauerstoffmangel herrscht.

Das Verdünnungsbestreben der Hydroxidionen und der Fe(II)-Ionen führt zur Wanderung der OH^--Ionen vom Randbereich zur Tropfenmitte und der Fe^{++}-Ionen in Richtung der Randbereiche. Die hierbei auf etwa halbem Wege zusammentreffenden Ionen vereinen sich zu $Fe(OH)_2$, Eisenhydroxid, dessen Eisenionen von weiterem Sauerstoff zu dreiwertigen oxidiert werden und sich als Rost abscheiden

$$2\,Fe^{++} + 1/2\,O_2 = 2\,Fe^{+++} + O^{--}$$

$$2\,Fe(OH)_2 + 1/2\,O_2 = 2\,FeOOH + H_2O$$

Die Diffusion des Sauerstoffs im Wasser — oder seine Permeation von der Wasseroberfläche zur Metalloberfläche — beschreibt der Diffusionskoeffizient D.

$$D = \frac{\text{diffundierte Gasmenge }[cm^3 \text{ oder } g] \times \text{Diffusionswerg }[cm]}{\text{Flüssigkeitsoberfläche }[cm^2] \times \text{Diffusionszeit }[s]}$$

die Dimensionen werden gekürzt

$$\frac{cm^3 \cdot cm}{cm^2 \cdot s} = cm^2/s \text{ und in dieser Form in Tabellen geführt.}$$

In der technischen Praxis hat es sich als vorteilhaft erwiesen, diese Formel zu erweitern, beispielsweise zu

$$\frac{cm^3 \text{ oder } g \cdot 100\,\mu m}{m^2 \cdot 24\,h} \quad \text{mit dem Umrechnungsfaktor}$$

$$\frac{cm^2}{s} = 8{,}64 \cdot 10^{10} \frac{cm^3 \cdot 100\,\mu m}{m^2 \cdot 24\,h}$$

Tabelle 1.6 enthält einige Diffusionswerte mit ihren praxisgerechten Umrechnungen.

Tabelle 1.6:   Diffusion von Sauerstoff in Wasser

| Ausgangskonzentration | = | 0 mol O_2/l | (28) |
| Dichte des Sauerstoffs | = | $1{,}43$ [g/l] | (29) |

Bei 21°C	(30)	Bei 37°C	(28)
$D = 2{,}33 \times 10^{-5}$		$D = 2{,}54 \times 10^{-5}$	$[\frac{cm^2}{s}]$
$D = 2{,}33 \times 10^{-5}$		$D = 2{,}54 \times 10^{-5}$	$[\frac{cm^3 \cdot cm}{cm^2 \cdot s}]$
$D = 0{,}233$		$D = 0{,}254$	$[\frac{cm^3 \cdot cm}{m^2 \cdot s}]$
$D = 840$		$D = 915$	$[\frac{cm^3 \cdot cm}{m^2 \cdot h}]$
$D = 20160$		$D = 21960$	$[\frac{cm^3 \cdot cm}{m^2 \cdot 24h}]$
$D = 20{,}16$		$D = 21{,}96$	$[\frac{l \cdot cm}{m^2 \cdot 24h}]$
$D = 2016$		$D = 2196$	$[\frac{l \cdot 100\mu m}{m^2 \cdot 24h}]$
$D = 2{,}02$		$D = 2{,}2$	$[\frac{m^3 \cdot 100\mu m}{m^2 \cdot 24h}]$
$D = 2{,}9$		$D = 3{,}15$	$[\frac{kg \cdot 100\mu m}{m^2 \cdot 24h}]$

Aus dem Diffusionswert bei 21°C von $2{,}23 \times 10^{-5}$ [$cm^3 \times cm/cm^2 \times s$] resultiert mit 1 l O_2 = 1,43 g O_2, der Schichtdicke von einem Millimeter und der Diffusionszeit von einer Stunde die zur Metalloberfläche gelangende Sauerstoffmenge von 1,2 Milligramm.
Da 32 Gramm Sauerstoff 89 Gramm Rost (FeOOH) erzeugen, reichen die zur Oberfläche unter einem einen Millimeter hohen und einen Quadratzentimeter flächig ausgedehnten Wassertropfen in einer Stunde permeierten 1,2 Milligramm Sauerstoff aus, um 3,3 mg Rost abzuscheiden.
Das ist eine deutlich sichtbare Menge.
Der Korrosionsstrom fließt im Tröpfchenelement infolge des elektrischen Spannungsunterschieds zwischen dem anodischen und dem kathodischen Bereich. Er läßt sich nach der Nernstschen Formel berechnen, wie der folgende Ansatz mit den willkürlich – nicht gemessenen – vorgegebenen Bedingungen zeigt:

Differenz der Diffusionswege: In der Mitte: 1 mm
                                Am Rand: 10 µm

Daraus folgt eine Konzentrationsdifferenz von 1000/10 = 100/1.

Gleichgewichts-Elektrodenpotentials, E_0, für Sauerstoff (32)
im sauren Medium   = 1,229 [V],
im alkalischen   = 0,401 [V].

Nach Nernst (vgl. S. 28):

$$EMK = 1{,}229 + \frac{RT}{zF} \cdot \ln \frac{C_{O_2}\text{ Rand}}{C_{O_2}\text{ Mitte}} \quad [V]$$

$$= 1{,}23 + \frac{1{,}986 \cdot T}{2 \cdot 23060} \cdot 2{,}303 \lg \frac{100}{1} \quad [V]$$

für $20°C = 293$ K:

$$= 1{,}23 + \frac{2 \cdot 293}{2 \cdot 23060} \cdot 2{,}303 \cdot 2 \; [V] \text{ mit } \frac{1{,}986 \cdot 293}{23060} \cdot 2{,}303 = 0{,}058$$

$$= 1{,}23 + 1/2 \cdot 0{,}058 \cdot 2 \; [V]$$

$$= 1{,}23 + 0{,}058 \; [V]$$

$$\approx 1{,}3 \; [V]$$

Nachdem der Tropfen durch die Reaktion

$2\,Fe + O_2 + 2\,H_2O \longrightarrow 2\,Fe^{2+} + 4\,OH^-$

alkalisch geworden ist, folgt

$EMK = 0{,}401 + 0{,}058 \; [V]$
$ = 0{,}46 \; [V]$

Durch den zweiten Reaktionsschritt,

$4\,Fe(OH)_2 + O_2 \longrightarrow 4\,FeOOH + 2\,H_2O$,

wird die Sauerstoffkonzentration im Tropfen weiterhin klein gehalten, so daß die Eisenauflösung nur in der Mitte erfolgen kann und die Differenz der Sauerstoffkonzentrationen zwischen Tropfenmitte und Rand weiterhin groß bliebt.

Sollte diese Differenz nicht 100/1 sein, so ändert sich die EMK nur unwesentlich:

C/C	sauer [V]	alkalisch [V]
1000/1	1,316	0,488
100/1	1,287	0,459
50/1	1,278	0,450
1000/1 bis 50/1	ca. 1,3	ca. 0,5

Kontrolle der Dimensionen

EMK [V]
E_0 [V]
$R = 1,986 \, [cal. \cdot K^{-1} \cdot mol^{-1}]$ (33)
T [K]
$F = 23060 \, [cal \cdot V^{-1} \cdot mol^{-1}]$ (33)

$$EMK = E_0 + \frac{R \cdot T}{z \cdot F} \cdot \ln \frac{C}{C} \, [V]$$

$$[V] = [V] + \left[\frac{cal \cdot K^{-1} \cdot mol^{-1} \cdot K}{cal \cdot V^{-1} \cdot mol^{-1}} \right] \cdot \ln \frac{(mol/l)}{(mol/l)}$$

$[V] = [V] + [V]$

1.6 Korrosion durch Kontakt mit Brauchwasser

Brauchwasse wird häufig so eingesetzt, wie es aus der Leitung kommt, also ohne Berücksichtigung
seines pH-Wertes, der im deutschen Trinkwasser zwischen 6 und 9,5 liegen und mit behördlicher Genehmigung diese Grenzen überschreiten darf,
zugesetzter Desinfektionsmittel,
seiner Härte,
der Grenztemperatur, nach deren Überschreiten Kalk ausfällt,
seines Sauerstoffgehalts,
des aus den nichtverzinkten Rohrleitungsabschnitten verschleppten Rostes und anderer Eisenverbindungen,
des Zinkgrießes,
der im Trinkwasser zulässigen, für Metalle aber schädlichen Salze und Gase,

der aus Mischinstallationen stammenden Metallionen,
aus der Installation stammender giftiger Stoff, wie Cadmium, Blei und viele andere.
Wichtige Hinweise hierzu stehen in (34).
Beurteilungsmaßstäbe für das Korrosionsverhalten nichtrostender Stähle gegenüber Wasser stellt die DIN-Vorschrift DIN 50 930, Teil 4, zur Verfügung, Tabelle 1.7 gibt in Jahrzehnten gesammelte Erfahrungswerte wieder, die wahrscheinlich weder auf jedes kommunale Trinkwasser, noch auf jede Konstruktion anwendbar sind, aber für viele Zwecke geeignete Hinweise zu geben vermögen.

Tabelle 1.7: Erfahrungswerte für eine Beständigkeitsreihenfolge (unverbindlich). Korrosionsfestigkeit gegenüber Leitungswasser mit üblichem Sauerstoffgehalt und Chloriden sowie mittlerem pH-Wert (beurteilt an Spaltkorrosion).

Stahl Nr.	
1.4511	Chromstahl + Nb 16 − 18 % Cr kürzeste Standzeit
1.4016	Chromstahl 15,5 − 17,5 % Cr wie oben
1.4113	Chromstahl + Mo 16 − 18 % Cr etwas besser
1.4301	Cr-Ni-Stahl Ausgangsstahl für solche Einsatzbereiche zur Beurteilung weiterer Abmagerung oder Aufstockung gut geeignet (Schweißbegr. d = 6 mm; Ø = 40 mm)
1.4306	Cr-Ni-Stahl mit sehr niedrigem C-Gehalt, bei IK nach Schweißen von 1.4301
1.4521	Chromstahl + Mo, Ti-stabilisiert
1.4522	wie oben, Nb-stabilisiert
1.4401	Cv−N−Stahl mit erhöhtem Mo-Anteil, jedoch bei nicht ausschließbarer IK-Gefahr nach dem Schweißen vorsichtshalber zu ersetzen durch
1.4404	ähnlicher Zusammensetzung, aber sehr niedrigen Kohlenstoffgehalts
1.4571	Cr-Ni-Mo-Stahl, Ti-stabilisiert, höchste Standzeit dieser Reihe

Ein Hersteller von Spezialapparaturen fand für die Belastung zwischen 20 und 45°C in Lösungen mit Methylenchlorid, feucht und mit Feststoffen, die folgende Einstufung:

Stahl Nr.	
1.4301	kürzeste Standzeit
1.4401	längere Standzeit, Neigung zu Lochfraß- und Spaltkorrosion
1.4435	widerstandsfähig, solange keine Bearbeitungsfehler begangen wurden
1.4571	widerstandsfähig, Schweißnähte zeigten zuweilen selektive Korrosion und − bei höheren Temperaturen − Messerlinienkorrosion

Stahl Nr. 1.4439 widerstandsfähig, wenn WIG-Schweißung mit Elektrode CN 20/25 (VEW) erfolgt und wenn regelmäßig mit 5%iger HNO_3 passiviert
1.4539 noch stärker belastbar als 1.4439
254 SMO widerstandsfähig, gut belastbar.

Besonderes Augenmerk ist auf Veränderungen des Wassers in Kühlkreisläufen zu richten. Der Verlust des Kohlendioxids bewirkt unter anderem
Ansteigen des pH-Wertes,
harte Ablagerungen oberhalb dem pH-Wert von 8,
das Entstehen von Belüftungselementen,
erhöhte Korrosionsgefahr.

Wenn auch für die rostfreien Stähle keine Bedenken gegen ihren Einsatz im schwach- und mittelalkalischen Milieu bestehen, so sollte vor ihrer Verwendung im stark alkalischen Bereich, bei hohen Temperaturen und relativ hohen Chloridgehalten die geeignetste Schmelze ausgewählt oder -getestet werden.

Kommt es in Kühlkreisläufen zum Versagen eines sonst widerstandsfähigen Stahls, sollte man die Ursache zunächst über chemische Analysen suchen. Fremdstoffe können sehr unauffällig durch Haarrisse in das Kühlwasser einsickern.

In einem bemerkenswerten Fall geriet das über eine gummierte Leitung geführte und zur Fällung im Zusatzwasser verwendete Eisen(III)-Chlorid über ein defektes Ventil in eine Schwarzstahl-Leitung. Diese erlitt Korrosion, und das Wasser brach durch einen 100-m^3-Behälter aus rostfreiem Stahl für VE-Wasser.

Die Kühlwasserkanäle in Kunststoff-Spritzformen werden allgemein durch im spitzen Winkel zur Oberfläche angesetzte Bohrungen hergestellt.

Der Fließweg des Kühlwassers durch die so erzeugten Kanäle wird durch nachträglich eingeschobene Kupfer- oder Messingpfropfen fixiert.

Wie Bild 1.26 erkennen läßt, müssen diese Pfropfen sehr genau dimensioniert und positioniert werden, damit sich keine strömungslosen oder -armen Bereiche bilden, in denen Korrosion auftreten kann.

Bild 1.27 erläutert einen Schadensfall, der an einem der Pfropfen auftrat, die eine der Bohrungen nach außen abschließen. Das stehende Wasser in dem toten Arm, dessen immer mehr ansteigende Konzentration an Korrosionsprodukten nicht von der Strömung weggeführt werden konnte, baute in dem anfänglich feinen Spalt zwischen Kupfer und rostfreiem Stahl ein elektrolytisches Korrosionselement auf, welches in wenigen Tagen den Spalt aufweitete und schließlich bis zur Oberfläche verlängerte.

In vielen Einsatzfällen entstehen Schäden durch mangelndes Sauberhalten rostfreier Stähle, das auf völligem Fehlen jeglicher Sachkenntnis beruht: Bild 1.28 skizziert einen Abscheiderkasten für Straßenabwässer aus V 2 A-Stahl, dessen Bodenschweißnaht völlig verschwunden war.

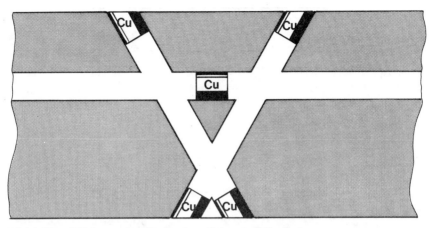

Bild 1.26: Kühlwasserkanäle in einer Kunststoff-Spritzform

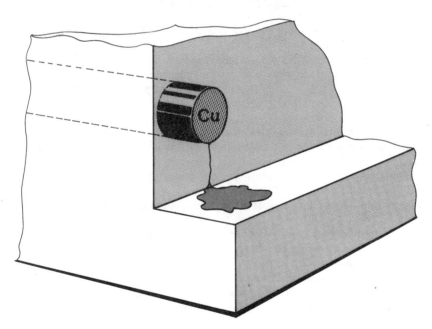

Bild 1.27: Korrosionsschaden am Kühlwasserkanal einer Kunststoff-Spritzform

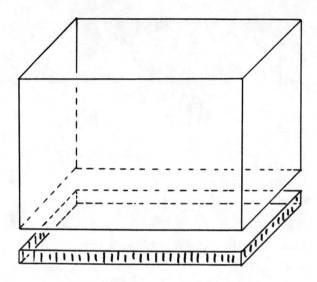

Bild 1.28: Abscheider-Kasten aus V 2 A-Stahl, dessen Bodenschweißnaht völlig weggelöst ist.
Angreifendes Medium: Straßenabwässer
Zusätzlicher Effekt: Wechselnde Füllstandshöhe mit öligen Ablagerungen, langzeitiges Feuchthalten der Außenseiten

Hier trafen gleichzeitig mehrere Ursachen zusammen:
wechselnde Füllstandshöhe mit öligen und kalkigen Ablagerungen im Meniskusbereich,
Krustenbildung,
Belüftungselement,
dauerndes oder langzeitiges Feuchthalten der Außenseiten und der Schweißnaht.

Besonders deutlich tritt die von der auf wechselnder Füllstandshöhe beruhenden Krustenbildung ausgehende Gefahr in dem mit Bild 1.29 beschriebenen Schadensfall in Erscheinung:
Es handelt sich um ein Spülbad aus dem Stahl 1.4541, das einem Phosphorsäurebeizbad nachgeordnet ist. Die Arbeitstemperatur betrug 60, die Ruhetemperatur — über Nacht und an arbeitsfreien Tagen — ca. 20°C.

Während des Arbeitens wurde das Wasser durch ständig ein- und ausgetauchte Werkstücke in dauernder Bewegung gehalten, während sich in der arbeitsfreien Zeit beim Abkühlen der Meniskus absenkte.

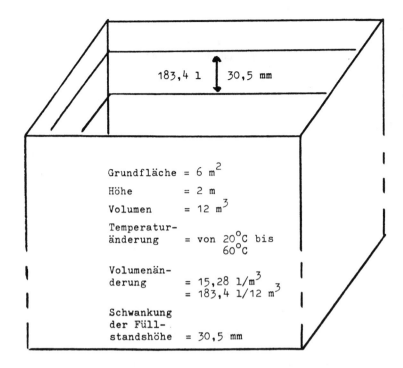

Bild 1.29: Korrosion unter Kalkkrusten im Bereich der wechselnden Füllstandshöhe eines Spülbades

Schon während des Arbeitens, aber ganz besonders beim Abkühlen, setzte sich der ausgeschiedene Kalk (Wasserhärte 18° DH) im Bereich des wechselnden Füllstandes ab und bildete dort eine Kruste. Unter dieser Kruste zeigten sich nach dem Entfernen des Kalks Hunderte von kleinen Lochfraßstellen.
Da dieser Schaden rechtzeitig entdeckt wurde, konnte er schnell und billig behoben und für die Zukunft durch einfache Maßnahmen ausgeschlossen werden:
Abschleifen und -beizen des Korrosionsbereiches,
Erniedrigen der Spülwassertemperatur unter die Abscheidetemperatur des Kalks,
kleinerer Turn-over des Bades, so daß es durch die eingetragene Phosphorsäure auf einem pH-Wert zwischen 6,5 und 7,0 gehalten wird.

Für die Grenztemperatur des beginnenden Kalkausfalls in Trinkwässern läßt sich keine exakte Regel aufstellen, weil diese Reaktion stark von den Lösungsgenossen abhängt. Man bestimmt die Temperatur am einfachsten im Labor durch langsames Erwärmen einer Wasserprobe unter vorsichtigem Rühren. Tabelle 1.8 gibt derartig bestimmte Werte wieder. Eine solche Messung ist nur dann zuverlässig, wenn der Anlage immer das gleiche Wasser zufließt. In vielen großen Kommunen werden dem Trinkwassernetz zu Zeiten gesteigerten Bedarfs vorübergehend zusätzliche Quellen zugeschaltet, die in manchen Fällen völlig anders zusammengesetzte Wässer liefern.

Tabelle 1.8: Bestimmung des Kalkausfalls aus Giengener Trinkwasser

Wassertemperatur [°C]	Zeitbedarf bis zum Auftreten sichtbarer Ausscheidungsprodukte [min]
60	sofort nach Erreichen dieser Temperatur
58	5
56	5
54	90
52	210
50	270
48	300
40	300
30	300

Neben der Kalkausscheidung bewirken Temperaturerhöhungen im Wasser noch weitere Eigenschaftsveränderungen, die sich in unterschiedlicher Weise korrosionsbegünstigend auswirken können:

— Nach der Regel von Van t'Hoff oder dem Gesetz von Swante Arrhenius führen Temperatursteigerungen zur Beschleunigung vieler chemischer Reaktionen, wie es Korrosionen sind,

— die Diffusionsgeschwindigkeit von Sauerstoff in das Wasser nimmt zu. Dem widerspricht nicht die Abnahme des Lösevermögens (Bild 1.30 und 1.31),

— die Viskosität fällt zwischen 10 und 90°C auf weniger als ein Viertel des Anfangswertes ab (Bild 1.32), das Wasser wird „dünnflüssiger",

— die Oberflächenspannung verringert sich zwischen 10 und 90°C um 18 % (Bild 1.33),

— die Dissoziation in H^+— (exakt H_3O^+—) Ionen und OH^--Ionen steigt mit der Temperatur zwischen 10 und 100°C um mehr als eine Zehnerpotenz an (Tabelle 1.9). Dabei bleibt ein neutrales Ausgangswasser zwar weiterhin neutral — sofern keinen anderen Veränderungen, wie CO_2-Austrieb u. a. das verhindern —, denn es entstehen genausoviel Wasserstoff- wie Hydroxidionen,

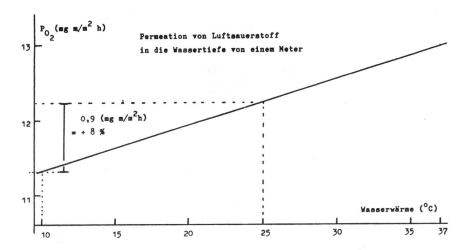

Bild 1.30: Die Diffusion von Luftsauerstoff in Wasser als Funktion der Temperatur

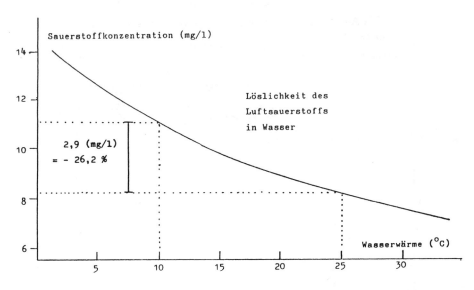

Bild 1.31: Der Sauerstoffgehalt des Wassers in Abhängigkeit von der Wasserwärme

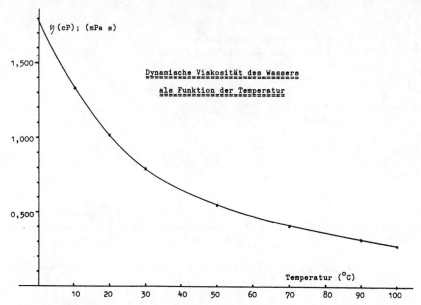

Bild 1.32: Die Änderung der dynamischen Viskosität des Wasser mit der Temperatur

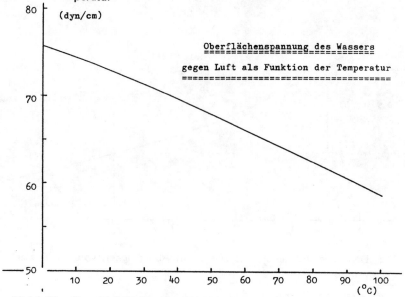

Bild 1.33: Der Abfall der Oberflächenspannung des Wassers gegen Luft mit steigender Temperatur

aber das Wasser wird aggressiver. Die von H^+- und die von OH^--Ionen bewirkten Reaktionen werden verstärkt. Nach Tabelle 1.9 sind bei 20°C von jeder Ionenart 10^{-7} mol/l vorhanden und bei 100°C $10^{6,07}$ mol/l, also etwa zehnmal mehr.

Tabelle 1.9: Änderung der Dissoziation des Wassers mit der Temperatur, ausgedrückt in den Konzentrationswerten für Wasserstoff- und Hydroxid-Ionen

Temperatur [°C]	0	20	50	100
Conz. H^+, OH^- [mol/l]	$10^{-7,5}$	$10^{-7,0}$	$10^{-6,6}$	$10^{-6,0}$

— der elektrische Leitwert steigt mit der Temperatur ebenfalls an. Tabelle 1.10 zeigt, wie der elektrische Leitwert eines mittelharten Leitungswassers zwischen 20 und 90°C um etwa das Zweieinhalbfache anwächst. Diese Werte sind nicht auf andere Wässer übertragbar, weil sich während des Erwärmens verschiedene den Leitwert beeinflussende Vorgänge abspielen, wie Kalkausfall, verstärkte Dissoziation der Salze schwacher Säuren usw..

Tabelle 1.10: Änderung des elektrischen Leitwertes G eines mittelharten Leitungswassers mit der Temperatur

Wassertemperatur [°C]	Leitwert [μS/cm]	Wassertemperatur [°C]	Leitwert [μS/cm]
20	499	60	900
30	601	70	1000
40	710	80	1080
50	800	90	1200

Bild 1.34 zeigt eine Fügestelle aus drei verschweißten Blechen auf der Innenseite eines Wasserbehälters mit zu Testzwecken erzeugten Fehlern. Die Belastungen waren
— mittelhartes Leitungswasser (ungechlort),
— Standzeit ohne jede Strömung oder Wasserbewegung = 4 Wochen,
— Wassertemperatur = 65[°C],
— pH-Wert   =   7,1,
— Cl^- =   36 [mg/l],
— NO_3^- =   24 [mg/l],
— G   =   585[μS/cm] bei 25[°C],

- Gesamthärte = 18,7 [°DH],
- Carbonathärte = 15,1 [°DH].

Die vorsätzlichen Fehler sind
- nicht entfernte Anlauffarben,
- so enger Spalt, daß er nicht vom Wasser gespült wird,
- zu hoher Anpreßdruck beim Schweißen, der zu Spratzern führte.

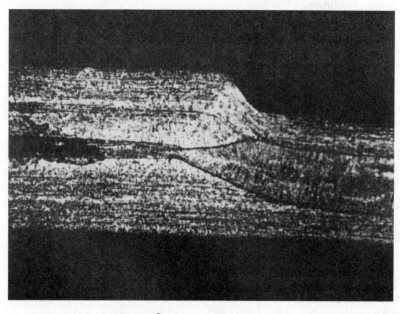

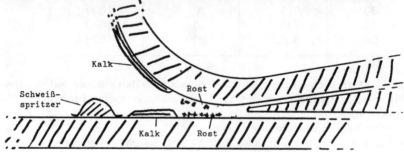

Bild 1.34: Photographie und Skizze einer Schweißstelle aus drei Blechen

Die Skizze läßt die erwartete Rostbildung, die Kalkabscheidungen und einen Schweißspratzer erkennen. Das somit erkannte Problem wurde vom Konstrukteur durch
- exakte Schweißanweisung,
- optimale Spaltdimensionierung und
- Auswahl des geeigneten rostfreien Stahls gelöst.

Ein derartig gestaltetes Spaltproblem kann unter günstigen Umständen bei Einsatz entsprechend harten Wassers mit passendem pH-Wert und geringem Chloridgehalt durch Abscheiden einer korrosionsschützenden Kalkrostschicht − wie von Wasserleitungsrohren bekannt − gelöst werden.
Stoffpaarungen aus verschiedenen rostfreien Stählen können sich unter mäßiger Langzeitbelastung deutlich unterschiedlich verhalten. Eine rollnahtgeschweißte Fügestelle aus Blechen der Stähle

	C	Si	Mn	P	S	Cr	Mo	Ni
1.4301	$\leq$ 0,07	$\leq$ 1,00	$\leq$ 2,00	$\leq$ 0,045	$\leq$ 0,03	17 − 19	------	8,5 − 11
1.4113	$\leq$ 0,08	$\leq$ 1,00	$\leq$ 1,00	$\leq$ 0,045	$\leq$ 0,03	16 − 18	0,9 − 1,3	------

(alle Angaben in Gew.%)

wurde elf Jahre lang mittelhartem Leitungswasser bei Temperaturen zwischen 20 und 65°C ausgesetzt. Die abschließende Prüfung fand Spaltkorrosion und nur im Chromstahl zusätzliche interkristalline Korrosion.
Die unterschiedlichen Widerstandsfähigkeiten von Löt- und Schweißstellen gleicher rostfreier Stähle zeigten sich an Schadensfällen, die in Schwimmbädern aufgetreten waren:
Die umlaufenden Haltestangen in demselben Bassin waren auf den Schmalseiten des Beckens geschweißt und an den Längsseiten gelötet worden. Die Wasser-Trinkwasserqualität,

pH-Wert = 7,6
Cl^- = 5,1 [mg/l]
Zn^{++} = 1,3 [mg/l]
Gesamthärte = 15,8 [°DH]
Temperatur = 40 [°C]

Während die Schweißstellen nicht den geringsten Angriff erkennen ließen, waren die Lötstellen so stark korrodiert, daß nach etwa einem Jahr das Geländer, wie in Bild 1.35 skizziert, von den Lötstellen absprang. An den beiden Enden der 20 m langen Haltestangen hielten die Lötungen länger, da die mittleren Lötungen offensichtlich unter Zugspannungen gestanden hatten, denn das Geländer hatte sich nach dem Bruch der Fügestellen etwas abgewölbt. Zugspannungen durch die Benutzung seitens der Badegäste und der in Bild 1.35 berechnete Betrag der Wärmedehnung dürften sich überlagert haben (Stahl-Qualität = V 4 A).

Spannungen eines Schwimmbecken-Geländers

Wärmedehnung: Umgebungstemperatur beim Löten ca 20°C
Wassertemperatur = 40°C
Länge l des Geländers = 20 m
Wärmedehnungskoeffizient α = $14{,}8 \times 10^{-6} \frac{m}{m\,K}$

$\alpha \times l \times \Delta T = 14{,}8 \times 10^{-6} \times 20 \times 20 = 5920 \times 10^{-6}$ m
= 5,9 mm

Eigengewicht (minus Auftrieb)
Vor dem Löten vorhandene schwache Krümmung
Belastung durch Badegäste

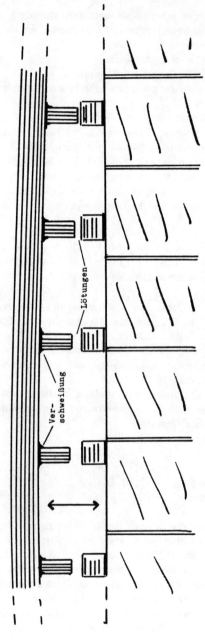

Bild 1.35: Korrodierte Lötstellen eines unter Wasser verlaufenden Geländers in einem Schwimmbad

Wie gut derselbe Stahl für Schwimmbäder geeignet ist, beweisen zwei weitere untersuchte Einsatzfälle:

A) Trinkwasserqualität
   Cl^- = 30 − 40 [mg/l]
   pH-Wert = 7,8 − 8,0
   Temperatur = 23 [°C] (im Winter ungeschützt dem Wetter ausgesetzt).
   Der Stahl zeigt − da er immer geputzt wird − nach 35 Jahren keine Korrosion an den Schweißstellen.

B) Sole der Zusammensetzung nach Tabelle 1.11
   pH-Wert = 7,23
   Temperatur = 30 [°C]
   Der Stahl ist im Wasser-Luft-Wechselbereich, ganzjährig. Die Reinigung wird periodisch mit Sand und einem Schwamm vorgenommen. Die Haltbarkeit beträgt über 10 Jahre, und es ist auch an den Schweißstellen kein stärkerer Angriff zu sehen.

Tabelle 1.11: Wasseranalyse eines Sole-Schwimmbades, in dem V 4 A-Stahl mit Schweißungen über zehn Jahre beständig ist (alle Werte in [mg/l]

Li^+	3,5	F^-	2,3
Na^+	7286,0	Cl^-	8732,0
K^+	72,2	Br^-	12,5
NH_4^+	48,6	J^-	47,2
Mg^{++}	33,2	SO_4^{--}	71,9
Ca^{++}	239,0	NO_2^-	0,01
Sr^{++}	24,1	NO_3^-	1,4
Nn^{++}	0,05	HCO_3^-	372,5
Al^{+++}	0,3	HS^-	0,02
Fe^{++}	3,5	HPO_4^{--}	0,14
		CH_3COO^-	4106,0
		$CH_3CH_2COO^-$	998,2

Diese Sole wird auf etwa ein Zehntel verdünnt und in das Bassin gefüllt.
Beim Löten rostfreier Stähle − wenn es sich denn überhaupt nicht umgehen lassen sollte − sind folgende Regeln zu beachten:

a) Weichlöten.
   Aggressive Flußmittel vermeiden,
   Flußmittelreste können Korrosion erzeugen,
   der Niederschlag des auftretenden Dunstes kann korrodierend wirken,
   Flußmittelreste und Niederschläge mit starken Säuren entfernen und den Stahl erneut passivieren.
   Das Lot bildet mit dem Stahl ein Korrosionselement,

bei vielen Lötungen wird der Stahl zu lange im Temperaturbereich für gefährliche Umwandlungen gehalten (475-Grad-Versprödung, Sigma-Phasen-Bildung usw.).

b) Hartlöten.
Die Gefahr geht vom zu langen Erwärmen des Stahls auf Temperaturen über 700[°C] aus.
Die Lötstellen müssen gründlich nachbearbeitet werden,
Flußmittelreste wirken korrosiv,
verdampfte und niedergeschlagene Flußmittelanteile können Korrosionen verursachen,
Flußmittelreste und -niederschläge mit Säuren entfernen,
Entfernung möglichst nicht mit Salzsäure vornehmen,
Säure gut abwaschen,
Stahl nachpassivieren.

Zu den meist übersehenen Wasserbelastungen gehört die durch Zink. In Trinkwasserinstallationen mit nicht zu saurem Trinkwasser mittlerer und höherer Härte bedeckt sich das als Opferanode in den Rohren aufgeschmolzene Zink mit einer über viele Jahrzehnte zuverlässig wirkenden Kalk-Rost-Schutzschicht. Durch diesen Innenbelag der Leitungen diffundiert jedoch laufend Zink in kleinen Mengen in das Wasser. Im Wasser einer seit 26 Jahren viel benutzten Hausinstallation fanden sich in jeweils entnommenen 100-ml-Proben nach einer Standzeit von

64 Stunden   3,1 mg Zn^{++}/l
48 Stunden   2,4 mg Zn^{++}/l   und nach jeweils zehnminütigem
Ablaufen   0,8 mg Zn^{++}/l.

Sehr bemerkenswerte Schadensfälle treten immer wieder in waagrecht liegenden und nicht vollständig mit Wasser gefüllten Rohren auf, wenn das Wasser tagelang steht und der Gasraum über dem Wasserspiegel Sauerstoff enthält. Ein solcher Zustand liegt beispielsweise in Feuerlöscheinrichtungen zuweilen vor.

Ein derartiges Rohr mußte wegen einer Lochfraßstelle ausgewechselt werden. Es hatte einen Innendurchmesser von 153 und eine Wandstärke von 4 mm. Auf der Unterseite des waagrecht eingebauten Rohres (Bild 1.36) fand sich eine Vielzahl flacher Korrosionsmulden; die stellenweise zum Lochfraß übergegangen waren; Höhenmarkierungen parallel zur Rohrachse wiesen auf verschiedene jeweils längere Zeit konstant gehaltene Wasserstände hin. Oberhalb dieser Markierungen — im Luftbereich — bestand Flächenrost, unterhalb lagen starke Rostkrusten vor.

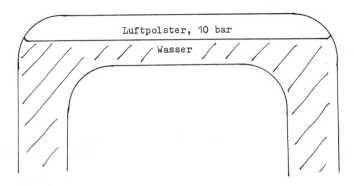

Bild 1.36: Waagrecht liegendes Rohr mit wechselnder Wasserfüllstandshöhe unter einem Luftpolster von 10 bar

Die Ursache der Mulden und Lochfraßstellen waren Belüftungselemente. Der nötige Luftsauerstoff stammte aus den Frischwassernachfüllungen und aus dem Druckluftpolster von 10 bar. Der hohe Versorgungsdruck erhöhte die EMK der Belüftungselemente, die unter Normaldruck etwa 1,5 V beträgt (s.o.). Die Vermehrung der Rostpusteln sowie ihr Strömungstransport bei den periodisch vorgenommenen Funktionsprüfungen und ihr Transport beim Herabfallen durch Erschütterungen, Temperaturdifferenzen und ähnliches vervielfachten die Anzahl der Belüftungselemente und damit die der Lochfraßansätze und erzeugten Fremdrostinfektionen. Die Stagnationsphasen zwischen den Funktionsprüfungen von mehreren Wochen Länge begünstigten das ungestörte Einstellen der Korrosionsgleichgewichte bei dauernder Sauerstoffzufuhr.

Die Pitting-Stellen entwickeln ein vom Wassersystem unabhängiges Eigenleben. In diesen engen Vertiefungen wird der Elektrolyt aufkonzentriert, weil das Loch auch dann, wenn das Wasser fließt, im Bereich der beim laminaren Fließen stehenbleibenden randnahen Wasserschicht liegt und weil sich das elektrische Potential zwischen Lochrand, -wand und -boden stark verändert. Außerdem ist die konzentriertere Lösung im Loch spezifisch schwerer.

Für die Abwehr derartiger Schäden bestehen mehrere Möglichkeiten, von denen die jeweils günstigsten zu wählen sind:
— das Druckluftpolster durch ein Stickstoffpolster gleichen Druckes ersetzen (nach Meinung von Korrosionsspezialisten zwingend notwendig),
— Dotieren mit angepaßten Korrosionsschutzmitteln,
— Anlegen eines elektrischen Schutzpotentials,
— Einbau von Opferanoden,
— Alkalisieren des Wassers auf einen pH-Wert zwischen 7,5 und 8,0,
— Entlüften der luftgefüllten Rohrabschnitte bzw. absolute Waagrechtpositionen vermeiden bzw. beseitigen,

- Einziehen von Kunststoff-Rohren oder -Schläuchen,
- Ersatz der Stahlrohre durch Kunststoff-Rohre, bei kleineren als den angegebenen Drücken (nur mit behördlicher Genehmigung),
- voll- oder teilentsalztes Wasser verwenden, dessen pH-Wert sorgfältig eingestellt und eingehalten werden muß (in manchen Fällen sind solche Wässer aggressiver),
- Unterdruck-Entgasung des erwärmten Wassers,
- Zementauskleidung der Rohre. Der Zement muß mit einem Sulfatschutz versehen sein. Spaltkorrosion ist sehr sorgfältig auszuschließen,
- Ersatz der Stahlrohre durch Spezialschläuche, wie sie in Kernkraftwerken für VE-Wasser Verwendung finden,
- chloridarmes Wasser einsetzen. Dabei ist zu beachten, daß die Summe aller Ionen mit wirksam ist,
- die Rohre dauernd turbulent durchströmen, damit sich keine Korrosionsgleichgewichte einstellen können,
- höher- und hochveredelte rostfreie Stähle heranziehen.

Mit transkristalliner Spannungsrißkorrosion — der für eine Reihe von austenitischen Stählen häufigsten Korrosionsart (35) — ist zu rechnen, wenn die Temperatur eines chloridhaltigen Mediums 50°C übersteigt. Dabei hängt der Grenz-Chloridgehalt zwar von verschiedenen Umständen ab, jedoch dürften 500 ppm in vielen Fällen ausreichen, um transkristalline Spannungsrißkorrosion hervorzurufen. Typische Beispielsfälle bieten Wärmetauscher, wenn Rohre von innen durch das zu kühlende Medium auf 110°C aufgeheizt und von außen mit Flußwasser gekühlt werden. In den untersuchten Fällen (35) trat die transkristalline anodische Spannungsrißkorrosion konzentriert in dem Rohrbereich auf, in dem das Kühlwasser abfloß, wo also wechselnder Wasserstand vorlag.
Sehr häufig kommt die Spannungsrißkorrosion mit Lochkorrosion vergesellschaftet vor (35).

1.7 Angriff von Produktionslösungen

Rostfreie Stähle, die mit Produktionslösungen in Berührung kommen, sind zwar i. A. höheren Angriffen ausgesetzt als durch Brauchwasser, können aber meistens — weil Produktionlösungen konstant zusammengesetzt sind und oft auf konstanter Temperatur gehalten werden — genau auf die zu erwartenden Bedingungen eingestellt oder ihnen entsprechend ausgewählt werden.

Wie stark man dabei bereits in relativ harmlosen Fällen differenzieren kann oder muß, zeigt die in Bild 1.37 dargestellte großtechnische Zinkphosphatieranlage.

Die mildalkalisch entfetteten Oberflächen, die hier phosphatiert werden sollen, erleiden während des Luftbades (zum Ablaufen des nunmehr erwärmten Korrossionsschutzöls in den senkrechthängenden Doppelungen) eine so starke Oberflächenpassivierung, daß sie mit organischen Säuren angebeizt werden müssen.

Während normale Phosphatieranlagen aus Normalstahlblech gebaut werden können, verlangen diese Beizzonen höherlegierte Stähle, wie auch die folgenden Spülzonen. Wie in Bild 1.37 angegeben, erfordern die einzelnen Säuren, je nach ihrer Einsatzkonzentration, verschiedene höherlegierte Stähle.

Bleche rostfreier Stähle werden nach Fertigstellung der aus ihnen gefügten oder konstruierten Bauteile oft mit tensidhaltigen Phosphorsäurelösungen endgespült, um Schleifstaub und ähnliches zu entfernen und um ihnen einen gewissen Korrosionsschutz — der meist nur temporär zu sein braucht — zu verleihen.

		Werkstoff
Vorentfettung		
Vorentfettung	50 – 70°C	NS
Spülen mit Frischwasser	kalt	NS
Luftbad, 30 Sekunden		NS
Hauptentfettung	60 – 70°C	NS
Spülen	kalt	NS
Spülen	warm	1.4301
Beizen mit org. Säuren, z. B. Sulfons.	RT – 60°C	1.4571*)
Spülen, pH-Wert > 8	warm	1.4301
Spülen	warm	1.4301
Aktivieren, pH-Wert >8, z. B. Ti-Verbindung	RT – 40°C	NS NS**)
Spülen	kalt	NS
Spülen	warm	NS
Spülen mit vollentsalztem Wasser	kalt	1.4301
Trockenofen, ca. 8 Min., Objekttemp. 140°C		NS

*) 80°C, Oxalsäure 10%ig 1.4586; 1.4505;   2%ig 1.4571
    80°C, Milchsäure 10%ig 1.4586; 1.4505; 1.4460, 2%ig 1.4571
    75°C, Weinsäure 10%ig 1.4586; 1.4505; 1.4460, 2%ig 1.4571

**) Pumpen und Heizregister aus 1.4301

Bild 1.37: Erweiterte Zinkphosphatieranlage mit Behandlungszonen aus höher legierten Stählen

Zur Erkennung dieses Einflusses wurden Messungen an Blechen aus dem Stahl 1,4301 durchgeführt. Für zwei Probenreihen wurden die Bleche aus demselben Coil hintereinanderweg entnommen und für die eine Testreihe nur entfettet, für die andere nach dem Entfetten mit einer tensidhaltigen zweiprozentigen Phosphorsäurelösung behandelt und an der Luft getrocknet.

Die Meßergebnisse — die Stromdichte-Potential-Kurven — gibt Bild 1.38 wieder: Die Phosphorsäurebeize hat die Lage des Passivierungspotentials zwar nicht verändert, wohl aber die Passivierungsstromdichte um etwa 50 % gesenkt. Die Transpassivität erfuhr keine Veränderung. Die Erniedrigung der Passivierungsstromdichte ist von Vorteil. Die Messungen erfolgten in 1 n Schwefelsäure. Da solche Behandlungen in Großbetrieben mit Serienfertigung mit dem zur Verfügung stehenden Leitungswasser für die Phosphorsäure erfolgen, müssen Kenntnisse von der Wirkung der Chloridionen im Leitungswasser vorhanden sein.

Deshalb wurden weitere Proben des Stahls 1.4301 in Citronensäurelösungen (als Berücksichtigung des vorgesehenen Einsatzzweckes der Konstruktionen) verschiedenen Chloridgehalts geprüft. Bild 1.39 zeigt die Meßergebnisse:

Die von der Hysterese eingeschlossene Fläche entspricht dem Bereich des metastabilen Lochfraßes, den man sich modellmäßig als eine im Loch gebildete Passivschicht vorstellen kann, deren Anschlüsse an die Passivschicht der Blechoberfläche etwas leichter angreifbare Schwachstellen sind.

Das Lochfraßpotential verschiebt sich mit zunehmendem Chloridgehalt in negativer Richtung. Die mit steigendem Chloridanteil zu erwartende Abnahme der Passivierungsstromdichten ist unübersichtlich. Andere Versuche zeigten, daß bei verschiedenen Proben in Citronensäurelösung mit 500 ppm Cl^-, die Passivierungsstromdichten völlig verschwinden können. Vergleiche Bild 1.40.

Weitere nur entfettete Proben wurden 2,5 Minuten lang bei $70°C$ in den in Bild 1.40 angegebenen Säurelösungen behandelt und dann in einer Citronensäurelösung des pH-Wertes von 2,5 und des Chloridgehalts von 500 ppm geprüft; Bild 1.40 zeigt die Meßkurven.

Bild 1.41 beweist, daß die Behandlung mit zehnprozentiger Phosphorsäure das Lochfraßpotential um + 200 mV verschiebt und die mit 20-%iger den Lochfraß erst im transpassiven Bereich auftreten läßt. In beiden Fällen fehlt das Passivierungspotential, denn die Phosphorsäure baut als nichtoxidierende Säure zwar eine Schutz- aber keine Passivschicht auf. Letztere bildet sich aber nach längerer Lagerung an Luft und kann deshalb zu divergierenden Meßergebnissen führen. Bereits der Zusatz von einprozentiger Salpetersäure zur 20-%igen Phosphorsäure erzeugt eine Passivschicht (Bild 1.40).

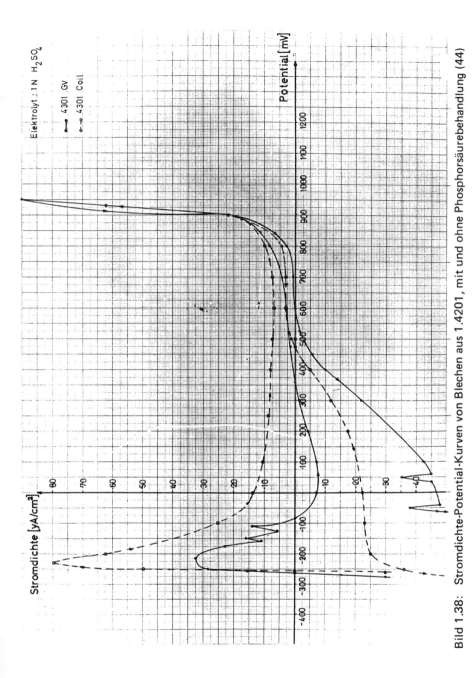

Bild 1.38: Stromdichte-Potential-Kurven von Blechen aus 1.4201, mit und ohne Phosphorsäurebehandlung (44)

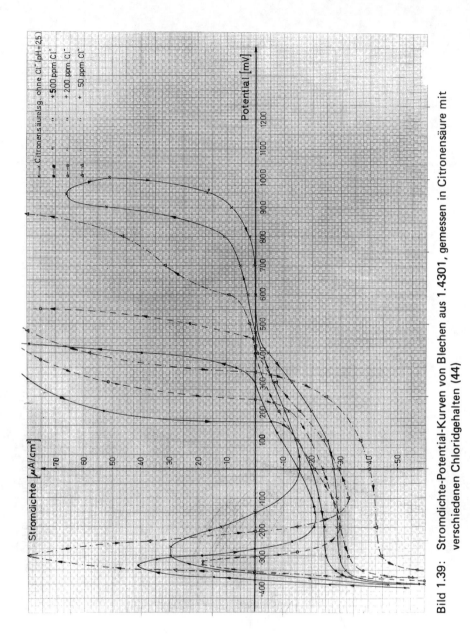

Bild 1.39: Stromdichte-Potential-Kurven von Blechen aus 1.4301, gemessen in Citronensäure mit verschiedenen Chloridgehalten (44)

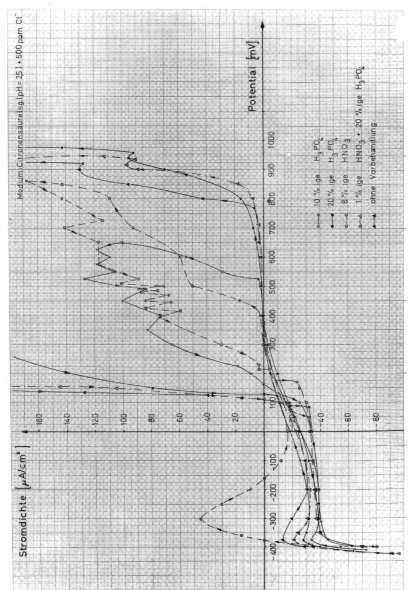

Bild 1.40: Stromdichte-Potential-Kurven von Blechen aus 1.4301, die mit verschiedenen Säuren vorbehandelt waren, gemessen in Citronensäure mit Chloridzusatz (44)

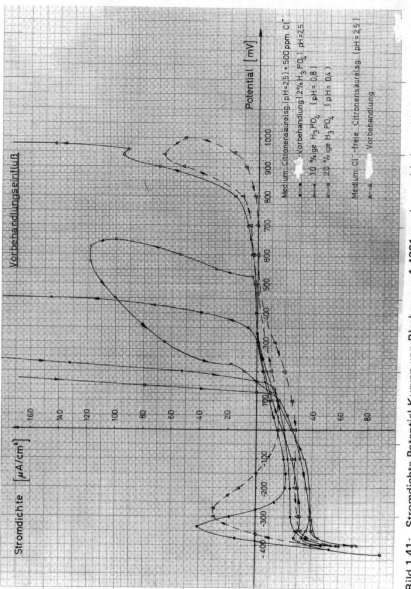

Bild 1.41: Stromdichte-Potential-Kurven von Blechen aus 1.4301, nach verschiedenen Vorbehandlungen, gemessen in Citronensäure mit Chloridzusatz (44)

Bild 1.42 — pH-Wert = 6 — zeigt im Vergleich mit Bild 1.39 — pH-Wert = 2,5 —, daß beim pH-Wert von 6 keine Passivierung eintritt. Möglicherweise reicht die eingebrachte Kationladung nicht zur Formierung einer Passivschicht aus. Der transpassive Bereich wurde um + 300 mV verschoben, die Lochfraßpotentiale um etwa + 100 mV. Ausnahme: die Lösungen mit 50 ppm Cl^-.
Das Repassivierungspotential in der 50 ppm-Lösung wurde mit + 100 mV um einen größeren Betrag verschoben als das in den höher konzentrierten Lösungen.
An keiner der Proben trat Lochfraß auf der Fläche auf, aber stark an den Befestigungsstellen der Probenhalterung an den Probenkanten.
In Betrieben und Hausinstallationen ist mit Kupferleitungen zu rechnen. Deshalb wurde der Einfluß von Kupferionen auf das elektrochemische Verhalten — und damit auf die Korrosionsfestigkeit — des Stahls untersucht.
Zur Ermittlung des Lochfraßpotentials unter Cu^{++}-Ionen-Belastung wurden den Prüflösungen, die in Bild 1.43 angegeben sind, jeweils 10 ppm Cu^{++}-Ionen mit $CuSO_4$ zugegeben.

Wie Bild 1.43 zeigt, verschieben die Kupferionen das Ruhepotential um etwa + 300 mV und verkleinern damit den Passivbereich.
Bei gleichem Kupfergehalt der Lösung nimmt mit steigendem Chloridgehalt die Passivstromdichte stark ab. Aufgrund des positiven Redoxpotentials Cu/Cu^{++} stellen sich die Gleichgewichtspotentiale der Stahlproben bei sehr positiven Werten unterhalb des Lochfraßpotentials ein.
Deshalb genügt schon eine relativ geringe anodische Polarisation zur Auslösung von Lochfraß.

Wie die Kurve für 50 ppm Cl^- (und 10 ppm Cu^{++}) zeigt, bewirkt der Kupferzusatz hier noch keine deutliche Korrosion, wohl aber Repassivierung, die von der Inhibitorwirkung des Sulfations ausgehen kann.
Infolge der Verschiebung des Gleichgewichtspotentials in Richtung auf das Lochfraßpotential, fördern die Kupferionen die Korrosionsanfälligkeit.

Meßbedingungen:
Potentio-Galvano-Scan PGS 81 Wenking,
XY-Schreiber Linseis,
Korrosionsmeßzelle der Fa. Göddeke,
Proben, ca. 1 cm^2 Fläche, Kanten sauber verschliffen,
Abtasten der Potentiale mit einer Haber-Luggin-Kapillare,
Umwälzung durch Einblasen von Luft, ca. 40 l/h,
Arbeitstemperatur = 30°C,
Scanrate = 1 mV/s (Praxisnähe),
Reverse Scan-Verfahren zur Erfassung sowohl der anodischen als auch der kathodischen Polarisationsvorgänge,
Bezugselektrode, Kalomel-Elektrode in 3,5 M KCl,
Potentialangabe, bezogen auf die Kalomel-Elektrode.

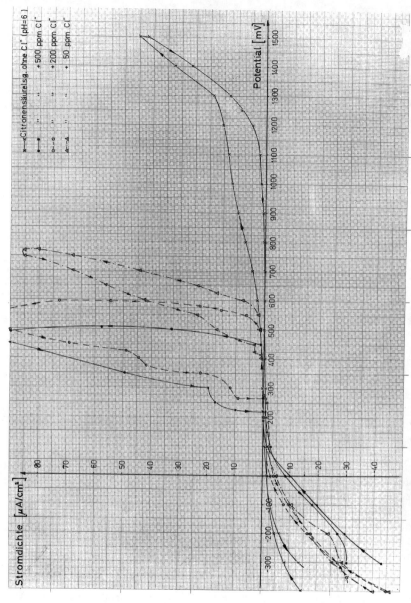

Bild 1.42: Stromdichte-Potential-Kurven von Blechen aus 1.4301, ohne Phosphorsäurevorbehandlung, gemessen in sehr schwacher Citronensäurelösung mit verschiedenen Chloridgehalten (44)

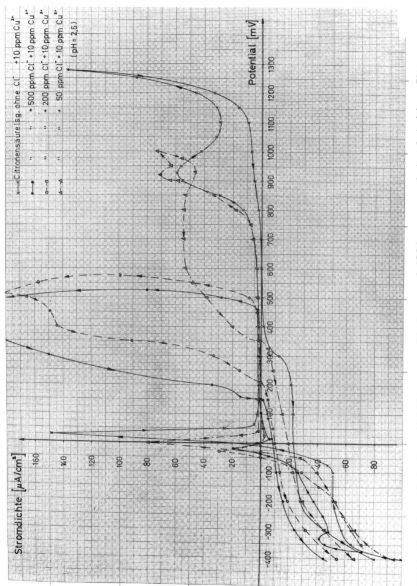

Bild 1.43: Stromdicht-Potential-Kurven von Blechen aus 1.4301, gemessen in kupferhaltigen Citronensäurelösungen mit und ohne Chloridzusätzen (44)

Die unter Idealbedingungen ermittelten Werte der elektrochemischen Spannungsreihe in Tabelle 1.12 lassen natürlich keine Kupferzementation auf dem Stahl 1.4301 zu. Da im Praxisfall die Bedingungen oft stark von den idealen abweichen, kommt es zur Zementation:

In einem großtechnisch betriebenen Phosphorsäure-Beizbad vom pH-Wert 1,5 kam es auf der Badwandung aus dem Stahl 1.4541
unterhalb der Kupferkonzentration von 15 mg/l zu keiner Zementation,
oberhalb der Kupferkonzentration von 15 mg/l zur Zementation,
bei der Kupferkonzentration von 25 mg/l zu starker Zementation,
unterhalb der Kupferkonzentration von 10 mg/l löste sich der Kupferbelag wieder auf.

Tabelle 1.12: Auszug aus der elektrochemischen Spannungsreihe für die Kupferzementation auf dem Stahl Nr. 1.4301

Cr/Cr^{+++}	$= -0,74$ V		Fe/Fe^{+++}	$= -0,04$ V
Cr/Cr^{++}	$= -0,56$ V		Cu/Cu^{++}	$= +0,34$ V
Fe/Fe^{++}	$= -0,44$ V		Cu/Cu^{+}	$= +0,52$ V
Ni/Ni^{++}	$= -0,23$ V	Stahl	1.4301	$= +0,70$ V

Da der Stahl Nr. 1.4541 sich von dem Stahl Nr. 1.4301 im Wesentlichen durch seinen Zusatz von 5 % Titan unterscheidet, dürfte er an etwa derselben Stelle einzuordnen sein.
Über die möglichen Kupfergehalte im Leitungswasser unterrichtet Tabelle 1.13.

Tabelle 1.13: Kupfergehalte in Trinkwässern und ihre Grenzwerte

TGL 22 433	≤ 1
EG-Richtlinie	$\leq 0,1$ mg/l beim Austritt aus Pumpen und/oder Aufbereitungsanlagen und ihren Nebenanlagen
	≤ 3 mg/l nach zwölfstündigem Verbleib in der Leitung und am Punkt der Bereitstellung für den Verbraucher
WHO	≤ 3 mg/l
Dänemark	≤ 3 mg/l
Verschiedene andere Länder	≤ 1 mg/l
Natürliche Wässer	$\leq 0,002 - 0,02$ mg/l
Ausnahmen in Westdeutschland	$\leq 0,1 - 1,5$ mg/l
Westdeutsche Haushalte	$\leq 0,5 - 2,0$ mg/l

Installationen, USA = 0,13 mg/l als Mittelwert
Installationen aus Cu,
MS, Tombak, Rotguß ≤ 8,25 mg/l

In sauerstofffreier Citronensäure vom pH-Wert = 2,5 mit dem Chloridgehalt von 2 % verhielten sich Bleche verschiedener rostfreier Stähle nach ihrer 2,5-minutenlangen Vorbehandlung in 2%iger Phosphorsäure bei 70°C, so wie es Bild 1.44 zeigt*).

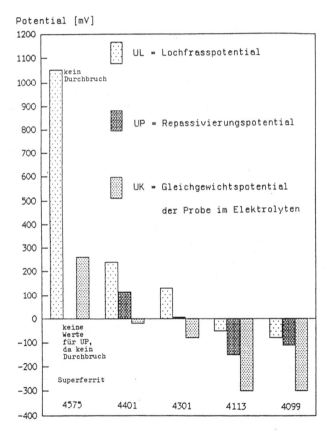

Bild 1.44: Übersicht über das Verhalten verschiedener hochlegierter Stähle, die mit Phosphorsäure vorbehandelt und in chloridhaltiger Citronensäure gemessen worden waren (44)

---

*) Soll der Stahl 1.4113 geschweißt werden, empfiehlt es sich, den Nb-stabilisierten Typ einzusetzen, um interkristalline SRK zu vermeiden.

Für die Belastbarkeitsreihenfolge in warmem Trinkwasser nicht angegebener Zusammensetzung fanden einige Autoren:
1.4301
1.4521
1.4401
1.4571

Niedriglegierte Stähle können unter Nitratbelastung in alkalischem Wasser mit interkristalline Spannungsrißkorrosion reagieren (35). Über seewasser-beständige Stähle vergleiche das Kapitel von Klaus Röhrig in diesem Buch und (36) vom gleichen Verfasser.

1.8 Wirkungsweisen und Vermeiden von Konstruktionsfehlern

In kompliziert gebauten Produkten kleiner Abmessungen aus verschiedenen Metallen kann es durch unvorhergesehene Stoffpaarungen im Kontakt mit bestimmten wäßrigen Lösungen zur Bildung unerwarteter elektrochemischer Elemente kommen, die in einem untersuchten Fall so stark waren, daß sie in einer unter höherem CO_2-Druck stehenden wäßrigen Lösung in wenigen Tagen zum Auflösen eines nadelförmigen Meßfühlers aus Platin führten.

In einem anderen Schadensfall hatte man zwei Metalle mit einer Elastomerdichtung voneinander isoliert. Die Dichtung bildete infolge Relaxation einen feinen Spalt, in dem sich die Chloridionen aus dem darüberströmenden Flußwasser anreicherten und in dem Stahl Nr. 1.4541 Lochfraß erzeugten. Da es sich um einen Wärmeaustauscher handelte, beschleunigte die hohe Temperatur die Korrosion (35). Das in Kapitel 1.3 beschriebene chemische Gleichgewicht

$$4\,Cr + 3\,O_2 \rightleftharpoons 2\,Cr_2O_3$$

verschiebt sich unter Abwesenheit von Sauerstoff langsam zur linken Seite der Gleichung. Das geschieht auch unter Abdeckungen, Krusten und in sauerstofffreien Lösungen. Diese Auflösung der Passivschicht kann verstärkt werden, wenn ein Sauerstoffverbraucher in der Nähe ist, der eine größere Affinität zum Sauerstoff hat oder aus anderen Gründen mit der Passivschicht um den Sauerstoff konkurriert.
Diese Möglichkeit ist gegeben, wenn ein rostfreier Stahl mit Normalstahl abgedeckt wird.
Der Normalstahl reagiert mit dem Sauerstoff unter anderem nach

$$4\,Fe + 3\,O_2 \rightleftharpoons 2\,Fe_2O_3$$

Wenn die Gleichgewichtskonstante $k = \dfrac{[Fe]^4 \cdot [O_2]^3}{[Fe_2O_3]^2}$ kleiner ist als die Gleichgewichtskonstante $c = \dfrac{[Cr]^4 \cdot [O_2]^3}{[Cr_2O_3]^2}$, dann kommt es zur Entpassivierung des rostfreien Stahls durch Auflösung seiner Passivschicht. Nach der Entfernung dieser oder einer anderen, ähnlich wirkenden, Oberflächenabdeckung des Edelstahls ist dessen Repassivierung noch möglich, wenn das Loch unter der Abdeckung noch nicht so tief ist, daß es seinen eigenen Elektrolythaushalt entwickelt hat. Andernfalls wächst es weiter, läßt sich aber gegebenenfalls durch Ausätzen so vergrößern, daß das elektrochemische Eigenleben aufhört.

Laminares und oft auch turbulentes Fließen vermag häufig nicht die hochkonzentrierten Elektrolytlösungen in Lochfraß- und Spaltbereichen auszuspülen, wie Bild 1.45 demonstriert.

Auch nur periodische Spaltbildung, z.B. zwischen einer Kunststoffrolle und ihrer Unterlage aus dem Stahl 1.4301 in einem mit Tensiden versetzten Trinkwasser des pH-Wertes zwischen 7,0 und 7,5, läßt nach längerem Gebrauch Spaltkorrosion auftreten.

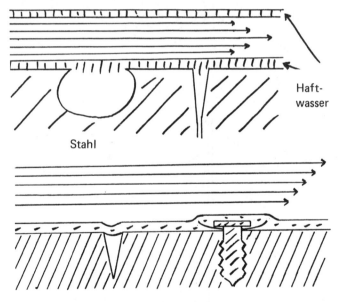

Bild 1.45: Skizze zum Erläutern, a) des unterbundenen Wasseraustauschs in Spalten und Lochfraßstellen im Bereich der haftenden Randschicht in laminarer Strömung; b) desselben Effekts im Bereich dünner Schraubenköpfe, Niete und ähnlichem

Eine weitere korrosive Spaltwirkung wurde unter einer Kunststoffschraubenmutter, die nicht total plan auf einer Blechfläche aus dem Stahl Nr. 1.4401 auflag, beobachtet. Diese Stoffpaarung war dem pH-Wert-Wechsel zwischen 6,0 und 10,5 in reiniger-dotiertem Trinkwasser und dem Temperaturwechsel zwischen 18 und 65°C sowie dem gelegentlichen Überfluten mit kochsalzhaltigem Wasser ausgesetzt.

Eine unter gleicher Belastung stehende Rollnahtschweißung aus den Stählen 1.4301 und 1.4113 zeigte erst nach 12 Jahren Spaltkorrosion.

Bild 1.46 (nach Informationen von (37)) erläutert die Problemlösung der korrodierenden Verschraubung einer chrom-galvanisierten Aluminium-Stoßstange:

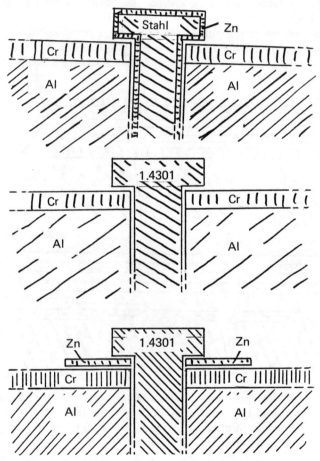

Bild 1.46: Korrosionselemente einer Stoßstangenverschraubung

Die verzinkte Stahlschraube stand im Anpreßbereich in direktem Kontakt mit dem Aluminium. Unter der Wirkung von Tausalzen in den USA (die dort verwendeten Tausalze sollen aggressiver als die in Deutschland eingesetzten sein) löste sich das Zink auf, und die Stahlschraube rostete ab. Das Zink fungierte als Opferanode für den kathodischen Korrosionsschutz des Aluminiums.
Nachdem die Schraube durch eine andere aus dem rostfreien Stahl der Nr. 1.4301 ersetzt worden war, korrodierte nunmehr das Aluminium im Anpreßbereich an seinem direkten Kontakt mit der Schraube, denn das Aluminium war zur Opferanode für den kathodischen Korrosionsschutz des Edelstahls geworden.

Gelöst wurde das Problem mit einer großdimensionierten Unterlegscheibe aus Zink zwischen der Edelstahlschraube und der Aluminiumstoßstange. Das Zink ist die Opferanode für den kathodischen Schutz sowohl des Aluminiums als auch des Edelstahls.
Diese Maßnahme hat sich auch im maritimen Bereich bewährt (37). So verbindet man beispielsweise an Leuchttürmen die Aluminiumbleche mit Befestigungselementen aus Edelstahl und benutzt Unterlegscheiben aus Zink oder Zink-Aluminium-Legierungen (Zink-Titan-Legierungen funktionieren in diesem Fall nicht als Anode).

An einer aus den beiden Stählen 1.4016 und 1.4301 gefügten Konstruktion, die periodisch der Spülung mit mildalkalischen Reinigern und der Lufttrocknung ausgesetzt war, erzeugten die während der Trocknung noch anhängenden Tropfen nur auf dem Chromstahl die bogenförmigen Markierungen von Tröpfchenelementen.

Besondere Aufmerksamkeit ist der lange verborgen bleibenden Korrosion unter Wärmedämmstoffen zu widmen (38). Die Dämmung muß in ihrer ganzen Ausdehnung — da sie aufgenommene Feuchtigkeit über weite Strecken zu transportieren oder verteilen vermag — sorgfältig an der Aufnahme von Feuchtigkeit, wie Tauwasser, Regenwasser, Leckwasser und ähnlichen, gehindert werden. Einmal eingedrungenes Wasser trocknet i. a. nur sehr langsam oder gar nicht und hinterläßt die von ihm mitgeführten Elektrolyte und andere hygroskopische Materialien, die ihren Wasserbedarf aus der Luftfeuchtigkeit sorbieren.

In Neubauten, auf Leitungen und Behältern im Freien besaß das Niederschlagswasser den pH-Wert von etwa 5 und war mit
10 — 20 mg/l Nitrat,
10 — 20 mg/l Sulfat und
10 — 30 mg/l Chlorid
belastet.
Infolge von Temperaturschwankungen können Dämmstoffe eine Pumpenwirkung entfalten, indem sie beim Erwärmen die sich ausdehnende Luft entweichen lassen und beim Abkühlen dichtere — und womöglich feuchte — Luft aufnehmen. Die in den sehr kleinen Abständen des Faser- oder Schaummaterials

abgeschiedenen und durch Kapillarkondensation festgehaltenen Wasseranteile verlassen mit der nächsten Erwärmung das Gefüge nicht und provozieren auf Stahloberflächen Korrosionen. Dieser Vorgang wird auch an wasserabweisend imprägniertem Dämmmaterial beobachtet. Taupunktsunterschreitungen an sehr kalt durchströmten Rohren oder der Wechseltemperaturbetrieb einer Installation begünstigen die Wasseraufnahme.
Auch ist darauf zu achten, daß das Dämm-Material nicht selbst mit Chlorid und anderen Salzen beladen ist.

Die Spannungen des Stahls, wie die Eigenspannungen an Schweißnähten,
Biegespannungen,
Fremdspannungen durch Innendruck
und Wärmespannungen,
die auch an anderer Stelle der Installation entstehen und sich bis in den gedämmten Teil fortsetzen, können unter der Wirkung der genannten Schadstoffe zu Spannungsrißkorrosion und Lochfraß führen.

Verwendet man Schaumkunststoffe, sollte man berücksichtigen, daß UF-Harze (Harnstoff-Formaldehyd-Schäume) oder Phenolharze mit sauren Härtern hergestellt sein können und daß Formaldehyd zu Ameisensäure oxidiert sein kann.

Beim Vorliegen kritischer Korrosionsbedingungen, wie gefährlich hohe Chloridkonzentrationen, mittlere bis hohe Temperaturen (die noch nicht ausreichen, die Isolation dauernd trocken zu halten) und von Zugspannungen, sind auf die Dauer viele hochlegierte Stähle derart gefährdet, daß sie den Bedingungen entsprechend sorgfältig ausgewählt, geschützt und gepflegt werden müssen.
Die dargestellten Fakten lassen erkennen, daß in bestimmten Fällen auch der Zutritt der Luftfeuchte zu verhindern ist.
Das bisher über Spalte, nicht plan aufliegende Dichtungen, Dämmstoffe und ähnliches Gesagte ist in gewissem Umfang auch auf Beschichtungen zu übertragen.

Nach (39) wurde der 13-%ige Chromstahl X20Cr13 (1.4021) folgender Belastung ausgesetzt:

Kochsalzlösungen	0,01 und 0,38 M (22-%ig)
pH-Wert	etwa neutral
Temperaturen	80 und 150°C
Frequenz	50 Hz
Spannung	im Zugschwellenbereich

Der Oberflächenschutz erfolgte mit mehreren in diesem Zusammenhang zu erprobenden Schichten, wie
isolierenden Deckschichten: Email,

Diffusionsschichten: Alitierung*), Inchromierung,
kathodisch wirkenden
Metallüberzügen: Al, Zn, Sn, Cd

Die Untersuchung auf Schwingungsrißkorrosion (SwRK) erwies, daß die kathodisch wirkenden Überzüge die SwRK-Festigkeit deutlich verbessern.

Schwingungsrißkorrosion vermag an rost- und säurebeständigen Stählen auch im passiven Zustand aufzutreten (35). Neben den austenitischen sind auch hochlegierte martensitische Stähle nicht immun dagegen. Die Überlagerung von Spannungs- und Schwingungsrißkorrosion vermag die Schwingfestigkeit drastisch zu reduzieren (35).
Ein absenkbarer Schwimmbad-Boden aus dem Stahl Nr. 1.4301, verschweißt mit dem Stahl Nr. 1.4401, war ohne Vorbehandlung pulverbeschichtet worden. Nach kurzer Zeit kam es infolge von Spaltbildung und Diffusion – das Wasser war auch noch gechlort – zur Unterrostung und zum Ablösen des Lackes.

1.9 Sonderbelastungen

Sonderbelastungen führen meist dann zu Schäden, wenn rost- und säurebeständige Stähle ohne Kenntnis ihrer Eigenschaften, ohne Kenntnis der Aggressivität von im täglichen Umgang als ungefährlich angesehenen Kontaktstoffen und ohne ausreichende Vorstellungen von mechanischen Belastungen, die auftreten, eingesetzt werden. Ein typisches Beispiel hierfür sind die im Boden verankerten Auffangwannen für Abtankplätze gefährlicher Güter (Bild 1.47).

Sie werden nicht nur von Spritzern oder Abläufen des Tankguts benetzt, sondern auch vom sauren Regen betroffen, mit Staub und anderen Ablagerungen unter Krustenbildung bedeckt, mit Nagelschuhen begangen, von herunterschlagenden Kupplungen der Schläuche und herabfallenden Metallgegenständen oberflächlich beschädigt. Die Reifen der Tankwagen pressen Fremdmetallteile, Steinchen verschiedenen Materials und Rost in die Oberfläche. Die Verschmutzungen werden durch Öle und Fette so fixiert, daß sie durch bloßes Abspritzen mit Wasser nicht immer zu entfernen sind.

Schutz des Stahl durch eine Überdachung des Abtankplatzes und durch Überbauen mit Schwerlasttraggittern, auf denen die Tankwagen fahren und die Arbeitskräfte gehen und hantieren, sowie häufiges kontrolliertes Reinigen und Entfetten und Pflege der Schweißnähte tragen viel zur Verlängerung der Lebensdauer bei. Vor dem Verlegen sind Schutzmaßnahmen gegen den Angriff aus dem Boden und Wasserzutritt und besonders gegen unter- und rückseitige Kondens-

---

*) Eindiffundieren von metallischem Al in die Substratoberfläche

wasserabscheidung zu treffen. Auch wenn diese Gefahren ausgeschaltet sind, empfiehlt es sich, beim Austesten der Stähle mindestens mit dem Stahl Nr. 1.4301 zu beginnen und gegebenenfalls zu höherwertigeren überzugehen. Die Wandstärke sollte auch mindestens 8 mm betragen.

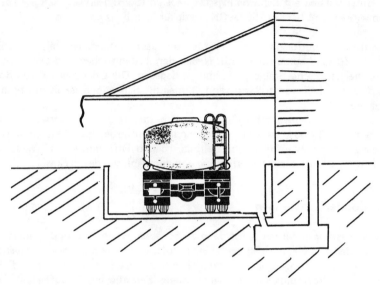

Bild 1.47: Skizze eines Abtankplatzes für gefährliche Stoffe

Ein sicher selten auftretender Fall ist die Gefügeumwandlung einer Welle in einer CKW-Entfettungsanlage. Sie gibt aber Anlaß, Wärmebehandlungen noch kritischer zu bedenken, als man es ohnehin schon tut.

Vor dem Einsatz hochlegierter Stähle im Anlagenbau für CKW-Entfettungen muß man sich über die laufenden Belastungen und über die in Ausnahmezuständen auftretenden im Klaren sein.
Die Abbaureaktionen von Trichlorethen (40) und Perchlorethen führen unter anderem zu metallaggressiven Stoffen. Tri erzeugt unter dem Einfluß von Licht, Sauerstoff und katalytisch wirkenden Verunreinigungen über die Zwischenstufe 2,2,3-Trichloroxiran den Trichloracetaldehyd und Dichloracetylchlorid, das mit Feuchtigkeit zu Dichloressigsäure und Salzsäure hydrolysiert.

Per erzeugt 2,2,3,3-Tetrachlooxiran, daraus entsteht Trichloracetylchlorid, das zu Trichloressigsäure und Salzsäure hydrolysiert. Untersuchungen in Tri und Per, die mit diesen Säuren zwischen 10 und 10 000 ppm dotiert waren, ließen auf hochlegierten Stählen zwar nur geringe Abtragsraten, aber in trichloracetylchlorid-haltigem Per Lochfraß auftreten.

Wenn sich hier auch die Nickelbasislegierung NiCu30Fe als besonders beständig erwies, zeigen eigene Erfahrungen, daß Arbeitsbehälter und Innenteile einer Perdampf-Entfettungsanlage aus dem Stahl Nr. 1.4541 jahrelang halten, ohne den geringsten Angriff zu erleiden. Zur Pflege dieser Anlage gehört bei der Handhabung des Entfettungsgutes und beim Reinigen, Begehen, Reparieren usw. dieser Anlage
Handschweiß auszuschließen,
nur neue, überprüfte Handschuhe zu verwenden,
die Anlage nur in ganz frisch gewaschenen Socken zu betreten.
In diesem Zusammenhang ist es von Interesse, daß die elektrische Heizung aus Spiraldraht der Zusammensetzung 19,79 % Cr und 79,75 % Ni von dem über die Luftzirkulation — wegen der guten Kapselung der Anlage — nur in extrem geringen Spuren transportierten Per innerhalb von fünf Monaten zerstört wurde. Diese Perspuren und ihre in der Heizung thermisch erzeugten aggressiven Zersetzungsprodukte wurden durch Dauerbelüftung der Heizspirale mit einem kleinen Lüfter unwirksam gemacht.

Ein anderer Schadensfall trat in einer Düngemittel-Förderanlage auf. Unter einem feuchten Belag aus nitrat-haltigem Dünger bildete sich eine Nitrat-Spannungsrißkorrosion aus (35).
Auf die Rostbildung durch Bakterien, die unter anderem an Brücken, Pipelines und unterirdisch verlegten Tanks auftritt, sei hier nur hingewiesen.

Die in (41) beschriebene wasserstoffinduzierte Korrosion tritt auch bei höherlegierten Stählen auf. Während austenitische Stähle gegen H-induzierte Effekte immun sind, lösen austenitische Cr-Ni-Stähle im Vergleich zu niedriglegierten Stählen mit ferritischem Gitter um Größenordnungen mehr an Wasserstoff bei gleichzeitig weitaus schwächerer Temperaturabhängigkeit der Wasserstofflöslichkeit.
Eine wasserstoffinduzierte Spannungsrißkorrosion an der Schmelzgrenze zwischen einem niedriglegierten Stahl und hochlegiertem Schweißgut beschreibt (45). Dieselbe Gefahr besteht auch am Übergang von unlegiertem Stahl zu einem Schweißgut auf der Basis austenitischer Stähle. In (46) wird auf eine Wasserstoffuntersuchungsanlage und auf eine Rangfolge der Schweißverfahren bezüglich der Wasserstoffeinbringung hingewiesen.

1.10 Der Einfluß von Verpackungen

Immer wieder werden Produkte sorgfältig und gewissenhaft hergestellt, die verwendeten Stähle den Einsatzbedingungen großzügig angepaßt und die Transportbedingungen so schonend wie möglich gestaltet, um dann schließlich doch am Bestimmungsort schwerwiegende Korrosionsangriffe zeigen. Daran können Einflüsse aus der Verpackung schuld sein.

Verpackungen atmen: Nachmittags zeigen die Außentemperaturen ihren höchsten Wert. Die miterwärmte Verpackung dehnt sich i. a. nur wenig aus, die Luft in der Verpackung dehnt sich pro Grad Celsius um den 273. Teil ihres Volumens aus, das sind bei der Erwärmung um 10°C in einem 10 m^3-Container 370 Liter, über 1/3 m^3. Da auch der Gasdruck in der Verpackung pro Grad um 1/273 ansteigt, der äußere Luftdruck aber meist gleichbleibt, drängt die Luft aus der Verpackung nach draußen.

In der Nacht, gegen Morgen — in unseren Breiten etwa um 4 Uhr früh — ist die Außenluft in der Regel am kältesten. Wenn sich die Verpackung auch mit abkühlen kann und sich ihre Lufthüllung zusammenzieht, drückt der äußere Überdruck der Luft weitere Luft in die Verpackung. Mit dieser kalten Außenluft gelangen auch alle in ihr vorhandenen Schadstoffe und Luftfeuchtigkeit in die Verpakkung. Das geschieht jeden Tag mindestens einmal, bei sommerlichen Gewittern, mit Abkühlung und Wiedererwärmung der Luft, also noch öfter.
Beim Wiedererwärmen der Verpackung wird zwar wieder Luft ausgeatmet, die infolge ihrer Erwärmung auch mehr Wasser aufnimmt als kalte Luft, aber ein Teil des absorbierten und kapillar gebundenen Wassers und der Schadstoffe verbleibt in der Verpackung und kann Korrosionen auslösen.

Ein weiterer Wasserspender sind die Holzteile einer Verpackung. In vielen Fällen ist die Holzfeuchte der zum Abstützen, beispielsweise von Schrumpffolien, verwendeten Latten so hoch, daß sie während des Transports und in Lagern Feuchtigkeit abgeben, die Rost erzeugt.
Wenig bekannt ist die dauernde Emission von Essigsäure aus Holz. Sie liegt, je nach Art und Wassergehalt des Holzes, mit ein bis sechs Prozent (Gew.%) des Holztrockengewichts als Zelluloseester vor. Die Esterspaltung verläuft langsam, aber ständig. Die pH-Werte wäßriger Holzauszüge betragen für Eiche 3,3 und für Tanne 4,8. Die pH-Werte für die meisten anderen Hölzer liegen dazwischen. Der Korrosionsprozeß an Metallen, die mit dem Holz in direktem Kontakt stehen, benötigt die Holzfeuchte von 16 bis 18 Prozent (24).

Papier, Pappe, Holz und Textilien können unter Umständen Oxidationsmittel enthalten, die Korrosionen begünstigen oder auslösen. Man kann solche Materialien mit neutralem, leicht saurem und schwach alkalischem Wasser eluieren und die Eluate untersuchen oder direkte Kontaktproben — bei höherer Temperatur — vornehmen. Weichmacherwanderung aus Kunststoffen, Lacken, Dichtungen, Unterlegscheiben etc. kann ebenfalls korrodierend wirken. Da sich die Weichmacher aus thermodynamischen Gründen gleichmäßig im ganzen plastifizierten Kunststoff verteilen, nützt das oberflächliche Entfernen durch Abwischen oder mit Lösemitteln nichts. Sie diffundieren aus dem Innern des Kunststoffs nach. Wenn über das Vorliegen von Weichmachern Unklarheit herrscht, kann man sich durch mikroskopisches Beurteilen der Kunststofoberfläche informieren: Die Weichmacher verraten sich oft durch Tröpfchen auf der

Oberfläche oder durch feinste Kristalle, die alle ungefähr gleiche Form haben. Ein erprobtes Mittel ist das Eindrücken des Meßdiamanten eines Mikrohärteprüfers in den Kunststoff oder die Folie. In der Vertiefung sammelt sich meist in einigen Sekunden oder Minuten ein Tröpfchen oder Kriställchen an. Daß man nicht irgendeinen Kunststoff für die Verpackung nehmen darf, macht die Fülle der in Tabelle 1.14 aufgezählten Kunststoffzusätze verständlich.

Tabelle 1.14: Kunststoffzusätze

Weichmacher	Weichmacherabbauprodukte	UV-Stabilisatoren
Anorganische Füllstoffe	Organische Füllstoffe	Organische Pigmente
Optische Aufheller	Antioxidantien	Antistatika
Biostabilisatoren	Flammschutzmittel	Beschleuniger
Härter	Aktivatoren	Gleichmittel
Treibmittel	Haftvermittler	Mastiziermittel
Lösemittel	Stabilisatoren	Metallsalze organischer Säuren
Phosphorverbindungen		Peroxide

Verpackungen aus oder mit Kunststoff-Folien werden zuweilen falsch ausgewählt, dimensioniert und konstruiert, weil falsche oder überhaupt keine Vorstellungen über die Diffusionsfestigkeit von Kunststoff-Folien bestehen.
Die Diffusion ist das Wandern einzelner Atome oder Moleküle in einem anderen Stoff. Betrachtet man das Durchwandern, z.B. von einer Oberfläche zur gegenüberliegenden, handelt es sich um Permeation.

Diffusionsgeschwindigkeit und diffundierte Menge beschreibt der Diffusionskoeffizient D (vergl. Seite 49).

Durch eine Polyethylenfolie von 0,1 mm Dicke mit der Oberfläche (einseitig) von einem Quadratmeter permeieren bei 85-%iger Luftfeuchte in einem Tag 0,1 bis 0,2 Gramm Wasser, durch eine Einbrennlackschicht — frei hängend, ohne Unterlage — ein bis weit über zwei Gramm. Werden für eine Verpackung 10 m^2 der genannten PE-Folie einlagig verwendet, so diffundieren in einem Monat 30 bis 60 Gramm Wasser hindurch, eine Wassermenge, die völlig zur Bildung von Flächenrost, Belüftungs- und Spaltelementen ausreicht.

Die von der Verpackung ausgehende Korrosionsgefahr ist an den Stellen besonders groß, wo die Folie dem verpackten Stahl eng anliegt und sich ein dauernder Wasserfilm zwischen den beiden Oberflächen bildet.

2 Korrosionsbeständiger Stahl- und Eisenguß

Klaus Röhrig

2.1 Einleitung

Gußstücke aus rostfreiem Stahlguß und korrosionsbeständigen Gußeisensorten haben im Apparate- und Anlagenbau erhebliche Bedeutung, obwohl die Menge an Gußstücken vergleichsweise gering ist. Bei einer Produktion von rd. 900.000 t gewalztem rostfreiem Stahl beträgt die Produktion an rostfreiem Stahlguß und korrosionsbeständigen Gußstücken in Deutschland nur rd. 40.000 t im Jahr, also weniger als 5 %. Da allerdings ein erheblicher Anteil der Produktion an rostfreiem Stahl, vor allem Flachprodukte, in Bereiche wie Konsumgüterindustrie, Hochbau und Fahrzeugbau geht, ist der Anteil an Gußstücken im Anlagen- und Apparatebau deutlich höher und dürfte in der Größenordnung von 10 % liegen.

Die Gründe für den Einsatz von Gußstücken sind sowohl die Form des Bauteiles, das sich durch Schmieden oder Zusammenschweißen von Flachprodukten, Profilen und Schmiedeteilen mit nachfolgender spanabhebender Bearbeitung nur unter wesentlich höheren Kosten herstellen läßt, als auch der Wunsch nach Verwendung von Werkstoffen, die aufgrund ihrer Härte, Sprödigkeit und schlechten Schweißeignung nur als Gußwerkstoffe geeignet sind.

Die wichtigsten gegossenen Bauteile sind Pumpen und Armaturen, hinzu kommt eine Vielzahl von Gehäusen, Schiebern und kompliziert gestalteten Bauteilen, die sich im Gießverfahren mit Abstand am wirtschaftlichsten herstellen lassen. Die Gewichte der Gußstücke reichen dabei von einigen 100 g bis zu einigen Tonnen.

Da das Herstellungsverfahren gewisse typische Eigenschaften und Probleme bzw. Fehlermöglichkeiten mit sich bringt, möchte ich hierauf ganz kurz und grobschematisch eingehen (Bild 2.1).

Zur Herstellung von Gußstücken geht man von Modellen aus. Das Modell, gewöhnlich aus einem leicht bearbeitbaren Werkstoff wie Holz, Kunststoff oder Leichtmetall bestehend, stellt die äußeren Konturen des Gußstückes dar, wobei das Schwindmaß, also die Volumenabnahme von der Erstarrungstemperatur bis zur Raumtemperatur, sowie die notwendige Bearbeitungszugabe berücksichtigt werden müssen. Dieses Modell wird in Formsand eingeformt, der sich in einem

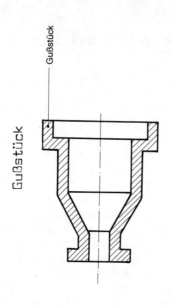

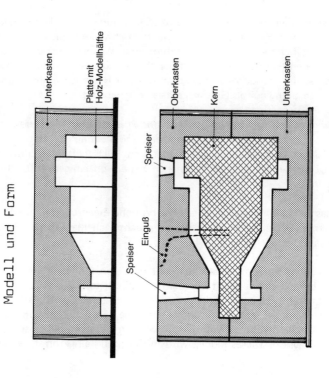

Bild 2.1: Schema der Herstellung eines Gußstücks

Formkasten befindet. Um das Modell aus dem Sand entfernen zu können, ist der Kasten in Unter- und Oberkasten geteilt, die getrennt hergestellt werden. Auch das Modell ist häufig geteilt. Eine Formschräge sorgt dafür, daß das Modell aus dem Sand ohne Zerstörung der Form leicht herausgezogen werden kann. Als Sand dienen in der Regel Quarz- oder Schamottesand, der durch Stampfen oder Rütteln unter Zuhilfenahme eines Binders verfestigt wird. Als Binder werden anorganische Binder, wie Ton, Zement oder Wasserglas sowie verschiedene organische Binder, bei denen es sich heute fast immer um Kunstharze handelt, verwendet. Die oft recht kompliziert geformten Hohlräume im Inneren des Bauteiles werden mit Hilfe von Kernen erzeugt. Diese Kerne bestehen ebenfalls aus Formsand und werden in Kernkästen hergestellt. Die Forderungen an die Formstoffe, insbesondere an die Kerne, sind relativ hoch. Zunächst müssen sie eine genügende Festigkeit besitzen, um die Handhabung der Form und des Kernes sowie das Einströmen des flüssigen Metalls ohne Beschädigung zu überstehen, danach müssen sie aber unter dem Temperatureinfluß sehr schnell zerfallen, so daß sie nachher leicht entfernt werden können. Hinzu kommen heute hohe Anforderungen an die Umweltverträglichkeit bzw. die Möglichkeit, den Formsand wieder zu verwenden. Aus Ober- und Unterkasten sowie den Kernen wird die Form zusammengebaut, wobei Steiger und das Anschnittsystem, d. h. die Kanäle, durch die das flüssige Metall in die Form eingefüllt wird, mit angebracht werden. Meist sind sie Teil der Modelleinrichtung. Die mit dem flüssigen Stahl in Kontakt kommende Formfläche wird in der Regel mit einer Schlichte überzogen, die besonders feuerfest ist und eine glatte Oberfläche ergeben soll.

Bei der Erstarrung fast aller Metalle kommt es zu einer erheblichen Volumenverminderung. Das zur Kompensation dieser Volumenverminderung benötigte flüssige Metall wird in sogenannten Speisern oder Steigern zur Verfügung gestellt. Damit diese Speiser wirksam sind, müssen sie bis zum Erstarrungsende des Gußstückes flüssig bleiben und durch einen Kanal mit den zuletzt erstarrenden Bereichen des Gußstückes in Verbindung bleiben. Wenn dies nicht möglich ist, kommt es im Gußstück zur Bildung von Hohlräumen, den sogenannten Makro- oder Mikrolunkern. Eine weitere Fehlermöglichkeit beruht auf der Tatsache, daß das Gußstück bei der Schrumpfung während und nach der Erstarrung sich am Formsand aufhängen kann, so daß es wegen der bei hoher Temperatur naturgemäß geringen Festigkeit zu Rissen kommt. Die Vermeidung dieser Fehlermöglichkeiten stellt ein wesentliches Problem dar und ist eigentlich das Wichtigste bei der Kunst und Wissenschaft des Gießens. Vor allem für die Speiser werden erhebliche Mengen an flüssigem Stahl benötigt, so daß das Ausbringen an fertigen Gußstück ohne Speiser und Eingüsse gewöhnlich nur 40 bis 50 % des eingesetzten flüssigen Stahles beträgt. Weitere Fehlermöglichkeiten sind Reaktionen zwischen flüssigem Metall und Formstoff, die zu Anbrennungen, Einschlüssen von Formstoff und Gasblasen führen können, sowie beim Gießen miteingespülte Schlackenteile, die wiederum Gasblasen erzeugen können. Hinzu kommt die Gefahr, daß ein Formstoff unzureichender Festigkeit oder schlecht eingelegte

Kerne zu Maßabweichungen führen. Nach dem Gießen und Erstarren werden die Gußstücke ausgeleert, und Eingüsse, Steiger sowie der anhaftende Sand werden entfernt. Dies geschieht in der Gußputzerei auch heute noch meist in Handarbeit. Diese Arbeit stellt heute eine der härtesten und ungesundesten Arbeiten dar, die wir kennen.

Wegen der Möglichkeit dieser Gußfehler, die sich trotz aller Bemühungen nicht immer vermeiden lassen, werden Stahlgußstücke sorgfältig auf Oberflächenfehler sowie auf innere Fehler durch Ultraschall oder Röntgen geprüft. Viele Fehler lassen sich nachträglich durch Schweißen beseitigen. Es gibt wenige größere Stahlgußstücke, an denen nicht geschweißt werden muß. Werden von Abnahmevorschriften derartige Fertigungsschweißungen untersagt, muß mit ganz erheblich höheren Kosten für ein Gußstück gerechnet werden. Eine enge Zusammenarbeit zwischen Konstrukteur bzw. Besteller, Abnehmer und den verantwortlichen Gießern ist sehr empfehlenswert, um unsinnige Forderungen, die sich ja oft nur um Kosmetik handeln, zu vermeiden. Solche überzogenen Forderungen erhöhen nämlich nicht nur die Kosten, sondern können auch die Lieferzeit erheblich verlängern. Sie führen auch die Gießerei in Versuchung, an Stellen, wo man es nicht so ohne weiteres nachprüfen kann, zu pfuschen, und zwar oft in gefährlicher Weise. In dieser Beziehung ist vor Billigangeboten und billigen Importen, vor allem aus Schwellenländern, zu warnen. Wenn sie an 50 Ventilkörpern je DM 100,— sparen und ein einziges Ventil versagt, und eine Anlage, die DM 10 Mil. gekostet hat, steht nur für eine halbe Schicht, dann können Sie sich vorstellen, was unterm Strich übrig bleibt.

Bei korrosionsbeständigen Eisengußwerkstoffen kann es sich sowohl um Stahlguß als auch um korrosionsbeständige Gußeisen handeln. Die Hauptmenge ist allerdings Stahlguß, obwohl hier größere Fertigungsprobleme und damit höhere Kosten als bei grauen Gußeisen auftreten. Die Ursache ist einmal die wesentlich stärkere Lunkerneigung des Stahlgusses und zum anderen die Tatsache, daß die Schmelz- und Gießtemperaturen um 200 bis 300°C höher als bei grauen Gußeisen liegen, was höhere Beanspruchung der Formstoffe und damit mehr Fehlermöglichkeiten mit sich bringt. Der Vorteil des Stahlgusses besteht in besseren mechanischen Eigenschaften, insbesondere was die Zähigkeit anbetrifft, in dem viel weiteren Bereich, in dem die chemische Zusammensetzung an die Korrosionsbedingungen angepaßt werden kann, und in seiner in der Regel recht guten Schweißbarkeit.

2.2 Arten der Eisengußwerkstoffe

Bei den Eisen-Kohlenstoff-Gußwerkstoffen unterscheidet man zwischen Stahlguß und Gußeisen. Die schematische Definition ist, daß Werkstoffe mit weniger als 2 % Kohlenstoff Stahl, solche mit über 2 % Kohlenstoff Gußeisen sein sollen. Diese Definition ist allerdings für die höher legierten Werkstoffe, mit denen wir uns hier bei den korrosions- und rostbeständigen Sorten beschäftigen, nicht mehr exakt.

Das gleiche gilt für andere Definitionen, wonach z. B. ein Stahl schmied- oder schweißbar sein soll, ein Gußeisen nicht. Auch hier sind die Grenzen außerordentlich fließend. Ich möchte auf diese Feinheiten hier nicht weiter eingehen und mich auf das beschränken, was in den Normen steht. Hiernach unterscheidet man einerseits die Normen und Stahleisen-Werkstoffblätter für Stahlguß und andererseits die für Gußeisenwerkstoffe, von denen als korrosionsbeständige Werkstoffe im wesentlichen das austenitische Gußeisen nach DIN 1694, das nicht genormte Siliciumgußeisen, für bestimmte Anwendungen das verschleißbeständige legierte Gußeisen nach DIN 1695 sowie in Einzelfällen auch un- oder niedriglegierte Gußeisen mit Lamellengraphit (DIN 1691) und mit Kugelgraphit (1693) Verwendung finden. Tabelle 2.1 gibt eine Übersicht der für Stahlguß wichtigen Normen, unter denen für die nichtrostenden Sorten die DIN 17 445 „Nichtrostender Stahlguß" sowie das Stahleisen-Werkstoffblatt 410 in ihrer jeweils neuesten Fassung wichtig sind. Aufgrund der technischen Entwicklung werden diese Werkstoffnormen im Durchschnitt etwa alle 5 Jahre geändert. Die Tabellen 2.2a + b enthalten die chemischen Zusammensetzungen und die wichtigsten mechanischen Eigenschaften der z. Zt. genormten nichtrostenden Stahlgußsorten, und Tabelle 2.2c enthält eine Gliederung aller Sorten nach ihrem Gefügeaufbau.

In Tabelle 2.3 sind Beispiele für den Einsatz der Sorten nach SEW 410-88 aufgeführt. Viele dieser Sorten sind neue Entwicklungen, vor allem die Duplex-Stähle. Auch DIN 17 445 wird z. Zt. überarbeitet, um mit den neuen Entwicklungen Schritt zu halten.

Tabelle 2.4 enthält Anhaltsangaben für den nicht genormten Siliciumguß sowie die Stahlgußsorten nach den alten Normen. Viele der Werkstoffe, die in den neuesten Normen nicht mehr enthalten sind, werden trotzdem noch verwendet. Tabelle 2.5 enthält Zusammensetzungen und Eigenschaften für das austenitische Gußeisen mit Kugelgraphit. Diese Werkstoffgruppe wird sowohl als korrosionsbeständiger als auch als hitzebeständiger oder kaltzäher Werkstoff verwendet. Tabelle 2.6 enthält die verschleißbeständigen legierten Gußeisen nach DIN 1695. Unter diesen Werkstoffen kommen bei korrosiver Beanspruchung vor allem die hoch mit Chrom legierten Sorten, die einen Übergang zu den carbidischen Chromstählen darstellen, in Frage.

Neben diesen genormten Stahl- und Gußeisenwerkstoffen gibt es eine Vielzahl von weiteren Werkstoffen, bei denen es sich um gegossene Versionen bekannter und eingeführter Walz- und Schmiedestähle, um ausländische Werkstoffe, vor allem aus USA, Frankreich und England, um Weiter- und Neuentwicklungen bekannter Stahlgießereien, um Werkstoffe für spezielle engbegrenzte Anwendungszwecke, aber auch um Abwandlungen genormter Werkstoffe mit irgendeinem Phantasienamen handeln kann. Gerade bei den Handelsnahmen muß man recht vorsichtig sein, da manchmal durchaus verschiedene Werkstoffe mit sehr unterschiedlichen Eigenschaften unter demselben Namen auftauchen.

Tabelle 2.1: Übersicht der für Stahlguß wichtigen Normen

DIN 1681	Stahlguß für allgemeine Verwendungszwecke
DIN 1683	Gußrohteile aus Stahlguß (Freimaßtoleranzen)
DIN 17 245	Warmfester ferritischer Stahlguß
DIN 17 445	Nichtrostender Stahlguß
DIN 17 465	Hitzbeständiger Stahlguß
DIN 1511	Modelle
SEW 390-61	Nichtmagnetisierbarer Stahlguß
SEW 410-88	Nichtrostender Stahlguß
SEW 471-76	Hitzbeständiger Stahlguß
SEW 510-77	Vergütungsstahlguß
SEW 515-77	Vergütungsstahlguß für Gußstücke mit Wanddicken über 100 mm
SEW 595-76	Stahlguß für Erdöl- und Erdgasanlagen
SEW 685-82 [1]	Kaltzäher Stahlguß
SEW 835-60	Stahlguß für Flamm- und Induktionshärtung
AD-Merkblatt W 4	Gehäuse von Armaturen
AD-Merkblatt W 5	Stahlguß
TRD 103	Stahlguß
ASTM-A 148	Hochfester Stahlguß
ASTM-A 216	Unlegierter warmfester Stahlguß für Druckbehälter
ASTM-A 217	Niedriglegierter ferritischer warmfester Stahlguß für Druckbehälter
ASTM-A 297	Hitzbeständiger Cr- und CrNi-Stahlguß
ASTM-A 351	Ferritischer und austenitischer Stahlguß für Anwendung bei hohen Temperaturen
ASTM-A 352	Ferritischer kaltzäher Stahlguß
ASTM-A 356	Dickwandiger Stahlguß für Dampfturbinen
ASTM-E 71	Film Standards für die Güte von Druckbehälterstahlguß mit einer Wanddicke bis 2 Zoll
ASTM-E 125	Vergleichsbilder für die Zulässigkeit von Rißanzeigen bei der Magnetpulverprüfung
SEP 1922-77	Ultraschallprüfung von Gußstücken aus ferritischem Stahl

Normentwürfe

SEW 520	1.89	Hochfeste Stahlgußsorten mit guter Schweißeignung
DIN 17 182	2.91	Niedriglegierter Stahlguß mit hohen Zähigkeitseigenschaften
DIN 17 205	2.91	Vergütungsstahlgußsorten bis 400 mm Wanddicke

[1] In Neubearbeitung

Tabelle 2.2a: Nichtrostender Stahlguß nach DIN 17 445 (Nov. 1984): Zusammensetzung nach der Schmelzanalyse

Stahlgußsorte			Massengehalte in %						
Kurzname	Werkstoff-nummer	C	Si max.	Mn max.	P max.	S max.	Cr	Mo	Ni	Sonstige

Kurzname	Werkstoff-nummer	C	Si max.	Mn max.	P max.	S max.	Cr	Mo	Ni	Sonstige
Ferritische (martensitische) Stahlgußsorten										
C-X 8 CrNi 13	1.4008	0,06 bis 0,12	1,0	1,0	0,045	0,030	12,0 bis 13,5	≤0,50	1,0 bis 2,0	–
C-X 20 Cr 14	1.4027	0,16 bis 0,23	1,0	1,0	0,045	0,030	12,5 bis 14,5	–	≤1,0	–
C-X 22 CrNi 17	1.4059	0,20 bis 0,27	1,0	1,0	0,045	0,030	16,0 bis 18,0	–	1,0 bis 2,0	–
C-X 5 CrNi 13 4	1.4313	≤0,07	1,0	1,5	0,035	0,025	12,0 bis 13,5	≤0,70	3,5 bis 5,0	–
Austenitische Stahlgußsorten										
C-X 6 CrNi 18 9	1.4308	≤0,07	2,0	1,5	0,045	0,030	18,0 bis 20,0	2)	9,0 bis 11,0	–
C-X 5 CrNiNb 18 9	1.4552	≤0,06	1,5	1,5	0,045	0,030	18,0 bis 20,0	2)	9,0 bis 11,0	% Nb ≥ 8 x % C[1]
C-X 6 CrNiMo 18 10	1.4408	≤0,07	1,5	1,5	0,045	0,030	18,0 bis 20,0	2,0 bis 3,0	10,0 bis 12,0	–
C-X 5 CrNiMoNb 18 10	1.4581	≤0,06	1,5	1,5	0,045	0,030	18,0 bis 20,0	2,0 bis 2,5	10,5 bis 12,5	% Nb ≥ 8 x % C[1]
C-X 3 CrNiMoN 17 13 5	1.4439	≤0,04	1,0	1,5	0,045	0,030	16,5 bis 18,5	4,0 bis 4,5	12,5 bis 14,5	0,12 bis 0,22 % N

1) Ein Teil des Niobs kann durch die doppelte Menge Tantal ersetzt werden.
2) In Grenzfällen, z. B. bei der Verwendung in Salpetersäure, sind Stahlgußsorten mit zulässigem Höchstgehalt an Molybdän zu vereinbaren.

Tabelle 2.2a: Fortsetzung

Mechanische Eigenschaften von nichtrostendem Stahlguß nach DIN 17 445 (November 1984) für Angußproben oder getrennt gegossene Probenstücke <150 mm dick

Stahlgußsorte		Härte	0,2 %-Dehngrenze	Zugfestigkeit	Bruchdehnung ($L_0 = 5\,d_0$)	Kerbschlagarbeit[2] (ISO-V)	0,2 %-Dehngrenze bei der Temperatur °C				
Kurzname	Werkstoffnummer	HB	N/mm^2 mindestens	N/mm^2	% mindestens	J mindestens	100	200	300	400	500
							\multicolumn{5}{c}{N/mm^2 mindestens}
\multicolumn{12}{l}{Ferritische (martensitische) Stahlgußsorten (Wärmebehandlungszustand vergütet)}
G-X 8 CrNi 13	1.4008	170 bis 240	440	590 bis 790	15	27	365	345	325	305	–
G-X 20 Cr 14	1.4027	170 bis 240	440	590 bis 790	12	–	365	345	325	305	–
G-X 22 CrNi 17	1.4059	230 bis 300	590	780 bis 980	4	–	–	–	–	–	–
G-X 5 CrNi 13 4 V1	1.4313	240 bis 300	550	760 bis 960	15	50	515	500	455	–	–
V2		280 bis 350	830	900 bis 1100	12	35	810	770	700	–	–
\multicolumn{12}{l}{Austenitische Stahlgußsorten (Wärmebehandlungszustand: lösungsgeglüht und abgeschreckt)}
G-X 6 CrNi 18 9	1.4308	130 bis 200	175 / 200[1]	440 bis 640	20	60	145 / 170[1]	115 / 140[1]	100 / 125[1]	–	–
G-X 5 CrNiNb 18 9	1.4552	130 bis 200	175 / 200[1]	440 bis 640	20	35	150 / 175[1]	130 / 155[1]	120 / 145[1]	110 / 130[1]	100 / 110[1]
G-X 6 CrNiMo 18 10	1.4408	130 bis 200	185 / 210[1]	440 bis 640	20	60	150 / 175[1]	120 / 145[1]	100 / 125[1]	–	–
G-X 5 CrNiMoNb 18 10	1.4581	130 bis 200	185 / 210[1]	440 bis 640	20	35	165 / 190[1]	140 / 165[1]	130 / 155[1]	120 / 140[1]	110 / 120[1]
G-X 3 CrNiMoN 17 13 5	1.4439	130 bis 200	210 / 230[1]	490 bis 690	20	35	165 / 192[1]	140 / 162[1]	120 / 143[1]	110 / 125[1]	–

[1] Mindestwerte der 1 %-Dehngrenze
[2] Mittelwerte aus jeweils drei Proben

Tabelle 2.2b: Chemische Zusammensetzung der nichtrostenden Stahlgußsorten nach SEW 410-88 sowie Werte der mechanischen Eigenschaften dieser Sorten

Stahlgußsorte		Massenanteile in %										
Kurzname	Werkstoff-nummer	C	Si höchstens	Mn	P höchstens	S höchstens	Cr	Cu	Mo	N	Ni	Sonstige
G-X 70 Cr 29	1.4085	0,50 bis 0,90	2,0	< 1,0	0,045	0,030	27,0 bis 30,0	–	–	–	–	–
G-X 120 Cr 29	1.4086	0,90 bis 1,30	2,0	< 1,0	0,045	0,030	27,0 bis 30,0	–	–	–	–	–
G-X 120 CrMo 29 2	1.4138	0,90 bis 1,30	2,0	< 1,0	0,045	0,030	27,0 bis 29,0	–	2,0 bis 2,5	–	–	–
G-X 40 CrNi 27 4	1.4340	0,30 bis 0,50	2,0	< 1,5	0,045	0,030	26,0 bis 28,0	–	–	–	3,5 bis 5,5	–
G-X 40 CrNiMo 27 5	1.4464	0,30 bis 0,50	2,0	< 1,5	0,045	0,030	26,0 bis 28,0	–	2,0 bis 2,5	–	4,0 bis 6,0	–
G-X 5 CrNiMb 16 5	1.4405	< 0,07	1,0	< 1,0	0,035	0,025	15,0 bis 16,5	–	0,5 bis 2,0	–	4,5 bis 6,0	–
G-X 8 CrNiN 26 7	1.4347	< 0,08	1,5	< 1,5	0,035	0,020	25,0 bis 27,0	–	–	0,10 bis 0,20	5,5 bis 7,5	–
G-X 3 CrNiMdN 26 6 3	1.4468	< 0,03	1,0	< 2,0	0,030	0,020	24,5 bis 26,5	–	2,5 bis 3,5	0,12 bis 0,25	5,5 bis 7,0	–
G-X 3 CrNiMoCuN 26 6 3	1.4515	< 0,03	1,0	< 2,0	0,030	0,020	24,5 bis 26,5	0,80 bis 1,30	2,5 bis 3,5	0,12 bis 0,25	5,0 bis 7,0	–
G-X 3 CrNiMoCuN 26 6 3 3	1.4517	< 0,03	1,0	< 2,0	0,030	0,020	24,5 bis 26,5	2,75 bis 3,50	2,5 bis 3,5	0,12 bis 0,25	5,0 bis 7,0	–
G-X 2 CrNiMoN 25 7 4	1.4469	< 0,03	1,0	< 1,0	0,030	0,020	24,0 bis 26,0	–	4,5 bis 5,0	0,12 bis 0,25	6,0 bis 8,0	–
G-X 2 CrNiN 18 9	1.4306	< 0,03	1,5	< 1,5	0,035	0,020	17,0 bis 20,0	–	–	0,10 bis 0,20	8,0 bis 12,0	–
G-X 2 CrNiMoN 18 10	1.4404	< 0,03	1,5	< 1,5	0,035	0,020	17,0 bis 20,0	–	2,0 bis 3,0	0,10 bis 0,20	9,0 bis 13,0	–
G-X 2 CrNiMnMoNNb 21 15 4 3	1.4569	< 0,03	1,0	3,0 bis 6,0	0,025	0,010	20,0 bis 22,0	–	3,0 bis 3,5	0,20 bis 0,35	14,0 bis 17,0	Nb: ≤ 0,25
G-X 2 NiCrMoCuN 25 20	1.4536	< 0,03	1,0	< 1,0	0,035	0,020	19,0 bis 21,0	1,5 bis 2,0	2,5 bis 3,5	0,10 bis 0,20	24,0 bis 26,0	–

Tabelle 2.2b: Fortsetzung

Stahlgußsorte		Wärme- behandlungs- zustand[2],[3]	Maßgebende Wanddicke	Härte	0,2 %- Dehn- grenze[4]	1 %- Dehn- grenze[4]	Zugfestig- keit[4]	Bruchdeh- nung ($L_0=5 \cdot d_0$)	Kerbschlagarbeit (Mittelwert) ISO-V
Kurzname	Werkstoff- nummer		mm höchstens	HB	N/mm^2 mind.	N/mm^2 mind.	N/mm^2	% mind.	J mind.
G-X 70 Cr 29	1.4085	G	150	210 bis 280	–	–	–	–	–
G-X 120 Cr 29	1.4086	G	150	260 bis 330	–	–	–	–	–
G-X 120 CrMo 29 2	1.4138	G	150	260 bis 330	–	–	–	–	–
G-X 40 CrNi 27 4	1.4340	G	150	230 bis 300	–	–	–	–	–
G-X 40 CrNiMo 27 5	1.4464	G	150	230 bis 300	–	–	–	–	60
G-X 5 CrNiMo 16 5	1.4405	V	300	–	540	–	760 bis 960	15	30
G-X 8 CrNiN 26 7	1.4347	L	300	–	420	–	590 bis 790	20	60
G-X 3 CrNiMoN 26 6 3	1.4468	L	200	–	450	–	650 bis 850	22	60
G-X 3 CrNiMoCuN 26 6 3	1.4515	L	200	–	480	–	650 bis 850	22	60
G-X 3 CrNiMoCuN 26 6 3 3	1.4517	L	200	–	480	–	650 bis 850	22	60
G-X 2 CrNiMoN 25 7 4	1.4469	L	150	–	480	–	650 bis 850	22	80
G-X 2 CrNiN 18 9	1.4306	L	200	–	205	230	440 bis 640	30	80
G-X 2 CrNiMoN 18 10	1.4404	L	200	–	205	230	440 bis 640	30	80
G-X 2 CrNiMnMoNNb 21 15 4 3	1.4569	L	150	–	315	340	570 bis 800	20	65
G-X 2 NiCrMoCuN 25 20	1.4536	L	200	–	200	225	440 bis 640	20	60

1) Die Werte gelten für Proben aus angegossenen oder getrennt gegossenen Probenstücken.
2) Die Kurzzeichen bedeuten: G Gußzustand; V vergütet; L lösungsgeglüht und abgeschreckt.
3) Anhaltsangaben zur Wärmebehandlung in Tabelle 2.7.
4) Die Werte gelten auch für Proben aus dem Gußstück.

Tabelle 2.2c: Chemische Zusammensetzung der nichtrostenden Stahlgußsorten nach DIN 17 445 und SEW 410-88

Stahlgußsorte		Werkstoff-nummer	Masseanteil [%]					
Kurzname			C	Cr	Ni	Mo	Cu	Sonstige
Martensitische Stahlgußsorten								
G-X 8 CrNi 13		1.4008	0,06 bis 0,12	12,0 bis 13,5	1,0 bis 2,0	≤ 0,50	–	–
G-X 20 Cr 14		1.4027	0,16 bis 0,23	12,5 bis 14,5	≤ 1,0	–	–	–
G-X 22 CrNi 17	*)	1.4059	0,20 bis 0,27	16,0 bis 18,0	1,0 bis 2,0	–	–	–
G-X 5 CrNi 13 4		1.4313	≤ 0,07	12,0 bis 13,5	3,5 bis 5,0	≤ 0,70	–	–
G-X 5 CrNiMo 16 5	**)	1.4405	≤ 0,07	15,0 bis 16,5	4,5 bis 6,0	0,5 bis 2,0	–	–
Ferritisch-carbidische Stahlgußsorten								
G-X 70 Cr 29		1.4085	0,50 bis 0,90	27,0 bis 30,0	–	–	–	–
G-X 120 Cr 29		1.4086	0,90 bis 1,30	27,0 bis 30,0	–	–	–	–
G-X 120 CrMo 29 2	**)	1.4138	0,90 bis 1,30	27,0 bis 29,0	–	2,0 bis 2,5	–	–
G-X 40 CrNi 27 4		1.4340	0,30 bis 0,50	26,0 bis 28,0	3,5 bis 5,5	–	–	–
G-X 40 CrNiMo 27 5		1.4464	0,30 bis 0,50	26,0 bis 28,0	4,0 bis 6,0	2,0 bis 2,5	–	–
Ferritisch-austenitische Stahlgußsorten								
G-X 8 CrNiN 26 7		1.4347	≤ 0,08	25,0 bis 27,0	5,5 bis 7,5	–	–	0,10 bis 0,20 N
G-X 3 CrNiMoN 26 6 3		1.4468	≤ 0,03	24,5 bis 26,5	5,5 bis 7,0	2,5 bis 3,5	–	0,12 bis 0,25 N
G-X 3 CrNiMoCuN 26 6 3	**)	1.4515	≤ 0,03	24,5 bis 26,5	5,5 bis 7,0	2,5 bis 3,5	0,80 bis 1,30	0,12 bis 0,25 N
G-X 3 CrNiMoCuN 26 6 3 3		1.4517	≤ 0,03	24,5 bis 26,5	5,0 bis 7,0	2,5 bis 3,5	2,75 bis 3,50	0,12 bis 0,25 N
G-X 2 CrNiMoN 25 7 4		1.4469	≤ 0,03	24,0 bis 26,0	6,0 bis 8,0	4,0 bis 5,0	–	0,12 bis 0,25 N

*) Nach DIN 17 445   **) Nach SEW 410-88

Tabelle 2.2c: Fortsetzung

Stahlgußsorte		Masseanteil [%]					
Kurzname	Werkstoff-nummer	C	Cr	Ni	Mo	Cu	Sonstige
Austenitische Stahlgußsorten							
G-X 6 CrNi 18 9	1.4308	≤ 0,07	18,0 bis 20,0	9,0 bis 11,0	–	–	–
G-X 5 CrNiNb 18 9	1.4552	≤ 0,06	18,0 bis 20,0	9,0 bis 11,0	–	–	Nb ≥ 8·C
G-X 6 CrNiMo 18 10 *)	1.4408	≤ 0,07	18,0 bis 20,0	10,0 bis 12,0	2,0 bis 3,0	–	–
G-X 5 CrNiMoNb 18 10	1.4581	≤ 0,07	18,0 bis 20,0	10,5 bis 12,5	2,0 bis 2,5	–	Nb ≥ 8·C
G-X 3 CrNiMoN 17 13 5	1.4439	≤ 0,04	16,5 bis 18,5	12,5 bis 14,5	4,0 bis 4,5	–	0,12 bis 0,22 N
G-X 2 CrNiN 18 9	1.4306	≤ 0,03	17,0 bis 20,0	8,0 bis 12,0	–	–	0,10 bis 0,20 N
G-X 2 CrNiMoN 18 10 **)	1.4404	≤ 0,03	17,0 bis 20,0	9,0 bis 13,0	2,0 bis 3,0	–	0,10 bis 0,20 N
Vollaustenitische Stahlgußsorten							
G-X 2 NiCrMoCuN 25 20	1.4536	≤ 0,03	19,0 bis 21,0	24,0 bis 26,0	2,5 bis 3,5	1,5 bis 2,0	0,10 bis 0,20 N
G-X 2 CrNiMnMoNNb 21 15 4 3 **)	1.4569	≤ 0,03	20,0 bis 22,0	14,0 bis 17,0	3,0 bis 3,5	–	3,0 bis 6,0 Mn, 0,20 bis 0,35 N, ≤ 0,25 Nb

*) Nach DIN 17 445   **) Nach SEW 410-88

Tabelle 2.3: Beispiele für die Verwendung der nichtrostenden Stahlgußsorten nach SEW 410-88 (1)

Stahlgußsorte		Verwendungsbeispiele
Kurzname	Werkstoffnummer	
G-X 70 Cr 29 G-X 120 Cr 29	1.4085 1.4086	Gußstücke mit Festigkeitseigenschaften eines hochwertigen Gußeisens bei hoher Korrosionsbeständigkeit, besonders auch der nicht bearbeiteten noch mit der Gußhaut behafteten Stücke; Anwendung in der Nahrungsmittel- und chemischen Industrie sowie im Bergbau und Schiffbau
G-X 120 CrMo 29 2	1.4138	Korrosionsbeständige Gußstücke besonders für die chemische Industrie und den Kalibergbau usw. und bei Angriff von schwefliger Säure und Chloriden
G-X 40 CrNi 27 4	1.4340	Gegenüber 1.4085 und 1.4086 besonders für größere und formschwierigere Gußstücke, bei denen die Zähigkeitseigenschaften dieser Werkstoffe ausreichen, z. B. für große Pumpengehäuse und Laufräder für die chemische Industrie und den Bergbau
G-X 40 CrNiMo 27 5	1.4464	Gegenüber 1.4340 verbesserte Korrosionsbeständigkeit; Gußstücke für kombinierte Verschleiß- und Korrosionsbeanspruchung; Pumpengehäuse für Rauchgas-Entschwefelungsanlagen und für die chemische Industrie
G-X 5 CrNiMo 16 5	1.4405	Vergütete nichtrostende Gußstücke mit erhöhten Festigkeits-, Zähigkeits- und Korrosionseigenschaften für Wasserturbinen, Pumpen und Armaturen, Verdichter und Schiffspropeller

Tabelle 2.3: Fortsetzung

Stahlgußsorte		Verwendungsbeispiele
Kurzname	Werkstoffnummer	
G-X 8 CrNiN 26 7	1.4347	Verbesserte Korrosionseigenschaften mit guter Beständigkeit in Meerwasser (Gußstücke für Pumpen, Schiffspropeller und die chemische Industrie)
G-X 3 CrNiMoN 26 6 3	1.4468	Gußstücke mit erhöhter Beständigkeit gegen Lochfraß- und Spaltkorrosion in chloridhaltigen Medien, Gußstücke aus 1.4515 auch in Gegenwart von H_2S (Brackwasser)
G-X 3 CrNiMoCuN 26 6 3	1.4515	
G-X 3 CrNiMoCuN 26 6 3 3	1.4517	Größere Beständigkeit, besonders auch bei Anwesenheit von nichtoxidierenden Säuren, z. B. Schwefelsäure, Gußstücke für Rauchgasentschwefelung
G-X 3 CrNiMoN 25 7 4	1.4469	Für Gußstücke für erhöhte Forderungen, insbesondere für höhere H_2S-Partialdrücke und/oder Temperaturen in Meer- und Brackwasser
G-X 2 CrNiN 18 9	1.4306	Gußstücke mit erhöhter Beständigkeit gegen interkristalline Korrosion gegenüber 1.4308 und 1.4408, besonders nach dem Schweißen ohne Wärmenachbehandlung
G-X 2 CrNiMoN 18 10	1.4404	
G-X 2 CrNiMnMoNNb 21 15 4 3	1.4569	Vollaustenitische Gußstücke mit erhöhter Streckgrenze und guter Beständigkeit gegen Meerwasser
G-X 2 NiCrMoCuN 25 20	1.4536	Gußstücke mit guter Beständigkeit besonders bei Angriff von Schwefelsäure und Lösungen ihrer Salze

Erhöhte Festigkeitseigenschaften, nicht geeignet für Betriebstemperaturen über 300 °C

Tabelle 2.4: Zusammensetzung von Siliciumguß und Stahlguß aus früheren Normen

Werkstoff Kurzname	Werkstoff-Nr.	C	Si	Mn	Ni	Cr	Mo	Cu	Sonstige
Silicium-Eisenguß									
G-X 70 Si 15	1.4008	0,7	15	0,5				1	
G-X 70 SiMo 15 3	1.4027	0,7	15	0,5			2,5	1	
G-X 90 SiCr 15 5	1.4059	0,9	15	0,5		5		1	
Chemisch beständiger, nichtrostender Chrom-Stahlguß nach DIN 17 445 und SEW 410-70 + 81									
G-X 12 Cr 14	1.4008	0,12 ≦	≦1,0	≦1,0	1,0	13,0			
G-X 20 Cr 14	1.4027	0,22 ≦	≦1,0	≦1,0		13,5			
G-X 22 CrNi 17	1.4059	0,23 ≦	≦1,0	≦1,0	1,5	17,0			
G-X 70 Cr 29	1.4085	0,70 ≦	≦2,0	≦1,0		28,5			
G-X 120 Cr 29	1.4086	1,10 ≦	≦2,0	≦1,0		28,5			
G-X 70 CrMo 29 2	1.4136	0,70 ≦	≦2,0	≦1,0		28,5	2,2		
G-X 120 CrMo 29 2	1.4138	1,10 ≦	≦2,0	≦1,0		28,0	2,2		
Chemisch beständiger, nichtrostender Chrom-Nickel-Stahlguß nach DIN 17 445 und SEW 410-70 + 81									
G-X 6 CrNi 18 9	1.4308	≦0,07	≦2,0	≦1,5	10,0	18,7			
G-X 10 CrNi 18 8	1.4312	≦0,12	≦2,0	≦1,5	9,0	18,2			
G-X 5 CrNi 13 4	1.4313	≦0,07	≦1,0	≦1,5	4,2	12,7	≦0,70		
G-X 40 CrNi 27 4	1.4340	0,40	≦2,0	≦1,5	4,5	27,0			
G-X 6 CrNiMo 18 10	1.4408	≦0,07	≦2,0	≦1,5	11,0	17,7	2,2		
G-X 10 CrNiMo 18 9	1.4410	≦0,12	≦2,0	≦1,5	10,0	18,2	2,2		
G-X 7 CrNiMo 17 13	1.4448	≦0,07	≦1,0	≦2,0	13,5	17,0	4,5		
G-X 7 NiCrMoCuNb 25 20	1.4500	≦0,08	≦1,5	≦2,0	25,0	20,0	3,0	2,0	(8 x % C) ≦ Nb
G-X 7 CrNiNb 18 9	1.4552	≦0,08	≦1,0	≦1,5	10,0	18,7			(8 x % C) ≦ Nb
G-X 7 CrNiMoNb 17 13	1.4579	≦0,08	≦1,0	≦2,0	13,5	17,0	4,5		(8 x % C) ≦ Nb
G-X 7 CrNiMoNb 18 10	1.4581	≦0,08	≦1,0	≦1,5	11,5	17,7	2,2		(8 x % C) ≦ Nb
G-X 7 CrNiMoCuNb 18 18	1.4585	≦0,08	≦1,5	≦2,0	20,0	17,5	2,2	2,0	(8 x % C) ≦ Nb
G-X 7 CrNiMoNb 25 25	1.4588	≦0,08	≦1,0	≦2,0	25,0	25,0	2,2		(8 x % C) ≦ Nb
G-X 6 NiCrCuMo 29 20		≦0,07	≦1,5	0,7	29,0	20,0	3,0	4,0	

Tabelle 2.5: Austenitisches Gußeisen mit Kugelgraphit nach DIN 1694 (Sept. 1981)

Kurzzeichen	Zusammensetzung Massenanteile in %						Zugfestigkeit R_m N/mm² min.	0,2-Grenze $R_{p0,2}$ N/mm² min.	Bruchdehnung A % min.	Kerbschlagarbeit A_v J min.	Hinweise für die Verwendung
	C max.	Si	Mn	Ni	Cr	Nb					
GGG-NiMn 13 7	3,0	2,0 bis 3,0	6,0 bis 7,0	12,0 bis 14,0	–	–	390	210	15	16	Nichtmagnetisierbare Gußstücke, z.B. Preßdeckel für Turbogeneratoren, Gehäuse für Schaltanlagen, Isolatorenflansche, Klemmen, Durchführungen
GGG-NiCr 20 2	3,0	1,5 bis 3,0	0,5 bis 1,5	18,0 bis 22,0	1,0 bis 2,5	–	370	210	7	13	Pumpen, Ventile, Kompressoren, Laufbüchsen, Turboladergehäuse, Abgasleitungen, nichtmagnetisierbare Gußstücke (bei niedrigem Cr-Gehalt); bei Zusatz von 1 % Mo erhöhte Warmfestigkeit
GGG-NiCrNb 20 2	3,0	1,5 bis 2,4	0,5 bis 1,5	18,0 bis 22,0	1,0 bis 2,5	0,1 bis 0,2	370	210	7	13	Bei sonst gleichen Eigenschaften wie GGG-NiCr 20 1 für Fertigungsscheibungen
GGG-NiCr 20 3	3,0	1,5 bis 3,0	0,5 bis 1,5	18,0 bis 22,0	2,5 bis 3,5	–	390	210	7	–	Wie GGG-NiCr 20 2, jedoch erosions- und hitzebeständiger
GGG-NiSiCr 20 5 2	3,0	4,5 bis 5,5	0,5 bis 1,5	18,0 bis 22,0	1,0 bis 2,5	–	370	210	10	–	Pumpenteile, Ventile (gut korrosionsbeständig, auch gegen verdünnte Schwefelsäure). Gußstücke für Industrieöfen bei erhöhter mechanischer Beanspruchung
GGG-Ni 22	3,0	1,0 bis 3,0	1,5 bis 2,5	21,0 bis 24,0	–	–	370	170	20	20	Pumpen, Ventile, Kompressoren, Laufbüchsen (Turboladergehäuse, Abgasleitungen (hohe Dehnung, hohe Wärmeausdehnung, bis –100 °C kaltzäh)
GGG-NiMn 23 4	2,6	1,5 bis 2,5	4,5 bis 4,5	22,0 bis 24,0	–	–	440	210	25	24	Gußstücke der Kältetechnik für Einsatz bis –196 °C

Tabelle 2.5: Fortsetzung

Kurzzeichen	Zusammensetzung Massenanteile in %					Zugfestigkeit R_m N/mm² min.	0,2-Grenze $R_{p0,2}$ N/mm² min.	Bruchdehnung A % min.	Kerbschlagarbeit A_V J min.	Hinweise für die Verwendung
	C max.	Si	Mn	Ni	Cr					
GGG-NiCr 30 1	2,6	1,5 bis 3,0	0,5 bis 1,5	28,0 bis 32,0	1,0 bis 1,5	370	210	13	–	Pumpen, Kessel, Ventile, Filterteile, Abgasleitungen, Turboladergehäuse (gute Gleiteigenschaften)
GGG-NiCr 30 3	2,6	1,5 bis 3,0	0,5 bis 1,5	28,0 bis 32,0	2,5 bis 3,5	370	210	7	–	Pumpen, Kessel, Ventile, Filterteile, Abgasleitungen, Turboladergehäuse (besonders wärmeschockbeständig, bei Zusatz von 1 % Mo gute Warmfestigkeit)
GGG-NiSiCr 30 5 2	2,6	4,0 bis 6,0	0,5 bis 1,5	29,0 bis 32,0	1,5 bis 2,5	380	210	10	–	Pumpen, Armaturen, Abgasleitungen, Turboladergehäuse, Gußteile für Industrieöfen (besonders korrosions- und hitzebeständig; mittlere Wärmeausdehnung)
GGGNiSiCr 30 5 5	2,6	4,0 bis 6,0	0,5 bis 1,5	28,0 bis 32,0	4,5 bis 5,5	390	240	–	–	
GGG-Ni 35	2,4	1,5 bis 3,0	0,5 bis 1,5	34,0 bis 36,0	–	370	210	20	–	Maßbeständige Teile für Werkzeugmaschinen, wissenschaftliche Instrumente, Glaspreßformen (geringe Wärmeausdehnung, wärmeschockbeständig)
GGG-NiCr 35 3	2,4	1,5 bis 3,0	0,5 bis 1,5	34,0 bis 36,0	2,0 bis 3,0	370	210	7	–	Gasturbinen-Gehäuseteil, Glaspreßformen (höhere Warmfestigkeit als GGG-Ni 35, besonders bei Zusatz von 1 % Mo)
GGG-NiSiCr 35 5 2	2,0	4,0 bis 6,0	0,5 bis 1,5	34,0 bis 36,0	1,5 bis 2,5	370	200	10	–	Gasturbinen-Gehäuseteile, Abgasleitungen, Turboladergehäuse (hitzebeständig, höhere Dehnung und höhere Zeitstandfestigkeit als GGG-NiCr 35 3)

Tabelle 2.5: Fortsetzung

Kurzbezeichnungen von austenitischen Gußeisen mit Kugelgraphit des In- und Auslandes

DIN 1692		ISO 2892 – 1973 British Standard B.S. 348 : 1974	Frankreich NF A32-301	Italien UNI 7737	USA ASTM A 439-77	Handelsname
Kurzzeichen	Werkstoffnummer					
GGG-NiMn 13 7	0.7652	S-NiMn 13 7	S-NM 13 7	S-NiMn 13 7	–	–
GGG-NiCr 20 2	0.7660	S-NiCr 20 2	S-NC 20 2	S-NiCr 20 2	Type D-2	Ni-Resist D-2
GGG-NiCrNb 20 2	0.7659	–	–	–	–	Ni-Resist D-2W
GGG-NiCr 20 3	0.7661	S-NiCr 20 3	S-NC 20 3	S-NiCr 20 3	Type D-2B	Ni-Resist D-2B
GGG-NiSiCr 20 5 2	0.7665	S-NiSiCr 20 5 2	S-NSC 20 5 2	S-NiSiCr 20 5 2	–	Nicrosilal Spheronic
GGG-Ni 22	0.7670	Si-Ni 22	S-N 22	S-Ni 22	Type D-2C	Ni-Resist D-2C
GGG-NiMn 23 4	0.7673	S-NiMn 23 4	S-NM 23 4	S-NiMn 23 4	Type D-2M*)	Ni-Resist D-2M
GGG-NiCr 30 1	0.7677	S-NiCr 30 1	S-NC 30 1	S-NiCr 30 1	Type D-3A	Ni-Resist D-3A
GGG-NiCr 30 3	0.7676	S-NiCr 30 3	S-NC 30 3	S-NiCr 30 3	Type D-3	Ni-Resist D-3
GGG-NiSiCr 30 5 2	0.7679	–	–	–	–	Ni-Resist D-4A
GGG-NiSiCr 30 5 5	0.7680	S-NiSiCr 30 5 5	S-NSC 30 5 5	S-NiSiCr 30 5 5	Type D-4	Ni-Resist D-4
GGG-Ni 35	0.7683	S-Ni 35	S-N 35	S-Ni 35	Type D-5	Ni-Resist D-5
GGG-NiCr 35 3	0.7685	S-NiCr 35 3	S-NC 35 3	S-NiCr 35 3	Type D-5B	Ni-Resist D-5B
GGG-NiSiCr 35 5 2	0.7688	–	–	–	–	Ni-Resist D-5S

*) Genormt in ASTM A 571-77

Tabelle 2.6a: Verschleißbeständiges legiertes Gußeisen nach DIN 1695 (Sept. 1981)

Sorte Kurzzeichen	Handelsname	Zusammensetzung in % C	Si	Mn	Cr	Ni	Mo	Eigenschaften
G-X 300 NiMo 3 Mg	–	2,8–3,5	2,0–2,6	0,2–0,5	–	1,5–4,5	0,5–0,8	Hochfester Werkstoff mit 700 – 1300 N/mm² Zugfestigkeit bei 8–1 % Dehnung. Höchste Schlagzähigkeit der Gußeisensorten dieser Norm.
G-X 260 NiCr 4 2	Ni-Hard 2	2,6–2,9	0,2–0,8	0,3–0,7	1,4– 2,4	3,3–5,0	bis 0,5	Für mäßige Schlagbeanspruchung. Hoher Verschleißwiderstand.
G-X 330 NiCr 4 2	Ni-Hard 1	3,0–3,6	0,2–0,8	0,3–0,7	1,4– 2,4	3,3–5,0	bis 0,5	Für geringe Schlagbeanspruchung. Sehr hoher Verschleißwiderstand.
G-X 300 CrNiSi 9 5 2	Ni-Hard 4	2,5–3,5	1,5–2,2	0,3–0,7	8 –10	4,5–6,5	bis 0,5	Für höhere Schlagbeanspruchung. Sehr hoher Verschleißwiderstand.
G-X 300 CrMo 15 3	Legierung 15-3	2,3–3,6	0,2–0,8	0,5–1,0	14 –17	bis 0,7*)	1,0–3,0	Mit steigendem G-Gehalt nimmt der Verschleißwiderstand zu und die Schlagbeanspruchung ab.
G-X 300 CrMoNi 15 2 1	Legierung 15-2-1	2,3–3,6	0,2–0,8	0,5–1,0	14 –17	0,8–1,2*)	1,8–2,2	
G-X 260 CrMoNi 20 2 1	Legierung 20-2-1	2,3–2,9	0,2–0,8	0,5–1,0	18 –22	0,8–1,2*)	1,4–2,0	G-X 300 CrMoNi 15 2 1 hat hohe und G-X 260 CrMoNi 20 2 1 höchste Durchhärtbarkeit.
G-X 260 Cr 27	–	2,3–2,9	0,5–1,5	0,5–1,5	24 –28	bis 1,2	bis 1,0	
G-X 300 CrMo 27 1	–	3,0–3,5	0,2–1,0	0,5–1,0	23 –28	bis 1,2	1 –2	

*) Kann auch als Cu-haltige Variante hergestellt werden.

Tabelle 2.6b: Verschleißbeständiges legiertes Gußeisen nach DIN 1695 (Sept. 1981) (Eigenschaften)

Sorte	Werkstoff-nummer	Vickers-härte HV 30	Brinell-härte HB	Rockwell-härte HRC	Zug-festigkeit R_m N/mm²	0,2-Grenze $R_{p}0,2$ N/mm²	Deh-nung A %	E-Modul kN/mm²	Dichte kg/dm³
G-X 300 NiMo 3 Mg	0.9610	300 bis 650	300 bis 610	30 bis 58	700 bis 1300	600 bis 1100	1 bis 8	165 bis 180	7,4
G-X 260 NiCr 4 2	0.9620	450 bis 750	430 bis 690	45 bis 62	320 bis 390	–	–	169 bis 183	7,7
G-X 330 NiCr 4 2	0.9625	450 bis 750	430 bis 690	45 bis 62	280 bis 350	–	–	169 bis 183	7,7
G-X 300 CrNiSi 9 5 2	0.9630	450 bis 750	430 bis 690	45 bis 62	500 bis 600	–	–	196	7,7
G-X 300 CrMo 15 3	0.9635	380 bis 750	380 bis 690	39 bis 62	450 bis 1000	–	–	154 bis 190	7,7
G-X 300 CrMoNi 15 2 1	0.9640	380 bis 750	380 bis 690	39 bis 62	450 bis 1000	–	–	154 bis 190	7,7
G-X 260 CrMoNi 20 2 1	0.9645	380 bis 750	380 bis 690	39 bis 62	450 bis 1000	–	–	154 bis 190	7,7
G-X 260 Cr 27	0.9650	380 bis 750	380 bis 690	39 bis 62	560 bis 960	–	–	154 bis 190	7,6
G-X 300 CrMo 27 1	0.9655	380 bis 750	380 bis 690	39 bis 62	450 bis 1000	–	–	–	7,6

Sorte	Schwindung %	Wärme-ausdehnungs-koeffizient (20 bis 100°C) 10^{-6}/K	Wärme-leitfähigkeit im Bereich 20 bis 100°C W/m·K	Gefüge
G-X 300 NiMo 3 Mg	bis 1,2	–	–	Bainit und/oder Martensit, Kugelgraphit; Gefüge im allgemeinen frei von Carbiden.
G-X 260 NiCr 4 2	1,5 bis 2,2	8 bis 9	14	Zementit in überwiegend martensitischer Grundmasse
G-X 330 NiCr 4 2	1,5 bis 2,2	8 bis 9	14	
G-X 300 CrNiSi 9 5 2	1,5 bis 2,2	14 bis 15	12,6 bis 15	Vorwiegend Chromcarbide in martensitischer Grundmasse, gegebenenfalls mit Restaustenit.
G-X 300 CrMo 15 3	1,5 bis 2,2	11 bis 15	12,6 bis 15	Vorwiegend Chromcarbide in einer Grundmasse, die je nach Zusammensetzung und Wärmebehandlung überwiegend aus Perlit, Martensit oder Austenit besteht.
G-X 300 CrMoNi 15 2 1	1,5 bis 2,2	11 bis 15	12,6 bis 15	
G-X 260 CrMoNi 20 2 1	1,5 bis 2,2	11 bis 15	12,6 bis 15	
G-X 260 Cr 27	1,5 bis 2,2	12 bis 15	–	
G-X 300 CrMo 27 1	1,5 bis 2,2	–	–	

2.3 Korrosionsbeständige Stahlgußsorten

Korrosionsbeständige Stähle können aufgrund ihrer Zusammensetzung, insbesondere des Gehaltes an Chrom und Nickel bzw. der wie Chrom oder Nickel wirkenden Elemente, unterschiedliche Gefüge haben.

Eine schematische Übersicht gibt das Bild 2.2 nach Schaeffler-Delong. Hiernach gibt es Stähle mit ferritischer, austenitischer, austenitisch-ferritischer und martensitischer bzw. austenitisch-martensitischer Grundmasse. Während all diese Stahltypen als Walzstähle hergestellt werden, können als Gußstähle die hochreinen voll ferritischen Stähle nicht erzeugt werden. Diese Stähle, die ja als Walzstähle zunehmende Bedeutung gewinnen, sind in Form von Gußstücken aufgrund einer starken und nicht mehr rückgängig zu machenden Kornvergröberung so spröde, daß sie nicht brauchbar sind. Diese Kornvergröberung läßt sich nur durch Zusätze verhindern, die den aus Korrosionsgründen erwünschten hohen Reinheitsgrad zunichte machen. Ferritische Stähle als Gußwerkstoffe gibt es nur mit erhöhtem Kohlenstoffgehalt als ferritisch-carbidische Stähle nach SEW 410.

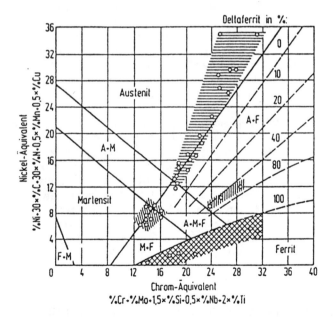

Bild 2.2: Einordnung der nichtrostenden Stähle im Gefügediagramm nach Schaeffler-DeLong

2.3.1 Austenitische Stähle

Die größte Bedeutung als Stahlguß besitzen entsprechend den Walzstählen die austenitischen Stähle, unter denen die den klassischen 18-8-Stählen entsprechenden Sorten 1.4308 und 1.4552 die größte Bedeutung besitzen. Sie entsprechen den ähnlichen Walzstählen, etwa dem 1.4301. In Gefüge und Zusammensetzung bestehen allerdings einige wichtige Unterschiede. Um die Gießbarkeit zu verbessern, haben die Gußstähle gewöhnlich etwas höhere Siliciumgehalte als die Walzstähle. Wichtiger ist, daß ihr Gefüge im Gegensatz zum voll austenitischen Gefüge der gewalzten Stähle Anteile an Ferrit enthält (Bild 2.3). Dieser Ferritgehalt kann zwischen 3 und über 15 % betragen und wird durch eine entsprechende Erhöhung des Chromäquivalentes eingestellt. Der Ferritgehalt bietet für einen Gußstahl eine Reihe von Vorteilen. Er vermindert nämlich die Warmrissigkeit bei der Erstarrung des Gußstückes und erleichtert zugleich das Schweißen, da die Gefahr von Heißrissen praktisch eliminiert wird. Voll austenitische Stähle, die es ebenfalls gibt, zeigen wegen ihrer Grobkornbildung und der Anreicherung von Verunreinigungen auf den Korngrenzen eine große Neigung zur Warmrissigkeit nach dem Gießen und sind sehr schlecht schweißbar. Vollaustenite sind notwendig für nicht magnetisierbare Gußstücke, und Werkstoffe mit niedrigstem Ferritgehalt sind u. U. wichtig für Tieftemperaturanwendungen. In bezug auf die Korrosionsbeständigkeit ist der Ferritgehalt ebenfalls vorteilhaft, da er die Anfälligkeit gegen interkristalline Korrosion weitgehend beseitigt oder jedenfalls deutlich herabsetzt. Die interkristalline Korrosion beruht bekanntlich auf der Ausscheidung von Chromcarbiden im Temperaturbereich oberhalb von $600°C$ (Sensibilisierung).

Auf den Korngrenzen scheiden sich die Chromcarbide an der Grenze Ferrit-Austenit aus, wobei jedoch der Ferrit aufgrund der höheren Chromlöslichkeit noch immer so reich an Chrom bleibt, daß der Korrosionswiderstand nicht beeinträchtigt wird. Der Ferritgehalt erhöht auch die Beständigkeit gegen Spannungsrißkorrosion, da die Risse oft in den Ferritbereichen zum Stillstand kommen. Bei den mechanischen Eigenschaften wird die Streckgrenze etwas erhöht, während die Dehnung und Kerbschlagzähigkeit etwas geringer sein können. Nachteilig ist der Ferrit bei Stählen, die im Tieftemperaturbereich eingesetzt werden müssen, sowie bei Stählen, die längere Zeit erhöhten Temperaturen ausgesetzt sind, da es dann zur $475°C$-Versprödung im Bereich von $500°C$ oder bei noch höheren Temperaturen sogar zur Bildung der Sigma-Phase kommen kann.

Alle sogenannten austenitischen Stähle werden bei mindestens $1050°C$ lösungsgeglüht, um die im Gußzustand ausgeschiedenen Carbide aufzulösen, und anschließend in Wasser, seltener in Luft, abgeschreckt. Hierdurch werden sowohl die mechanischen Eigenschaften, insbesondere die Zähigkeit, als auch das Korrosionsverhalten verbessert.

x 100

Bild 2.3: „Delta"-Ferrit in gegossenem 18 Cr-8 % Ni Stahl

Die Stähle sind ähnlich wie die entsprechenden Walzstähle gut schweißgeeignet. Üblicherweise wird mit artgleichen Schweißzusatzwerkstoffen ohne Vorwärmung geschweißt. Die Schweißverbindungen erfüllen hinsichtlich Festigkeit bei Raumtemperatur, Zähigkeit und Warmfestigkeit vollauf die Anforderungen an den Grundwerkstoff. Eine Wärmenachbehandlung wird häufig nicht durchgeführt. Notwendig ist sie bei Bauteilen von über 50 mm nach dem AD Regelwerk oder wenn Beständigkeit gegen interkristalline Korrosion, vor allem bei den nicht niobstabilisierten Sorten, gefordert wird. Schwierigkeiten beim Schweißen können auftreten, wenn ein niobstabilisierter Stahl einen zu hohen Niobgehalt enthält, da sich dann an den Korngrenzen versprödende Eisen-Niob-Verbindungen ausscheiden.

Stähle vom Typ 18-8, also 1.4308, und ähnliche besitzen eine recht gute allgemeine Korrosionsbeständigkeit, wie ihre weite Verbreitung und ihr großes Anwendungsgebiet beweisen.

Einfache Chrom-Nickel-Stähle dieser Art, wie der 1.4308 oder auch der 1.4306, sind jedoch gegen chloridbedingte Lokalkorrosion anfällig, d. h. gegen Lochfraß,

Spaltkorrosion und Spannungsrißkorrosion in chloridhaltigen Medien, besonders bei erhöhter Temperatur. Die Beständigkeit gegen chloridbedingte Korrosion kann durch Zulegieren von Molybdän und Erhöhung des Chromgehaltes wirksam verbessert werden. Dabei tritt ein Zusammenwirken zwischen Chrom und Molybdän ein, die in einer Wirksumme:

$$W = \% \text{ Cr} + 3 \text{ bis } 3,3 \times \% \text{ Mo}$$

dargestellt wird. Hiernach ist die Beständigkeit umso höher, je höher der Chrom- und Molybdängehalt ist.

Die Konsequenz ist die Entwicklung von Stählen mit 2 bis 3 % Molybdän, wie dem 1.4408 bzw. 1.4404. Da Molybdän ein ferritbildendes Element ist, muß zur Beibehaltung des gewünschten Austenit-Ferrit-Verhältnisses auch der Nickelgehalt angehoben werden, und zwar umso mehr, je niedriger der Kohlenstoffgehalt eingestellt wird. Die mechanischen Eigenschaften und die Verarbeitung dieser molybdänhaltigen Stähle entsprechen der der molybdänfreien Sorten, allerdings ist die Warmfestigkeit höher. Auch beim Lösungsglühen muß ggf. etwas höher oder länger geglüht werden, um die aus dem Gußzustand stammenden stabileren Sondercarbide restlos aufzulösen.

Molybdänhaltige Stähle sind allerdings zum Einsatz in Salpetersäure nicht geeignet. In diesem Fall muß ein zulässiger Molybdängehalt vereinbart werden, der allerdings nicht unter 0,3 bis 0,5 % zu liegen braucht. Dieser Hinweis ist wichtig weg der Rohstoffversorgung der meisten Stahlgießereien. Die meisten Hersteller von korrosionsbeständigem Stahlguß verwenden nämlich Schrott, vor allem Walzstahlschrott, der fast immer einen Molybdängehalt von 0,2 bis 0,6 % enthält, da es sowohl im Stahlwerk als auch in der Gießerei praktisch unmöglich ist, molybdänfreien und molybdänhaltigen Stahlschrott völlig auseinander zu halten. Dieser Molybdängehalt stellt in der Regel eine angenehme Versicherung gegen Schäden durch leichte Verunreinigung der Medien mit Chloriden dar. Wir wissen ja, daß heute Chloride fast überall auftreten und nicht nur der berühmte Salzgehalt im Rhein, sondern selbst im Trinkwasser kann u. U. zu Korrosionsschäden führen. Würde man die Stahlgießereien zwingen, einen 1.4308 mit extrem niedrigen Molybdängehalten herzustellen, so müßten sie Aufbauchargen erschmelzen, d. h. Reineisen, kohlenstoffarmes Ferrochrom und Nickelmetall verwenden, was die Kosten enorm in die Höhe treiben würde.

Die mit 18 % Cr und 2 bis 3 % Mo legierten Stähle haben allerdings nur eine begrenzte Beständigkeit gegen chloridbedingte Lokalkorrosion, die für viele Anwendungszwecke nicht mehr ausreicht. Dies gilt vor allem bei langzeitiger Beanspruchung in sauerstoffarmen und nicht bewegten Medien. Der wichtigste Fall dieser Art sind Anwendungen in der Meerestechnik. Durch Steigerung der Wirksumme läßt sich der Stahl beständiger machen, wie das Beispiel von Langzeitauslagerungsversuchen verschiedener Stähle auf Helgoland zeigt (Bild 2.4). Für völlige Beständigkeit sind allerdings nach diesen Ergebnissen, die von vielen anderen Untersuchungen bestätigt werden, Wirksummen von 35 bis über 40 erforderlich, d. h. die Stähle müssen 20 bis 25 % Chrom und bis zu 6 % Molybdän enthalten. Ein weiteres Legierungselement, das die Beständigkeit gegen chloridbedingte Lokalkorrosion verbessert, ist Stickstoff in Gehalten von 0,1 bis 0,3 %. Bild 2.5 zeigt ein Beispiel für die Wirkung von Stickstoff. Stickstoff wurde ursprünglich zu Erhöung der relativ niedrigen Streckgrenze von austenitischen Stählen eingesetzt, erweist sich aber auch als sehr hilfreich bei Chloridkorrosion, so daß er mit dem Faktor 15 in die Wirksumme aufgenommen werden kann. Die Wirksumme für derartig stickstofflegierte Stähle lautet daher dann

$$W = \% \, Cr + 3/3{,}3 \times \% \, Mo + 15 \times \% \, N$$

Stickstoff ist weiterhin ein sehr nützliches Legierungselement, da es die gerade bei dickwandigen Gußstücke bestehende Neigung zur Seigerung von Legierungselementen und zur Ausscheidung von versprödenden Phasen unterdrückt. Es wurde daher eine Reihe von hochlegierten stickstofflegierten Stählen parallel als Walz-, Schmiede- und Gußstähle entwickelt. Tabelle 2.7 enthält eine Zusammenstellung derartiger hochlegierter Stahlgußsorten. Nur einige von ihnen sind in den Normen enthalten. Die meisten anderen sind von großen Stahlgußfirmen des In- oder Auslandes entwickelt worden, woraus sich die merkwürdigen Bezeichnungen, bei denen es sich um Handelsmarken dieser Firmen handelt, erklären. Die Herstellung von Gußstücken aus diesen hochlegierten Stählen ist nicht ganz einfach und setzt entsprechende Erfahrung und die notwendigen Schmelzeinrichtungen voraus. Wie die Tabelle 2.7 zeigt, haben die meisten dieser Stähle sehr niedrige Kohlenstoffgehalte. Dies ist nicht nur notwendig, um die Bildung von Chromcarbiden, die zu der gefürchteten interkristallinen Korrosion führen könnten, auszuschließen, ohne daß der Stahl mit Niob stabilisiert wird, sondern auch, um die bei den hohen Molybdängehalten sich bildenden Sondercarbide möglichst zu begrenzen und leichter löslich zu machen. Zur Erzielung akzeptabler mechanischer Eigenschaften müssen nämlich diese sich ja ebenfalls auf den Korngrenzen ausscheidenden Sondercarbide aufgelöst werden. Die bei 18-8 ausreichende Lösungsglühbehandlung von 1050 bis 1100°C reicht hier nicht mehr aus, sondern man muß Lösungsglühtemperaturen anwenden, die z. T. über 1200°C liegen. Sie sind umso höher, je höher der Kohlenstoffgehalt im Stahl liegt, da dadurch die Carbide stabilisiert werden. Auch bei der Abschreckung scheiden sich die Carbide umso schneller aus, je höher der Kohlenstoffgehalt ist.

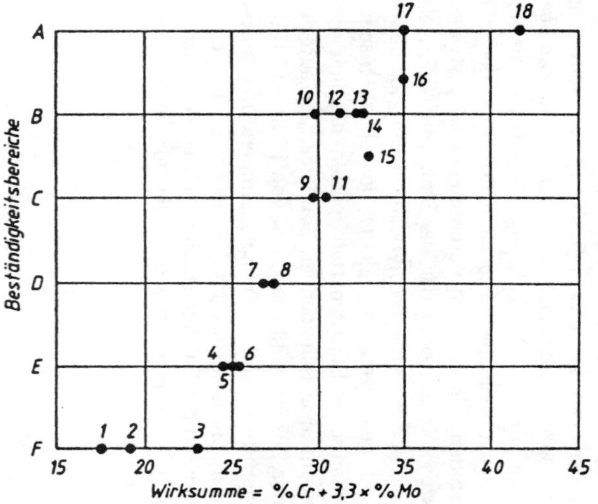

Nr.	Werkstoff-Nr.	Cr	Mo	Ni	Sonstige	Wirksumme
					[Gew.-%]	% Cr + 3,3 x % Mo
1	1.4361	17,3	0,1	15,0	4,5 Si	17,5
2	1.4301	18,1	0,3	10,5	–	19,1
3	1.4532	15,2	2,4	7,0	1,2 Al	23,0
4	1.4401	17,3	2,2	11,0	–	24,6
5	1.4505	17,4	2,3	18,3	Cu, Nb	25,0
6	1.4521	18,3	2,1	–	0,4 Ti	25,2
7	1.4436	17,1	2,9	13,7	–	26,8
8	1.4417	18,7	2,6	4,6	1,8 Si	27,3
9	1.4438	19,0	3,3	16,6	–	29,8
10	1.3914	19,9	3,0	14,2	8 Mn, N, Nb	29,8
11	1.4582	25,4	1,5	6,7	Nb	30,4
12	1.4439	17,0	4,4	14,2	N	31,4
13	1.4465	24,5	2,4	24,4	N	32,3
14	2.4858	21,9	3,3	41,0	Ti	32,7
15	1.4462	21,9	3,4	6,0	N	33,1
16	1.4575	28,2	2,1	4,0	Nb	35,1
17	1.3974	24,5	3,2	16,8	6 Mn, N	35,1
18	–	17,5	7,4	16,4	Cu, N	41,9

Bild 2.4: Korrosionsverhalten von austenitischen und austenitisch-ferritischen Walzstählen, die mehrere Jahre im Meerwasser von Helgoland ausgelagert waren; Abhängigkeit von der Wirksumme = % Cr + 3,3 x % Mo (2)

Beständigkeitsbereiche:

A = Keine Korrosion;
B = keine Lochkorrosion, Spaltkorrosion nur vereinzelt;
C = Lochkorrosion gering, meist nadelstichartig, Spaltkorrosion, ausgeprägte Neigung zu Repassivierung;
D = Lochkorrosion, starke Spaltkorrosion, Neigung zu Repassivierung;
E = Erscheinungsbild wie F, aber Korrosionsangriff geringer;
F = starke Lochkorrosion, sehr starke Spaltkorrosion.

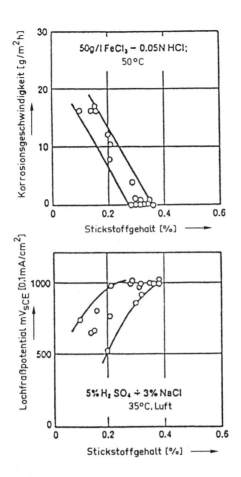

Bild 2.5: Einfluß von Stickstoff auf die Lochfraßkorrosion von austenitischem 25Cr-1Mo-Stahl (3)

Tabelle 2.7: Anhaltswerte für den Legierungsgehalt seewasserbeständiger austenitischer Stahlgußsorten (4)

Nr.	Sorte		C	Cr	Ni	Mo [Gew.-%]	Cu	N	Sonstige
1	G-X 7 NiCrMoCuNb 25 20	(SEW 410-70)	0,08	20	25	3	2		Nb
2	CN-7M	(ASTM A 296-75)	0,07[1])	20	29	2,5	3,5		
3	Alloy 20 Cb		0,07	20	29	3	3,5		Nb
4	Alloy 20 Cb 3		0,06	20	33	3	3,5		Nb
5	Z 3 NCDU 25,20 M	(AFNOR; ~1.4539)	0,04	20	26	4,5	2,5		
6	Z 2 NCDUW 25,20 M	(AFNOR)	0,03	20	26	4,5	2,5		3 W
7	IN-862		0,03	20	25	5			
8	G-X 3 CrNiMoN 17 13 5	(DIN 17 445)	0,03	17	13	4,5		0,15	
9	G-X 2 NiCrMoCu N 25 20[2])	(SEW 410-81)	0,03	20	25	3	2	0,15	
10	254 SMO		0,03	20	18	6,1	0,7	0,2	
11	994 L		0,03	20	24	6,2		+	
12	S B8		0,03	25	25	5,5	1,5	+	
13	4591.2 G		0,03	17	16	7	1,7	0,18	

[1]) Wird oft mit 0,03 % C hergestellt   [2]) Ersetzt Stahl Nr. 1

Mechanische Eigenschaften einiger austenitischer Stahlgußsorten (4)

Nr.	Sorte	Zugfestigkeit R_m [N/mm²]	0,2-Grenze $R_{p}0,2$ [N/mm²]	Bruchdehnung A_5 [%]	Härte HB 30	Kerbschlagarbeit A_{ISO-V} [J]
1	G-X 7 NiCrMoCuNb 25 20	450 bis 650	≧ 200	≧ 15	130 bis 180	
2	CN-7M	≧ 430	≧ 170	≧ 35		
7	IN-862	≧ 450	≧ 175	≧ 30	120 bis 160	≧ 35
8	G-X 3 CrNiMoN 17 13 5	490 bis 690	≧ 210	≧ 20	130 bis 200	≧ 60
9	G-X 2 NiCrMoCuN 25 20	440 bis 640	≧ 180	≧ 20	130 bis 180	

Die Einstellung eines so niedrigen Kohlenstoffgehaltes ist allerdings für die meisten Stahlgießereien nicht ganz einfach. In den Stahlwerken arbeitet man mit Vakuumöfen, mit AOD (Argon-Oxygen-Decarburization, das ist eine Blasbehandlung, bei der Kohlenstoff mit Sauerstoff weggefrischt wird, wobei Argon als Spülgas verwendet wird) oder ähnlichen Einrichtungen, wie VOD-Konvertern. Einige namhafte deutsche Stahlgießereien besitzen derartige Einrichtungen, so daß sie Gußstücke aus diesen Stählen treffsicher herstellen können. Für Gießereien, die solche Anlagen, die natürlich recht aufwendig sind, nicht besitzen, besteht die Möglichkeit, entsprechend kohlenstoffarmes Einsatzmaterial zu verwenden, und beim Schmelzen jede Kohlenstoffaufnahme zu vermeiden. Ein weiteres Problem bei der Herstellung derartig kohlenstoffarmer Stähle ergibt sich aus der Tatsache, daß die Schmelze zur Herstellung von Gußstücken in Sandformen vergossen werden muß. Diese Sandformen werden heute aus wirtschaftlichen Gründen fast ausschließlich mit organischen Bindern hergestellt, die beim Zerfall kohlenstoffhaltige Gase abgeben können, die vom Stahl aufgenommen werden. Dadurch kommt es zu einer Randaufkohlung des Gußstückes um 1 bis 2 Hunderdstel Prozent. Diese Randaufkohlung läßt sich natürlich durch Verwendung von Formsand und Kernen vermeiden, die nur anorganische Bindemittel, d. h. Ton oder Wasserglas enthalten, jedoch sind diese Formverfahren heute so teuer, daß sich damit keine wirtschaftliche Fertigung mehr durchführen läßt. Hinzu kommt gerade bei den Kernen das Problem, daß sie so fest sind, daß sie bei der Schrumpfung des Gußstückes zu Rissen führen und sich außerdem beim Putzen des Gußstückes nur sehr schwer und mit erheblichem Aufwand an Handarbeit entfernen lassen. Bei dem sog. Keramikformgußverfahren werden diese Probleme vermieden und eine sehr gute Oberfläche erzeugt, aber das Verfahren ist auch teurer.

Solange darauf geachtet wird, daß diese Randaufkohlung nicht übermäßig ist, werden die Gebrauchseigenschaften des Gußstückes dadurch nicht beeinträchtigt.

Die hochlegierten Stähle sind in der Regel fast vollaustenitisch und aus diesem Grunde stark heißrißgefährdet, sowohl bei der Herstellung des Gußstückes als auch beim Schweißen. Ein weiterer Nachteil der Austenite ist ihre geringe Streckgrenze, die bei druckbeanspruchten Konstruktionen zu sehr großen Wandstärken führt, was nicht nur das Gewicht und die Werkstoffkosten erhöht, sondern auch beim Gießen und Schweißen zusätzliche Probleme schafft. Aus diesem Grunde wurde in den letzten Jahren den Duplex- oder ferritisch-austenitischen Stählen besondere Beachtung geschenkt.

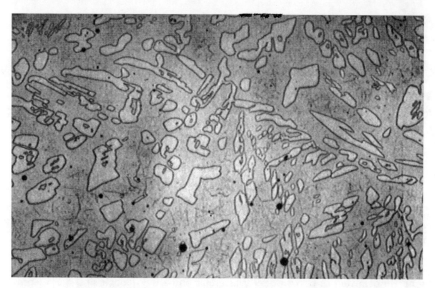

Bild 2.6: Gefüge eines ferritisch-austenitischen Stahlgusses mit 25 % Cr, 6 % Ni und 4,5 % Mo, bestehend aus Ferrit mit eingelagertem Austenit

2.3.2 Duplex-Stähle

Duplex-Stähle oder ferritisch-austenitische Stähle haben ein Gefüge, das zu je etwa 50 % aus Ferrit und 50 % Austenit besteht. Bild 2.6 zeigt ein derartiges Gefüge. Hierbei ist der Ferrit die Grundmasse, in die längliche oder rundliche Austenitkörner eingelagert sind. Dieses Gefüge läßt sich durch entsprechende Abstimmung des Nickel- und Chromäquivalentes nach dem Schaeffler-Delong-Diagramm einstellen. Im Prinzip wird bei einer Erhöhung des Chrom- und Molybdängehaltes der Nickelgehalt nicht im gleichen Maße gesteigert wie bei den austenitischen Stählen. Dies bringt den wirtschaftlichen Vorteil mit sich, daß diese Stähle geringere Legierungskosten haben. Tabelle 2.8 enthält eine Zusammenstellung von Duplexstählen, die es in der Regel sowohl als Walz- wie auch als Gußstähle gibt. Die moderneren Duplexstähle, die im unteren Teil dieser Tabelle aufgeführt sind, sind alle mit Stickstoff legiert. Stickstoff übt bei Duplexstählen mehrere günstige Wirkungen aus. Er erhöht die Beständigkeit gegen Lochfraßkorrosion, vermindert die Seigerungsneigung der Legierungselemente und unterdrückt oder verlangsamt die Ausscheidung versprödender Gefügebestandteile, insbesondere der Sigma-Phase. Erst durch die Einführung der Stickstoffmetallurgie wurde es möglich, Duplexstähle in größeren Wandstärken treffsicher herzustellen und zu schweißen. Drei Sorten von Duplexstahlguß, die den hier angegebenen Zusammensetzungsbereich im wesentlichen abdecken, sind im neuen Stahleisenwerkstoffblatt 410 (Tabelle 2.3) enthalten. Von Bedeutung ist weiterhin noch der Stahl 1.4462, der vor allem in der Erdölindustrie große Bedeutung hat. Trotz seiner großen Verbreitung, vor allem im Ausland, ist dieser Stahl nicht besonders empfehlenswert.

Tabelle 2.8: Ferritisch-austenitische Walz- und Gußstähle im In- und Ausland. Die Stähle 12 bis 16 sind in SEW 410 − 88 enthalten und decken den Bereich der anderen mit Handelsnamen aufgeführten Sorten ab. Sie werden von deutschen Stahlgießereien unter verschiededenen Handelsnamen hergestellt.

	Name	Zusammensetzung in %				
		Cr	Ni	Mo	N	
1	3 RE 60	19	4,7	2,7	−	1,7 Si
2	Uranus 50	21	7	2,5	−	1,5 Cu
3	329	26	4,5	1,5	−	−
4	C D − 4 M Cu	25	5	2	−	3 Cu
5	Zeron 25	25	7	2	−	−
6	44LN	25	6	1,7	0,15	−
7	DP3	25	7	3	0,15	0,5 Cu, W
8	1.4462	22	5	3	0,15	−
9	Ferralium 255	25	6	3	0,15	2 Cu
10	Ferralium 288	28	7	3	0,15	1 Cu
11	Zeron 100	25	7	4	0,2	1 W, 0,8 Cu
12	1.4469	25	7	4,5	0,20	−
13	1.4347	26	6		0,15	
14	1.4468	26	6	3	0,2	
15	1.4515	25	6	3	0,2	
16	1.4517	25	6	3	0,2	3 Cu

Tabelle 2.3 zeigt, daß die Duplexstähle Steckgrenzen von über 480 N/mm² haben, also wesentlich höher liegen als die austenitischen Stähle. Die Dehnung ist mit 22 % nur unwesentlich niedriger als bei den Austentiten. Die hohe Festigkeit kommt durch die ferritische Matrix mit eingelagertem Austenit zustande. Durch Veränderung des Ferritgehaltes, sei es durch eine Wärmebehandlung, sei es durch Veränderung des Chromäquivalentes, kann die Festigkeit verändert werden, wie Bild 2.7 zeigt. Weitere Vorteile der Duplexstähle sind ihre im Vergleich zu austenitischen Stählen wesentlich höhere Beständigkeit gegen Spannungsrißkorrosion, auch in Gegenwart von Schwefelwasserstoff, und bei der Fertigung die geringe Empfindlichkeit gegen Heißrisse des Gußstückes und beim Schweißen. Aufgrund ihrer höheren Festigkeit und Härte sind Duplexstähle auch verschleißbeständiger als Austenite. Zudem kann durch eine Sonderwärme-

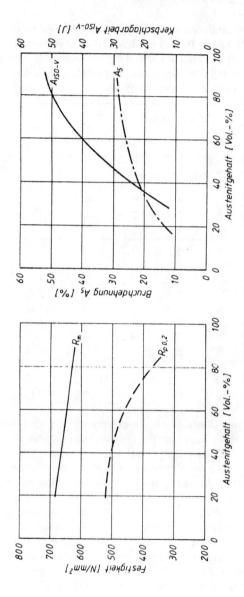

Bild 2.7: Einfluß des Austenitgehaltes auf die mechanischen Eigenschaften von ferritisch-austenitischem Stahlguß (4)

behandlung die Verschleißbeständigkeit weiter gesteigert werden. Diesen Vorteilen stehen natürlich gewisse Nachteile gegenüber. Der Hauptnachteil ist ihre sehr diffizile Wärmebehandlung. Der hoch mit Chrom und Molybdän legierte Ferrit neigt nämlich in starkem Maße zur Bildung von Sigma-Phase (Bild 2.8) und anderen intermetallischen Phasen, die ihn völlig verspröden lassen. Um die Bildung von Sigma-Phase zu vermeiden, muß der Stahl von Lösungsglühtemperaturen oberhalb von 1000°C rasch, d. h. in Wasser abgeschreckt werden. Ist die Abkühlung nicht rasch genug, beginnt die Bildung von Sigma-Phase, und verhältnismäßig geringe Anteile führen schon zu einem deutlichen Abfall der Kerbschlagzähigkeit, wie Bild 2.9 verdeutlicht. Während sich die Sigma-Phase vorzugsweise im Temperaturbereich zwischen 700 und 950° bildet, kann es auch im Temperaturbereich um 500°C bei langsamer Abkühlung oder Halten zu einer deutlichen Versprödung kommen. Diese versprödeten Gefüge sind zugleich korrosionsanfälliger. Das Legieren mit Stickstoff setzt zwar die Geschwindigkeit der Versprödung herab, in der Regel müssen jedoch die Gußstücke von Lösungstemperatur bis auf Raumtemperatur in Wasser abgeschreckt werden.

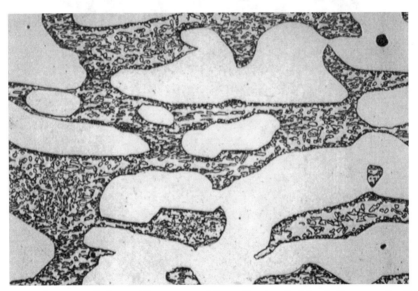

Bild 2.8: Durch Sigma-Phase versprödeter Duplex-Stahlguß. Der ursprünglich ferritische Bereich zwischen den Austenitkörnern ist durch Halten im Bereich von 850°C völlig in Sigma-Phase umgewandelt worden

Die Höhe der Lösungsglüh- bzw. Abschrecktemperatur muß an die Zusammensetzung des Gußstückes angepaßt werden. Einerseits muß die Lösungsglühtemperatur hoch genug sein, um die Sigma-Phase und die im Gußzustand vorliegenden Sondercarbide aufzulösen, andererseits führt eine zu hohe Abschrecktemperatur zu einem zu hohen Ferritgehalt und manchmal sogar zu einer ungünstigen Ausscheidung von Chromnitriden. Dies erfordert u. U. die Anwendung einer Stufenabkühlung.

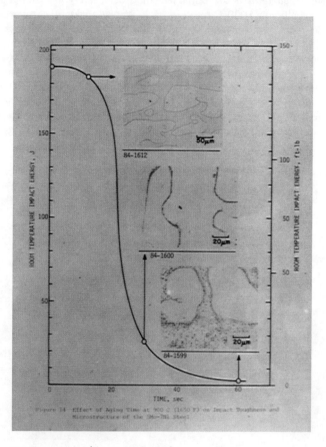

Bild 2.9: Einfluß der Haltezeit bei 900°C auf die Zähigkeit und das Gefüge von Duplexstahl mit 25 % Cr, 5 % Mo, 7 % Ni, der bei 1200°C lösungsgeglüht wurde

Wegen der Versprödung sind die Duplex-Stähle nicht als warmfeste Stähle geeignet. Wegen des Ferritanteils können sie auch nicht, wie Austenite, als kaltzähe Stähle eingesetzt werden.

2.3.3 Korrosionsverhalten hochlegierter austenitischer und ferritisch-austenitischer Stähle

2.3.3.1 Chloridbeständigkeit

Die Hauptentwicklungsrichtung der hochlegierten Stahlgußsorten ist die Gewährleistung der Chloridbeständigkeit, die von den in der Wirksumme zusammengefaßten Elementen Chrom, Molybdän und Stickstoff abhängig ist. Manchmal wird auch mit Wolfram legiert, was ähnlich wie Molybdän wirkt. Einige Stähle enthalten zusätzlich Kupfer, dessen Wirkung bei der Chloridkorrosion zwar umstritten ist, das jedoch die Beständigkeit gegen Säurekorrosion verbessert.

Mit steigendem Chromgehalt wird das Durchbruchpotential der rostfreien Stähle erhöht, wie Bild 2.10 zeigt. Ab etwa 20 % Chrom liegen alle Stähle im transpassiven Bereich, so daß keine brauchbare Differenzierung mehr möglich ist. Man hilft sich dann damit, daß man das Potential auf einem hinreichend hohen Niveau konstant hält und die Temperatur steigert, so daß man ein kritisches Lochfraßpotential in Abhängigkeit von der Temperatur ermitteln kann, das eine gute Differenzierung der verschiedenen Stähle ermöglicht. Ergebnisse einer solchen Versuchsserie sind in Bild 2.11 für drei hochlegierte Duplexstähle und einen hochlegierten Austenit im Vergleich zum 1.4408 dargestellt. Die deutliche Überlegenheit der höherlegierten Stähle ist erkennbar.

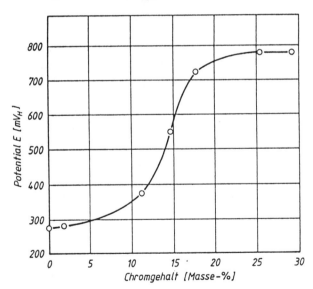

Bild 2.10: Durchbruchpotential von CrNi Stählen in Abhängigkeit vom Chromgehalt (5)

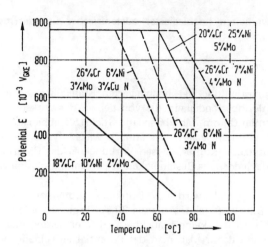

Bild 2.11: Durchbruchpotential in synthetischem Meerwasser (DIN 50 900) in Abhängigkeit der Prüftemperatur (5)

2.3.3.2 Vergleich zwischen Guß- und Walzstählen

Die Wandstärken von Gußstücken liegen üblicherweise im Zentimeterbereich, während die Wandstärken von gewalzten Blechen im Millimeterbereich liegen. Weiterhin wird bei Walz- und Schmiedeprodukten durch die starke Verformung eine erhebliche Kornfeinung erzielt, während bei Gußstücken durch die Wärmebehandlung, wenn überhaupt, nur eine begrenzte Kornfeinung möglich ist. Hierdurch treten in Gußstücken deutlich stärkere Mikroseigerungen von Legierungselementen auf. Die Folge ist, daß es hier Zonen unterschiedlich hoher Chrom- und Molybdängehalte gibt, wobei jeweils der Bereich mit der niedrigsten Wirksumme zuerst von der Korrosion betroffen wird. Hinzu kommt die Möglichkeit kleiner Gießfehler und Einschlüsse. Die Folge ist, daß bei gleicher Schmelzezusammensetzung Gußstücke in der Regel etwa weniger korrosionsbeständig als Bleche sind. Dies ist in Bild 2.12 dargestellt, wo jeweils die gleichen Werkstoffmarken in gewalztem und gegossenem Zustand gegenübergestellt sind. Die Werkstoffe 1, 3 und 4 sind Duplexstähle, der Werkstoff 5 entspricht dem G-X- 2 CrNiMo 18 10 (1.4404).

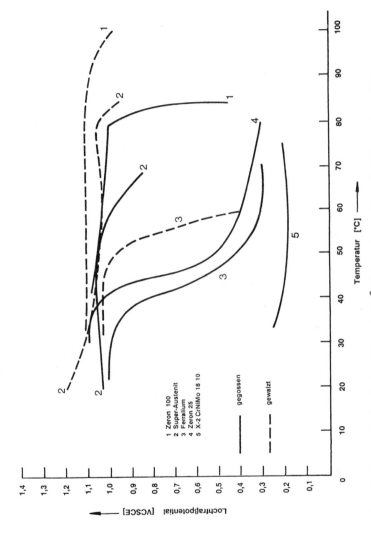

Bild 2.12: Lochfraßpotentiale zwischen 20 und 100°C für einige rostfreie Stähle in gegossener und geschmiedeter Form in künstlichem Meerwasser

2.3.3.3 Beständigkeit gegen Schwefelsäure

In Schwefelsäure sind rostfreie Stahlgußsorten sowohl gegenüber stark verdünnter Säure als auch gegen hochkonzentrierte Säure recht gut beständig. Bei mittleren Konzentrationsbereichen besteht dagegen ein ausgesprochenes Minimum der Beständigkeit.

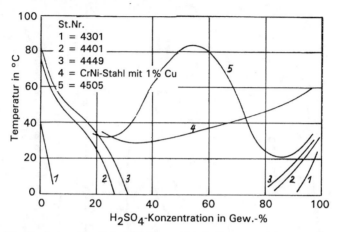

Bild 2.13: Isokorrosionslinien (0,1 mm/Jahr) für austenitische Stähle, Einfluß der Legierungsbestandteile Mo und Cu (7)

Bei hochkonzentrierter Säure über 80 % ist allerdings gewöhnliches Gußeisen mit Lamellengraphit hinreichend beständig, so daß viele Bauteile wie Kessel, Rührwerke und Pumpen aus diesem sehr preiswerten Werkstoff hergestellt werden können. Die beste Beständigkeit wird in der Regel von einem prlitischen Gußeisen mit möglichst niedrigem Siliciumgehalt, das ggf. mit Kupfer oder Zinn legiert werden kann, erreicht. Die Anwesenheit von freiem Ferrit oder Carbiden vermindert die Beständigkeit. Wird die Säure allerdings verdünnt, so kommt es zu einer katastrophalen Zunahme des Korrosionsangriffes. Für verdünnte Säuren werden daher vorzugsweise korrosionsbeständige Stähle eingesetzt. Bild 2.13 zeigt die Isokorrosionslinien für austenitische Stähle, und man sieht, daß mit steigendem Legierungsgehalt die Beständigkeit deutlich besser wird. Der wichtigste schwefelsäurebeständige Stahl ist daher eine Legierung vom Typ des hier angeführten 1.4505 mit 20 % Cr, 25 % Ni, 2 bis 3 % Mo und 2 bis 3 % Cu. Der Kupfergehalt verbessert die Säurebeständigkeit weiter, während das Molybdän vor allem gegen die in Schwefelsäure oder schwefelsäurehaltigen Lösungen häufig auftretende Verunreinigung mit Chloridionen schützen soll. Die älteren Stähle dieses Typs sind mit Niob stabilisiert, während die neueren Stähle dank der modernen Stahlherstellungsverfahren mit Kohlenstoffgehalten von 0,02 % auf die Niobstabilisierung verzichten können. Sie sind in der Regel mit Stickstoff legiert, der die Chloridbeständigkeit weiter verbessert, die Seigerungsneigung der Legierungselemente verringert und die Streckgrenze erhöht. Die Gußstähle auf dieser Basis sind der frühere 1.4500 mit Niobstabilisierung und heute der 1.4536 mit niedrigerem Kohlenstoffgehalt ohne Niob und Stickstofflegierung, entsprechend dem Stahleisenwerkstoffblatt 410.

2.3.3.4 Verhalten bei Strömung

Ein typisches Anwendungsgebiet von korrosionsbeständigem Stahlguß sind Pumpen. Hierbei tritt als zusätzliches Problem eine beschleunigte Werkstoffzerstörung als Folge der Strömungsgeschwindigkeit auf. Bild 2.14 zeigt schematisch den Einfluß einer steigenden Strömungsgeschwindigkeit auf den Abtrag verschiedener Werkstofftypen in Medien mit niedrigen pH-Werten und hohem Schwefelwasserstoffgehalt. Man sieht, daß ganz allgemein mit steigender Strömungsgeschwindigkeit der Abtragsverlust zunimmt, wobei es offenbar bei bestimmten Werkstoffen eine kritische Strömungsgeschwindigkeit gibt. Der Einfluß der hohen Strömungsgeschwindigkeit beruht darauf, daß die Passivschicht ganz oder teilweise abgebaut wird. Hinzu kommt die mögliche Kavitation. Bei der Konstruktion von Pumpen muß man darauf achten, daß diese kritische Strömungsgeschwindigkeit, die sowohl vom Werkstoff als auch vom Fördermedium abhängt, nicht überschritten wird. Andererseits wird gerade im Bereich mäßiger Strömungsgeschwindigkeit oft eine erhöhte Beständigkeit beobachtet, da mit der Strömung laufend Sauerstoff zugeführt wird, und Lokalkorrosion, wie Lochfraß, nicht auftritt. Als Beispiel zeigt Bild 2.15 das Verhalten eines Duplexstahlgusses in ruhender und strömender Schwefelsäure unterschiedlicher Konzentration und Temperatur.

Während früher in solchen Anlagen, hier sei vor allem die Düngemittelindustrie genannt, fast ausschließlich austenitische Stähle verwendet wurden, werden heute in zunehmendem Maße kupferlegierte Duplexstähle eingesetzt. Bild 2.16 zeigt den Vergleich zwischen dem austenitischen Stahlguß 1.4500 und dem in Bild 2.15 bereits gezeigten nicht genormten Duplexstahlguß in ruhender Schwefelsäure. Der Vorteil des Duplexstahles besteht vor allem in seiner höheren Festigkeit und damit höheren Beständigkeit gegen Erosion durch in der Schwefelsäure enthaltene Feststoffteilchen.

Auf das Problem des gemeinsamen Angriffes von Korrosion und Erosion werde ich zum Schluß noch einmal zurückkommen.

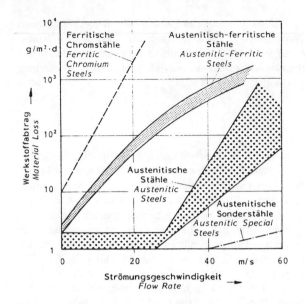

Bild 2.14:
Einfluß der Strömungsgeschwindigkeit auf den Werkstoffabtrag in Medien mit hohem H_2S-Gehalt und tiefen pH-Werten (6)

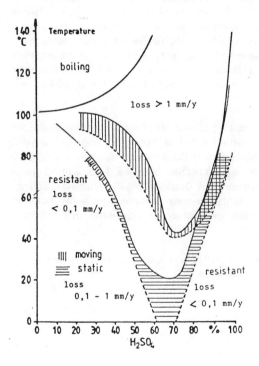

Bild 2.15:
Isokorrosionskurven von Duplexstahlguß 1.4469 (0,03 % C – 25 % Cr – 7 % Ni – 2.5 % Mo – 0,2 % Cu – 0,15 % N) in belüfteter H_2SO_4 unter statischen Bedingungen und im durchströmten Rohr (7)

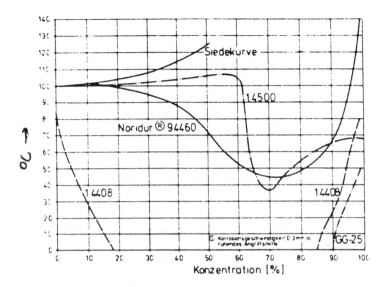

Angriffsmittel H_2SO_4 belüftet. Strömungsgeschwindigkeit 10 m/s. Korrosionsgeschwindigkeit 0,5 mm/a

Bild 2.16: Isokorrosionskurve verschiedener Werkstoffe in belüfteter, bewegter Schwefelsäure (7)

2.3.4 Martensitische und ferritisch-carbidische rostfreie Stahlgußsorten

Rein ferritische Stähle mit niedrigen Kohlenstoff- und Stickstoffgehalten, die als Walzstähle zunehmend Bedeutung gewinnen, können, wie erwähnt, als Gußwerkstoffe nicht verwendet werden, da sie im Gußzustand ein sehr grobes Korn besitzen.

Durch Zusatz von Kohlenstoff und/oder Nickel werden sie jedoch umwandlungsfähig, so daß sie vergütbar sind, wodurch eine gewisse Kornverfeinerung erreichbar ist und die Werkstoffe bessere Zähigkeitseigenschaften erhalten. Auf dieser Basis ist eine Reihe von Stahlgußwerkstoffen entwickelt worden.

Stähle mit Chromgehalten unter 18 % können dann, genauso wie niedriglegierte Stähle durch Glühen, Abschrecken und Anlassen vergütet werden. In Tabelle 2.9 sind derartige Stähle zusammengestellt. Aufgrund des relativ niedrigen Chromgehaltes, der ja z. T. noch in Form von Carbiden abgebunden ist, ist ihr Korrosionswiderstand allerdings vergleichsweise bescheiden, so daß die Stähle mit dem höchsten Chrom- und Molybdängehalt gerade die Korrosionsbeständigkeit eines austenitischen Chrom-Nickel-Stahles erreichen. Ihr Vorteil ist die hohe Festigkeit bei zugleich ausgezeichneter Zähigkeit bis zu sehr tiefen Temperaturen, gute Kavitationsbeständigkeit, gute Beständigkeit gegen durch Schwefelwasserstoff verursachte Rißbildung und gute Schweißeignung. Diese Eigenschaften beruhen auf ihrem Gefüge, das aus angelassenem Martensit mit feinverteiltem stabilen Austenit besteht. Aufgrund ihres hohen Legierungsgehaltes besitzen sie eine hohe Durchhärtbarkeit, so daß Gußstücke mit Wandstärken von 3 bis 500 mm problemlos vergütet werden können. Hieraus ergeben sich die im unteren Teil der Tabelle 2.9 angeführten Anwendungsschwerpunkte, nämlich im Wasserturbinenbau und für große Wasserpumpen, wie sie für Speicherkraftwerke aber auch im Kühlkreislauf von konventionellen und Kernkraftwerken benötigt werden. Ein anderes Anwendungsgebiet für auf hohe Festigkeit vergütete Stähle sind Laufräder und Gehäuse von Kompressoren. Außerdem werden diese Stähle in zunehmendem Maße besonders in der Offshoretechnik für durch mit H_2S verunreinigtem Erdgas beaufschlagte Armaturen verwendet. Bild 2.17 zeigt, daß die mechanischen Eigenschaften durch eine Anlaßbehandlung in relativ weiten Grenzen beeinflußt werden können, wobei Anlaßtemperaturen von 500 bis 650°C üblich sind. Zur Erzielung bester Zähigkeitskennwerte und höchster Beständigkeit gegen Schwefelwasserstoff ist eine mehrfache Anlaßbehandlung üblich. Der Werkstoff 13 4 ist von der NACE für Erdöl- und Erdgasarmaturen zugelassen.

Diese sogenannten weichmartensitischen Stähle haben heute Kohlenstoffgehalte, die üblicherweise unter 0,08 %, meist sogar unter 0,05 % liegen, um gute Zähigkeitseigenschaften und die Schweißeignung zu gewährleisten. Eine Erhöhung des Kohlenstoffgehaltes auf über 0,1 bis 0,2 % führt zu einer rapiden Verschlechterung der Zähigkeitskennwerte und der Schweißeignung. Dafür werden diese Stähle allerdings in zunehmendem Maße erosions- und abrasionsbeständiger. Allerdings geht der Korrosionswiderstand zurück, da ein zunehmender Teil des Chroms in den Chromcarbiden abgebunden wird. Derartige Stähle mit Kohlenstoffgehalten bis etwa 1 %, bis 20 % Cr, einigen % Ni und meist etwas Molybdän können vergütet werden, so daß sich verschleißbeständige Werkstoffe mit mäßiger Korrosionsbeständigkeit ergeben. Anwendungen für solche Werkstoffe sind Mahlkörper und Messer für die Zerkleinerung von Holz, Pappe und Textilabfällen, sowie in der Lebensmittelindustrie. Zur Steigerung der Korrosionsbeständigkeit kann natürlich der Chromgehalt erhöht werden, womit diese Stähle in zunehmendem Maße ferritisch werden und zum Schluß nicht mehr vergütbar sind bzw. nicht mehr vergütet werden, da dies keine Vorteile erbringt. Ich gehe zum Schluß auf diese Stahlsorten noch einmal unter dem Thema Korrosion und Verschleiß ein.

Tabelle 2.9: Martensitische Cr-Ni-Stähle mit niedrigem C-Gehalt

	Typ	DIN Werks.-Nr.	DIN Norm	Stahl-Eisen Werkst.-Blatt	VdTÜV Werkst.-Blatt	ASTM Norm
13-1	G-X 12 Cr 14 alt G-X 8 Cr 13 neu G-X 8 Cr 12 neu	1.4008 1.4008 1.4107	17445 17445 17245	–	–	A 296 CA 15
13-2	G-X 8 CrNi 13 2	–	–	–	–	–
13-4	(G-) X 5 CrNi 13 4	1.4313	(17445) neu	(410) 515 alt	395-9.77	A 296 CA 6 NM A 267 CA 6 NM A 487 CA 6 NM A 743 CA 6 NM A 182 F 6 NM
	X 3 CrNi 13 4 Schweißzusatz	1.4351	17145 8556.T 1	880	–	–
13-4-1	G-X 5 CrNiMo 13 4	1.4407 1.4414	–	St.-E-Liste Werkst.-Handb.	–	–
13-6	(G-) X 5 CrNi 13 6	(1.4318) alt	–	–	–	–
14-5 PH	X 6 CrNiMoCu 14 5	–	–	–	–	–
16-5-1	(G-) X 4 CrNiMo 16 5	1.4405 1.4418	–	(410) neu	–	–
17-4	G-X 5 CrNi 17 4	–	–	St.-E-Liste	–	–
17-4 PH	X 5 CrNiCuNb 17 4	1.4542	–	–	–	A 461 A 564

Tabelle 2.9: Fortsetzung

Typ	Grobe Richtwerte für die kennzeichnenden Legierungselement Masse %						Erzeugnisformen XX Entwicklungs- und Anwendungsschwerpunkte			Dehngrenzenabstufungen $R_{p\,0,2}$ N/mm²	
Cr-Ni-Mo	C	Cr	Ni	Mo	Cu	NB	Guß	Schmiedestücke	Blech		
13-1	.10	13	1	–	–	–	XX	–	–	450	–
13-2	.05	13	1,5	.4	–	–	XX	–	–	480	–
13-4	.05	13	4	.4	–	–	XX	XX	XX	600	800
13-4-1	.05	13	4	1.5	–	–	X	X	–	600	800
13-6	.05	13	6	.4	–	–	XX	X	–	600	800
13-6-1	.05	13	6	1.5	–	–	X	X	–	600	800
14-5 PH[1]	.05	14	5	1.5	1.5	.2	X	XX	XX	650	900
16-5-1	.05	16	5	1.5	–	–	X	XX	XX	600	800
16-6	.05	16	6	–	–	–	XX	X	X	600	–
17-4	.05	17	4	–	–	–	XX	–	–	600	–
17-4-1	.05	17	4	1.5	–	–	X	–	–	600	–
17-4 PH[1]	.05	16	4	–	3	.3	X	XX	XX	550	900	1200

[1] PH = precipitation hardening = Ausscheidungshärtung

Tabelle 2.9: Fortsetzung

Anwendungsschwerpunkte

Typ	Wasserturbinen		Pumpen		Verdichter			
	Laufräder Schaufeln	Gehäuseteile Gleitflächen	Laufräder Gehäuse	Wellen	Laufräder Schaufeln		Gehäuse	
	Guß Guß-Schweiß-Verbund	Schmiedestücke Auftragsschweißungen	Guß Guß-Schweiß-Verbund	Schmiedestücke	Guß	Schmiedestücke, Bleche, geschweißt	Guß	Schmiedestücke, Bleche, geschweißt
13-1	XX	–	XX	–	–	–	–	–
13-2	X	–	XX	–	–	–	–	–
13-4	XX	X	XX	XX	XX	X	XX	X
13-6	X	–	X	X	–	–	XX	X
14-5 PH	–	–	–	X	–	XX	–	–
16-5-1	–	X	X	X	–	X	–	XX
16-6	–	–	XX	X	–	–	–	–
17-4	XX	–	XX	–	–	–	XX	–
17-4PH	–	–	–	–	–	XX	–	–

Übersicht über weichmartensitische CrNi(Mo)-Stähle und Stahlgußsorten mit 13 bis 17 % Cr

Stahlsorte	Werkstoff-Nr.	% C	% Si	% Mn	% Cr	% Mo	% Ni
X 5 CrNi 13 4	1.4313	≤ 0,07	≤ 1,0	≤ 1,5	12,0 bis 13,5	≤ 0,7	3,5 bis 5,0
G-X 5 CrNiMo 13 4	1.4407	≤ 0,08	≤ 1,5	≤ 1,5	11,5 bis 13,5	0,5 bis 2,0	4,0 bis 5,0
G-X 5 CrNi 13 6	1.4318	≤ 0,08	≤ 1,5	≤ 1,5	11,5 bis 13,5	—	5,0 bis 6,5
X 5 CrNiMo 16 5 1	—	≤ 0,07	≤ 1,0	≤ 1,5	15,0 bis 16,5	0,5 bis 2,0	4,5 bis 6,0

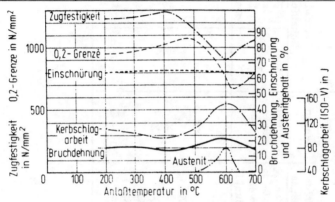

Bild 2.17a: Mechanische Eigenschaften und Austenitanteil des Stahles X 5 CrNi 13 4 in Abhängigkeit von der Anlaßtemperatur (8)

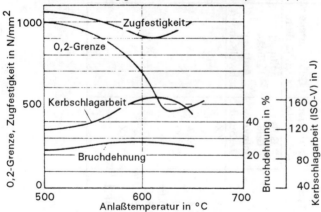

Bild 2.17b: Vergütungsschaubild des Stahlex X 5 CrNiMo 16 5 1 (8)

2.3.5 Austenitische Gußeisen

Gußeisen sind im Gegensatz zu Stahl dadurch gekennzeichnet, daß sie im Gefüge freien Graphit enthalten. Ihr Kohlenstoffgehalt liegt üblicherweise über 3 %. Der Graphit liegt im gewöhnlichen Gußeisen in Form von Lamellen vor, wie in Bild 2.18 gezeigt. Ein Werkstoff mit diesem Gefüge wird in großen Mengen als unlegiertes oder niedriglegiertes Gußeisen mit Lamellengraphit, oft als Grauguß bezeichnet, hergestellt. Durch Zusatz von einigen hundertstel Prozent Magnesium kann der Lamellengraphit in Kugelgraphit umgewandelt werden. Der Vorteil dieser kugeligen Graphitausbildung ist, daß Festigkeit und Zähigkeit des Werkstoffes wesentlich höher werden. Dieser Werkstoff gewinnt daher zunehmende Bedeutung, obwohl er teurer ist als Gußeisen mit Lamellengraphit. Die Mehrkosten beruhen nicht so sehr auf den Kosten des zugesetzten Magnesiums, sondern weil die gesamte Schmelzbehandlung, die Anschnitt- und Speisertechnik aufwendiger sind. Durch Zusatz von mindestens 20 % Nickel oder 15 % Nickel und 6 % Kupfer wird der Werkstoff voll austenitisch. Der Chromgehalt muß auf etwa 3 % begrenzt werden, da sonst anstelle des Graphits Carbide entstehen, die den Werkstoff bei Härten von etwa 500 HB zu spröde und unbearbeitbar machen. Die Korrosionsbeständigkeit beruht also auf der austenitischen hochnickelhaltigen Grundmasse. Aufgrund der günstigeren mechanischen Eigenschaften wird heute außer für Sonderfälle fast ausschließlich austenitisches Gußeisen mit Kugelgraphit hergestellt, trotz seines etwas höheren Preises. Zusammensetzung und Eigenschaften dieses Werkstoffes nach DIN 1694 sind in Tabelle 2.5 zusammengestellt. Austenitische Gußeisensorten werden für eine Vielzahl von Anwendungen hergestellt, nämlich als nichtmagnetisierbarer Guß, als kaltzäher Guß, als hitzebeständiger Guß, für bestimmte Gleitverschleißbeanspruchungen und schließlich auch als korrosionsbeständiger Guß. Hierfür sind jeweils spezielle Zusammensetzungsbereiche entwickelt worden, so daß die in der Tabelle 2.5 angegebenen Hinweise für die Verwendung zu beachten sind.

Die Graphitform spielt bei Korrosionsangriff keine Rolle, so daß sich austenitische Gußeisen mit Lamellen- und Kugelgraphit praktisch gleichartig verhalten. Der Vorteil des Kugelgraphits beruht, wie gesagt, nur auf den besseren mechanischen Eigenschaften. Anders sind die Verhältnisse bei Einsatz bei erhöhten Temperaturen, wo Gußeisen mit Lamellengraphit der inneren Oxidation unterliegt, bei der Sauerstoff entlang den Graphitlamellen ins Werkstoffinnere eindringt, und so zu einer wesentlich rascheren Werkstoffzerstörung führt, als bei Gußeisen mit Kugelgraphit.

Aufgrund des niedrigen Chromgehaltes ist bei austenitischen Gußeisen keine Passivierung wie bei korrosionsbeständigen Stählen möglich, sondern die Korrosionsbeständigkeit beruht einzig und allein auf dem Nickelgehalt der Grundmasse. Daher ist der Abtrag in der Regel höher als bei Stahl. Gußstücke aus

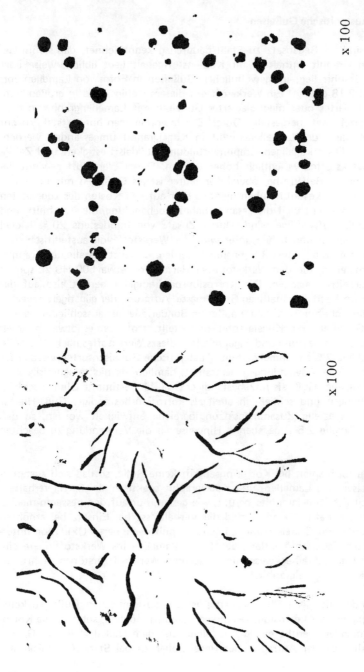

Bild 2.18: Lamellengraphit und Kugelgraphit in Gußeisen

austenitischem Gußeisen werden daher vorzugsweise aus Kostengründen verwendet. Die Werkstoffkosten sind zwar aufgrund des hohen Nickelgehaltes nicht wesentlich geringer als bei Chrom-Nickel-Stählen, jedoch ist die Fertigung der Gußstücke und deren Bearbeitbarkeit erheblich billiger. Die Gründe sind das wesentlich günstigere Lunker- und Schwindungsverhalten des graphithaltigen Werkstoffes, die um etwa 300°C niedrigeren Erstarrungstemperaturen, die zu wesentlich geringeren Problemen durch Reaktion und Anbrennungen des Formstoffes führen, und schließlich die durch den Graphitgehalt bewirkte bessere Zerspanbarkeit. Die Steckgrenze ist mindestens so gut wie bei austenitischem Chrom-Nickel-Stahl, und die möglicherweise um einige Hundertstel- oder Zehntel-Millimeter höhere Abtragungsrate pro Jahr spielt bei den für Gußstücke üblichen großen Wandstärken in der Regel keine große Rolle. Tabelle 2.10 zeigt den Vergleich von austenitischem Stahl und Gußeisen in Meerwasser. Hierbei zeigt sich ein wesentlicher Vorteil des austenitischen Gußeisens, nämlich seine weitgehende Unempfindlichkeit gegen Lochfraßkorrosion. In Tabelle 2.11 sind Vergleichswerte aus verschiedenen Betriebsstufen der Salzindustrie gegenübergestellt. Auch hier zeigt sich zwar ein geringerer Abtrag des korrosionsbeständigen Stahles, dafür aber eine Anfälligkeit gegen Lochfraßkorrosion. Die Korrosionsbeständigkeit der austenitischen Gußeisen nimmt mit steigendem Nickelgehalt zu. Dies gilt besonders bei Korrosion durch Alkalien. Ein steigender Chromgehalt verbessert ebenfalls die Korrosionsbeständigkeit, ist jedoch, wie gesagt, wegen der Carbidbildung begrenzt. Günstig wirkt sich allerdings ein gewisser Carbidgehalt auf das Verschleißverhalten aus. Für weitergehende Angaben über diese Werkstoffgruppe sei auf die Broschüre ,,Austenitisches Gußeisen — Eigenschaften und Anwendung", herausgegeben von der Zentrale für Gußverwendung, 1984, verwiesen. Zusammenfassend läßt sich sagen, daß austenitisches Gußeisen zwar nicht korrosionsbeständiger als korrosionsbeständiger Stahlguß ist, jedoch in vielen Fällen eine kostengünstigere Lösung darstellt.

Tabelle 2.10: Verhalten von austenitischem Stahl und Gußeisen gegenüber Lochfraß in Meerwasser (4)

Werkstoff	Abtragung [mm/a]	Widerstand gegenüber Lochfraß	Typische Lochfraßgeschwindigkeit [mm/a]
AISI 304 L (X 2 CrNi 18 9)	*)	gering	1,78
AISI 316 (X 5 CrNiMo 18 10)	*)	mäßig	1,78
GGL-NiCuCr 15 6 3	0,051 bis 0,076	gut	0,051 bis 0,1

*) Keine Angaben

Tabelle 2.11: Korrosionswerte aus Betriebsversuchen in der Salzindustrie mit GGL-NiCuCr 15 6 2 und Vergleichswerkstoffen [9]

Herstellungsverfahren und Medium	Prüfort, Prüfdauer	Belüftung	Bewegung	Temperatur [°C]	Werkstoff Abtragung [mm/a]		
					GGL-NiCuCr 15 6 2	Unleg. Gußeisen	Unleg. Stahl [2]	CrNi-Stahl AISI 316 [1]
Soleverdampfung NaCl-Trübe mit 14 % NaCl, 16,7 % CaCl2, 3,4 % MgCl$_2$ als kristallisierte Bestandteile; pH 6,4 gekalkt, pH 5,4, ungekalkt	in Salzabscheider eingetaucht; 78 d (gekalkt), 137 d (ungekalkt)	ohne	wenig	69	0,076	0,508		0,003 (0,33)
NaCl-Trübe mit 14,2 % NaCl, 21,1 % CaCl$_2$, 4,8 % MgCl$_2$ als kristallisierte Bestandteile; pH 6,0 gekalkt, pH 5,0 ungekalkt	in Salzabscheider eingetaucht; 78 d (gekalkt), 137 d (ungekalkt)	ohne	wenig	93	0,051	0,28		0,003 [3]
Dämpfe, enthaltend 0,0145 % CaCl$_2$, 0,0004 % MgCl$_2$, 0,004 % NaCl, 0,004 % NH$_3$	Dampfraum der 2. Stufe eines Dreistufenverdampfers; 268 d	ohne	etwas	58	0,051	0,56		0,003 [3] (0,38)
Gesättigter NaCl-Dampf und Luft (abwechselnd)	Einlauf der Salzpfanne; 30 d			93	0,124	1,78		

Tabelle 2.11: Fortsetzung

Herstellungs-verfahren und Medium	Prüfort, Prüfdauer	Belüftung	Bewegung	Temperatur [°C]	GGL-NiCuCr 15 6 2	Werkstoff Unleg. Guß-eisen Abtragung [mm/a]	Un-leg. Stahl [mm/a] [2]	CrNi-Stahl AISI 316 [1]
Luft, gesättigt mit NaCl-Dampf	Salzpfanne unter der Haube; 180 d			77 bis 82	0,04	0,66		
Salzeindampfung durch Gasflamme	offener Eindampfer; 14 d	etwas	beträchtlich	93	0,467	6,10	7,3	0,23 (0,25) [4] 1,07 (0,25)
NaCl-Trübe mit 9,8% NaCl, 21,6% CaCl$_2$, 5% MgCl$_2$ als krist. Bestandteile; pH 5,0	Abscheider; 92 d	mäßig	wenig	53	0,099	0,84		0,018 (0,25)
NaCl-Trübe mit 14,2% NaCl, 21,1% CaCl$_2$, 4,8% MgCl$_2$ als krist. Bestandteile; pH 5,0	Behälterboden; 92 d	mäßig	heftig	53	0,053	0,53 bis 2,8		0,005 (0,051)
Soleerhitzung NaCl-Trübe mit 14,2% NaCl, 21,1% CaCl$_2$, 4,8% MgCl$_2$ als krist. Bestandteile; pH 6,0 gekalkt, pH 5,0 ungekalkt	heiße Seite des Wärme-austauschers; 78 d (gekalkt), 137 d (ungekalkt)	ohne	1,2 m/s	96	0,038	0,28		0,003 [3]

Tabelle 2.11: Fortsetzung

Herstellungs-verfahren und Medium	Prüfort, Prüfdauer	Belüftung	Bewegung	Temperatur [°C]	Werkstoff			
					GGL-NiCuCr 15 6 2	Unleg. Gußeisen	Un-leg. Stahl [2]	CrNi-Stahl AISI 316 [1]
					Abtragung [mm/a]			
Flotationstrennung von Kaliumchlorid 5,8% K$^+$, 0,7% Mg^{++}, 7,12% Na$^+$, 16,4% Cl$^-$, 2,88% SO$_4^{--}$, 20% kristallisiertes NaCl	Dorr-Eindicker; 38 d	etwas	mäßig	25	0,25	0,35	0,89	0,076 (0,127)
Salzfiltrierung Gereinigte NaCl-Trübe aus Vakuumpfanne; 75% Sole, 25% Salzkristalle	Oliver-Filter; 90 d	beträchtlich	Trübe floß über Proben	32 bis 38	0,028			0,001

1) AISI 316 = X 5 CrNiMo 18 10
2) Eingeklammerte Werte geben die Tiefe des Lochfraßes in mm an.
3) Mögliche Spannungsrißkorrosion, ausgehend von Schlagmarken
4) AISI 302 = X 12 CrNi 18 8

2.3.6 Eisen-Silicium-Guß

Die Säurebeständigkeit von Gußeisen nimmt nach Durchlaufen eines Minimums zwischen 2 und 4 % Si mit steigendem Siliciumgehalt wieder zu. Die höchste Beständigkeit wird bei Siliciumgehalten über 14 % erreicht (Bild 2.19). Gußeisen mit derartig hohen Siliciumgehalten sind gegen praktisch alle oxidierenden und reduzierenden Säuren, mit Ausnahme von Flußsäure, beständig. Leider sind Werkstoffe dieser Art außerordentlich spröde und ähneln in ihren Eigenschaften fast der Keramik. Hierauf muß sowohl bei der Konstruktion als auch im Betrieb Rücksicht genommen werden. Der Werkstoff darf keiner Biegebelastung und keiner schlagartigen Belastung ausgesetzt werden. Er ist auch gegen Temperaturschock empfindlich, so daß Pumpen und Armaturen ggf. mit Dampf vorgewärmt werden müssen. Beim Transport von Bauteilen aus Siliciumguß muß entsprechend verpackt werden, und die Teile dürfen nicht geworfen werden. Bei der Montage und Demontage sind Hammerschläge und ähnliche Methoden zu vermeiden. Die Schweißeignung des Werkstoffes ist gering, jedoch können Schweißreparaturen durchgeführt werden, wozu allerdings entsprechende Informationen vom Hersteller eingeholt werden sollten. Die Herstellung der Gußstücke selbst ist nicht ganz einfach und setzt entsprechende Erfahrungen voraus, so daß es nur wenige Gießereien gibt, die Siliciumguß produzieren. Neben der Sprödigkeit und Schwindungsneigung des Werkstoffes stellt seine hohe Gaslöslichkeit das größte Problem dar, da die Abgüsse durch das bei der Erstarrung sich in Blasen wieder ausscheidende Gas stark porös sein können. Die Gießereien verfügen aber über das entsprechende know-how, um diese Probleme zu vermeiden.

Tabelle 2.12 gibt eine Übersicht über die üblichen Legierungstypen dieser Werkstoffgruppe. Um die Sprödigkeit möglichst gering zu halten, sind zwei Sorten mit 5 bzw. 8,5 % Si entwickelt worden, die allerdings nur für hochkonzentrierte Schwefelsäuren geeignet sind. Für schwächer konzentrierte Säuren muß der Werkstoff mit 15 % Si eingesetzt werden. Bild 2.19 zeigt den Vergleich zwischen dem Werkstoff mit 8 und 15 % Si. Man sieht, daß der höherprozentige Werkstoff auch die gefährlichen Konzentrationen zwischen 10 und 30 % Schwefelsäure beherrscht. Dagegen zerstören SO_2-haltige verdünnte Schwefelsäuren ebenso wie SO_3 diesen Werkstoff, so daß Siliciumguß in rauchender Schwefelsäure (Oleum) nicht verwendet werden kann. Auch die Zusätze von Chrom oder Molybdän erbringen hier keine Vorteile.

Wie für Schwefelsäure hat Siliciumguß auch ausgedehnte Verwendung für Salpetersäure gefunden. Es ist selbst gegen sehr aggressive hochkonzentrierte Säure und ihre Dämpfe weitgehend beständig. Heiße verdünnte Salpetersäurelösungen greifen Siliciumguß allerdings etwas an. Das Legieren mit Chrom bringt keine Vorteile, während der molybdänhaltige Siliciumguß sich noch etwas schlechter verhält.

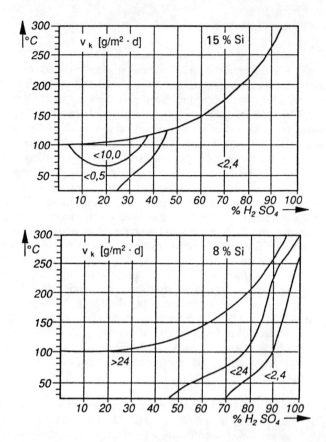

Bild 2.19: Verhalten von Eisen-Silicium-Guß mit 8 und 15 % Si in Schwefelsäure (10)

Für reine Salzsäure ist das 15 %ige Siliciumgußeisen, Nr. 3 aus Tabelle 2.9, bis etwa 10 % HCl und 30°C noch gut verwendbar (Bild 2.20). Für höhere Konzentrationen und Temperaturen ist die molybdänlegierte Variante Nr. 4 besser geeignet. Die Beständigkeit wird in großem Maße von der Reinheit der Säure bestimmt. Geringe Gehalte gelöster oxidierender Chloride wirken stark korrosionsfördernd. Man sollte daher die Anreicherung der Säure mit Eisenchloriden infolge längerer Einwirkungszeit vermeiden und die Salzsäurepumpen nach dem Fördervorgang restlos entleeren. Für verdünnte Säuren mit gelösten Eisen-III-Chloriden ist der chromlegierte Werkstoff Nr. 6 am besten geeignet. Flußsäure und ihre Salze, die ja bekanntlich Quarz angreifen, greifen alle Siliciumgußsorten sehr stark an. Auch Natrium- und Kaliumhydroxidlösungen lösen die Schutzschicht aus SiO_2, so daß es zu einem beträchtlichen Angriff kommt.

Tabelle 2.12: Hochkorrosionsbeständige Eisen-Siliziumlegierungen

	Kurzbe-zeichnung nach DIN	Werkstoff Nr.	Chemische Zusammensetzung (Richtanalyse) in %								
			C	Si	Mn	P	S	Cr	Ni	Mo	Cu
1	G-X 230 Si 5	–	2,30	5,00	0,50	0,08	0,05	(0,50)	1,00	–	–
2	G-X 140 Si 9	–	1,40	8,50	0,50	0,05	0,04	–	–	–	1,00
3	G-X 70 Si 15	–	0,70	15,00	0,50	0,05	0,04	–	–	–	1,00
4	G-X 70 SiMo 15 3	–	0,70	15,00	0,50	0,05	0,04	–	–	2,50	1,00
5	G-X 70 SiMo 15 5	–	0,70	15,00	0,50	0,05	0,04	–	–	5,00	1,00
6	G-X 90 SiCr 15 5	–	0,90	15,00	0,50	0,05	0,04	5,00	–	–	1,00

	Mechanische Eigenschaften								
	Zugfestigkeit N/mm^2	Streckgrenze N/mm^2	Bruchdehnung (L_0 – $5d_0$) %	Brucheinschnürung %	Härte nach HB (HRC)	Kerbschlagarbeit		Behandlungszustand	Schweißbarkeit
						DVM-Probe J	ISO-V Probe J		
1	~ 220	–	–	–	200 - 300	–	–	Gußzustand	keine Konstruktionsschweißungen möglich. Fertigungsschweißen in beschränktem Umfang vom Hersteller durchführbar
2	~ 150	–	–	–	~ 350	–	–	geglüht	
3	~ 120	–	–	–	~ 350	–	–		
4	~ 120	–	–	–	~ 350	–	–		
5	~ 120	–	–	–	~ 350	–	–		
6	~ 120	–	–	–	~ 350	–	–		

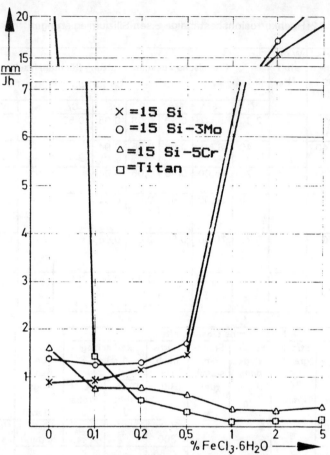

Bild 2.20: Verhalten verschiedener Sorten von Siliciumguß in eisenchloridhaltiger Salzsäure (10)

Silicumguß ist verhältnismäßig hart, besitzt aber recht gute Laufeigenschaften, so daß er für chemisch stark beanspruchte Lager verwendet werden kann. Die Legierungen sind galvanisch neutral, so daß jegliche Arten von Materialkombinationen auch in Gegenwart starker Elektrolyten eingesetzt werden können, ohne daß es zu Lokalelementen kommt.

Ein wichtiges Anwendungsgebiet für Siliciumguß sind Anodenwerkstoffe für den kathodischen Korrosionsschutz im Erdboden oder im Meerwasser, da der Werkstoff ja nicht edler als Eisen ist, sondern lediglich durch die SiO_2-Schicht geschützt wird. Ein Vorteil ist, daß beiden Komponenten Eisen und Silicium nicht umweltschädlich sind.

2.3.7 Gegen Verschleiß und Korrosion beständige Eisengußwerkstoffe

Der gemeinsame Angriff von Verschleiß und Korrosion führt zu einer besonders raschen Werkstoffzerstörung. Durch den Verschleiß wird einerseits die Passivschicht oder die schützende Schicht aus Korrosionsprodukten abgetragen, während andererseits die Schicht aus Korrosionsprodukten in der Regel einen geringeren Verschleißwiderstand als der Grundwerkstoff besitzt. Hinzu kommt, daß bei vielen Verschleißvorgängen eine starke mechanische Beanspruchung und Verformung der Oberfläche auftritt, die ihre Korrosionsanfälligkeit erhöht, bis hin zur Spannungsrißkorrosion oder Schwingungskorrosions. Bild 2.21 gibt ein Beispiel aus der Phosphatindustrie. Die Gegenwart von Feststoffen erhöht den Abtrag, also die Korrosionsrate bei allen untersuchten Stählen um ein Mehrfaches. In den meisten anderen Industriezweigen ist es ähnlich. Mit diesen Tatsachen muß man leben, sofern man nicht auf Auftragsschweißungen mit sehr verschleißbeständigen und zugleich inhärent korrosionsbeständigen Werkstoffen, beispielsweise Cobaltbasislegierungen oder nichtmetallische Auskleidungen zurückgreifen kann oder will.

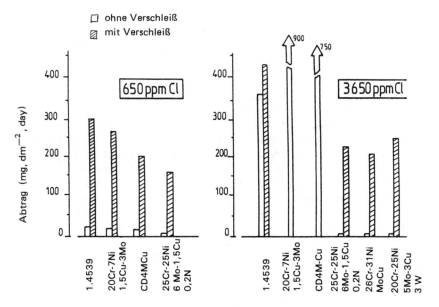

Bild 2.21: Einfluß von Verschleiß durch Feststoffe und des Chloridgehaltes in Phosphorsäure mit 30 % P_2O_5 bei 80°C

Bei der Auswahl eines günstigen Eisenwerkstoffes gibt es kaum Regeln und sehr viel Empire. Einige wesentliche Fragen sind allerdings zu beantworten:

- Überwiegt Korrosion oder Verschleiß?
- Wird die Anlage ständig betrieben oder treten längere Stillstandzeiten auf, wobei das korrosive Medium in der Anlage verbleibt?

Wenn die Korrosion überwiegt, wird man auf einen hinreichend korrosionsbeständigen Werkstoff zurückgreifen, d. h. in der Regel auf einen Stahlguß mit hohem Chrom-, Nickel-, Molybdän- und Kupfergehalt und niedrigem Kohlenstoffgehalt. Zur Bekämpfung des Verschleißes kann man versuchen, den Stahl härter zu machen. Eine Kaltverfestigung bringt in der Regel wenig, da sie ohnehin während des Verschleißvorganges stattfindet. Hinzu kommt die Gefahr von Spannungsrißkorrosion. Anstelle von austenitischen Stählen kann man Duplexstähle wählen, die eine höhere Festigkeit besitzen. Bei diesen Stählen besteht außerdem die Möglichkeit, durch eine Wärmebehandlung, die einer Aushärtung entspricht, eine weitere Härtesteigerung zu erzielen, wobei, wenn diese Wärmebehandlung richtig geführt wird, der Verlust an Korrosionsbeständigkeit nur gering zu sein braucht. Eine zweite Möglichkeit zur Steigerung der Verschleißbeständigkeit besteht in einer Anhebung des Kohlenstoffgehaltes, wodurch in das Gefüge sehr harte Sondercarbide eingebaut werden. Hierdurch wird natürlich ein Teil des Chroms abgebunden, und der Korrosionswiderstand geht zurück. Wie weit man mit der Aushärtung oder der Erhöhung des Kohlenstoffgehaltes gehen kann, hängt von den Einsatzbedingungen und in starkem Maße auch von der Beantwortung der zweiten Frage, nämlich „immer strömendes Medium oder längere Stillstandzeiten?" ab.

In Bild 2.22 sind der Einfluß des Kohlenstoff- und Chromgehaltes auf das Gefüge und die Korrosionsbeständigkeit von Chromstählen dargestellt. Da für die Korrosionsbeständigkeit das in der Grundmasse gelöste Chrom entscheidend ist, muß der Chromgehalt umso höher sein, je höher der Kohlenstoffgehalt liegt. Mit steigendem Kohlenstoffgehalt nehmen Verschleißbeständigkeit und Härte zu, leider aber auch die Sprödigkeit. In einem bestimmten Bereich sind die Stähle rostfrei, wenngleich nicht mehr säurebeständig. Sie können aber auf Martensit gehärtet werden, wodurch sich eine besonders gute Verschleißbeständigkeit ergibt. Bei mäßig korrosiven Medien läßt sich ein gewisser Abtragungsverlust durchaus tolerieren, solange das Medium in Bewegung ist. Gefährlich wird es jedoch, wenn chloridhaltige Lösungen bei Stillstandzeiten in der Anlage verbleiben, da es dann zu katastrophalem Lochfraß und Spaltkorrosion kommen kann.

Ein Anwendungsbereich, in dem solche Probleme neuerdings zur Diskussion stehen, sind die REA-Anlagen, in denen eine schwefelsäurehaltige, feststoffhaltige und chloridhaltige Trübe anfällt, die durch Pumpen gefördert werden muß. Ein Werkstoff, der sich für Pumpen dieser Art gut bewährt hat, ist der Werkstoff Nr. 1.4464 (G-X 40 CrNiMo 27 5) nach Stahleisenwerkstoffblatt 410. Es handelt sich um einen carbidhaltigen Duplexstahlguß. Er kann bei

bei nicht zu niedrigen pH-Werten und nicht zu hohen Chloridgehalten vorteilhaft eingesetzt werden, da er einen günstigen Kompromiß zwischen Kosten, Erosions- und Korrosionsbeständigkeit besitzt. Voraussetzung ist allerdings, daß das System bei Stillstand der Anlage entleert und mit Frischwasser gespült wird, da sonst eine Zerstörung durch Lochfraßangriff erfolgt.

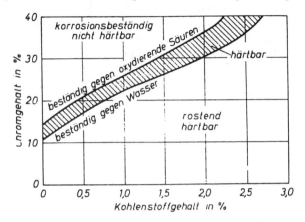

Bild 2.22: Einfluß des Kohlenstoffgehaltes auf die Korrosionsbeständigkeit von Chromguß

In Tabelle 2.13 ist eine Reihe von Werkstoffen zum Einsatz bei Verschleiß und Korrosion, d. h. unter tribochemischen Bedingungen, zusammengestellt. Die unter Nr. 1 aufgeführten Chromgußeisen im hier angegebenen Zusammensetzungsbereich besitzen eine gute Verschleißbeständigkeit und sind in wässrigen, ganz schwach sauren Lösungen gerade noch beständig. Bei niedrigen pH-Werten unterliegen sie allerdings einem starken Korrosionsangriff (vgl. Tabelle 2.14), sind jedoch einsetzbar, solange der Verschleiß die bei weitem überwiegende Angriffsart ist. Bei noch schärferen Verschleißbedingungen können die Kohlenstoffgehalte dieser Werkstoffart bis auf 3 % erhöht werden, womit man zu den in den Tabellen 2.6 und 2.4 zusammengestellten verschleißbeständigen Gußeisen nach DIN 1695 kommt. Unter den in diesen Tabellen aufgeführten Werkstoffen sind für Bedingungen, wo Korrosion auftritt, vor allem die hochchromlegierten Werkstoffe geeignet, weniger dagegen die nickel-chromlegierten Sorten. Die in Tabelle 2.13 weiter aufgeführten Sorten 2 bis 5 sind carbidisch-ferritische Chromstähle mit hohem Gehalt an Sondercarbiden, die einen recht weiten Anwendungsbereich gefunden haben. Die molybdänlegierten Sorten haben eine etwas bessere Beständigkeit in Gegenwart von Chloriden. Ein wichtiges Anwendungsgebiet dieser Werkstoffe liegt in der Phosphatindustrie. Bei den folgenden Werkstoffen 6 bis 14 handelt es sich um carbidhaltige martensitische Chromstähle, die von entsprechenden Werkzeugstählen abgeleitet sind. Sie sind in der Regel bestenfalls rostfrei oder korrosionsträge, können jedoch für viele

Sonderfälle gut verwendet werden. Die Stähle 15 bis 18 sind die bereits erwähnten Weichmartensite. Die Sorten 19 und 20 sind ebenfalls Weichmartensite, die aber zusätzlich ausgehärtet werden können. Sie sind allerdings in der Fertigung sehr schwierig und bieten in der Regel keine besonderen Vorteile gegenüber den einfachen Weichmartensiten, tauchen jedoch in vielen, vor allem ausländischen, Spezifikationen auf. Der Werkstoff 21 ist ein aushärtbarer Sonderstahl. Große Bedeutung unter diesen Einsatzbedingungen haben in den letzten Jahren die Duplex-Stahlgußsorten gewonnen, eine Entwicklung, die vor allem durch den Bau der REA gefördert wurde. In der Tabelle 2.14 sind daher die wichtigsten Sorten mit ihrem Markennamen zusammengestellt. Außerdem können in REA auch Chromgußeisen verwendet werden, die ebenfalls in der Tabelle enthalten sind.

Tabelle 2.13: Werkstoffe zum Einsatz unter tribochemischen Bedingungen

Nr.	Sorte	Werkstoff Nr.	Zusammensetzung in %						Härte HB
			C	Cr	Ni	Mo	Cu	sonstige	
1	Chromgußeisen		1,6–1,8	27		2	(2)		300 - 450
2	G-X 120 CrMo 29 2	1,4138	1,2	29		2,2	(1)		300 - 420
3	G-X 120 Cr 29	1,4086	1,2	29			(1)		300 - 420
4	G-X 70 CrMo 29 2	1,4136	0,4–0,7	29		2,2	(1)		250 - 300
5	G-X 70 Cr29	1,4085	0,4–0,7	29			(1)		250 - 300
6			1,9	20	1,5			2W, Co, V	600
7	X 105 CrCoMo 18 2	1,4528	1,05	18	3,5	1,2		1,5 Co, V	bis 600
8			0,9	17		0,5			500
9	X 90 CrMoV		0,9	18		1,2			bis 600
10	Cr16-Ni	1,4112	0,8	16	2	(0,5)			500
11	X 55 CrMo 14	1,4410	0,58	14		0,5		V	bis 550
12	X 45 CrMoV 15	1,4116	0,47	15		0,5		V	bis 550
13	Cr 13 Mo (CA-40)		0,2–0,4	13	(1)	0,6			bis 530
14	G-X 22 CrNi 17	1,4059	0,23	17	1,5	(1)			450
15	G-X 20 Cr 14	1,4027	0,22	13	1	(1)			450
16	G-X 12 Cr 14 (CA-15)	1,4008	0,12	13	1				430
17	G-X 5 CrNi 13 4	1,4313	0,03–0,06	13	4	(0,6)			250 - 360
18	G-X 5 CrNi 16 5	1,4405	0,03–0,06	16	5	(2)			250 - 430
19	17-4-Cu		0,04–0,08	17	4,5	1,5	2,5		350
20	17-4 PH (CB 7 Cu)		0,04	17	4		2,5	0,25 Nb	bis 420
21	Illium PD		0,04	27	5	2		7 Co	260

Tabelle 2.14: Duplex-Stahlgußsorten verschiedener Hersteller und Chromgußeisen zum Einsatz für Pumpen von REA (11)

Kurzbezeichnung/Markenname/ Werkstoff-Nr.	Wichtigste Legierungselemente in %						Hersteller
	C	Cr	Ni	Mo	N	Cu	
G-X 6 CrNiMo 24 8 2, 1.44563	≤ 0,07	24	8	2,3	–	–	(SEW 410)
G-X 40 CrNiMo 27 5, 1.4464	0,40	27	5	2,3	–	–	–
4462.3	≤ 0,03	22	6,0	3,0	0,15	–	Böhler AG
4463.8	≤ 0,04	25	7,5	3,0	0,15	1,5	Böhler AG
4499.0	≤ 0,04	25	6,0	2,5	+	2,8	Böhler AG
URANUS 55 M	≤ 0,05	26	5,3	2,0	+	3,0	Creusot-Loire
URANUS 52 M	≤ 0,05	25	8,0	3,0	+	1,5	Creusot-Loire
URANUS 50 M	≤ 0,07	21	7,3	2,5	+	1,5	Creusot-Loire
GS 25 7 Cu	≤ 0,05	25	7	2,8	0,10	2,6	Dörrenberg Edelstahl
COR 27	≤ 0,03	25	6,5	2,7	0,18	–	Georg Fischer, G+F
COR 28	≤ 0,03	21	8,0	2,5	0,13	1,3	Georg Fischer, G+F
COR 29	≤ 0,03	25,5	6,5	2,7	0,18	3,0	Georg Fischer, G+F
COR 25	≤ 0,03	25,0	7,0	4,5	0,20	–	Georg Fischer, G+F
G-X 2 CrNiMoN 22 5, AF 21 NMN	≤ 0,03	22	6	3	+	–	Otto Junker GmbH
G-X 8 CrNiMo 27 5, AF 27 NMN	≤ 0,10	26	5	1,5	–	–	Otto Junker GmbH
G-X 3 CrNiMoCu 25 6, AF 25 NMN	≤ 0,08	25	5	3	–	2,5	Otto Junker GmbH
G-X 3 CrNiMoCu 24 6, NORIDUR 9.4460	≤ 0,04	25,7	6,0	2,5	+	3,1	KSB AG
G-X 3 CrNiMoCuN 24 6, NORICLOR NC 24 6	≤ 0,04	24,0	5,5	5,0	+	2,0	KSB AG
FERRALIUM Alloy 25 5	≤ 0,08	25,5	5,5	3,0	0,10	2,7	Langley Alloys Ltd.
FERMANEL	0,06	27,0	8,5	3,1	0,23	1,0	Langley Alloys Ltd.
G-X X 5 CrNiMo 28 5, HA 285	≤ 0,05	27	6	3,5	+	3,0	Rheinhütte
G-X 3 CrNiMoCu 26 6, MÄRKER G 4460 Cu	≤ 0,03	26	5,5	2,2	+	3,0	Schmidt & Clemens Edelstahlwerk
G-X 3 CrNiMo 25 6, 1.4591, MA 25/6	≤ 0,04	26	5,5	2,0	–	3,0	Thyssen Giesserei AG

Tabelle 2.14: Fortsetzung

Kurzbezeichnung	Werkstoff-Nr. Markenname	Wichtigste Legierungselemente				Typische Härte	Einsatz- gebiete
		C	Cr	Ni	Mo		
G-X 300 CrMo 15 3	0.9635	3,0	15	< 0,7	2,5	40 HRc	Nicht korrosive Suspensionen mit pH > 7 und ohne Chloride
G-X 300 CrMoNi 15 21	0.9640	3,0	15	1	2	bis	
G-X 370 CrNi 5 3	V 5100 [1]	3,7	5	3	–	65 HRc	
G-X 330 CrMoV 25	V 5600 [1]	3,3	25	–	< 1,0		
G-X 250 CrMo 15 3	NORIHARD NH 15 3 [2]	2,5	15	–	2,7	700 - 900 HV50	
G-X 260 CrMoNi 20 2 1	0.9645	2,6	20	1	2	40 HRc	Leicht korrosive, chloridhaltige Suspensionen
G-X 260 Cr 27	0.9650	2,6	27	< 1,2	< 1,0	bis	
G-X 300 CrMo 27 1	0.9655	3,0	27	< 1,2	1,5	65 HRc	
G-X 330 CrMo 20 3	V 5900 [1]	3,3	20	–	3,3		
G-X 170 CrMo 25 2	NORILOY NL 25 2 [2]	1,7	25	–	2	400 - 800 HV 50	
G-X 120 Cr 29	1.4086	1,1	29	–	–	260 HB bis 330 HB	
G-X 120 CrMo 29 2	1.4138	1,1	29	–	2,2		

[1] Hersteller: RHEINHÜTTE
[2] Hersteller: KSB AG

Tiefste pH-Werte: 7 bei den Sorten mit 15% Cr; 4 (in einigen Fällen 3) bei Sorten mit über 20% Cr und Mo-legiert.
Chloridgehalte: Unbedingt chloridfrei bei den Sorten mit 15% Cr; wenig chloridempfindlich sind die Sorten mit über 20% Cr, falls ein ausgewogenes Cr/C-Verhältnis vorliegt.
Feststoffgehalte: Stark abhängig von Legierungszusätzen und der Art und Korngrößenverteilung der Feststoffe.

153

3 Verarbeitung nichtrostender Stähle im Behälter- und Rohrleitungsbau

K. Schäfer

Die Rost- und Korrosionsbeständigkeit nichtrostender Stähle beruht auf ihrer Fähigkeit, in den meisten uns bekannten Medien eine Passivschicht auszubilden, die den Stahl vor weiterem Angriff schützt. Diese Schutzschicht ist nur einige Atomlagen stark und besteht im wesentlichen aus Chromoxid.

Bei bestimmten Angriffsbedingungen – und dazu gehören nicht nur einige besonders aggressive Medien, sondern auch ein Reihe unerwünschter Werkstoff- und Oberflächenzustände – kann es zu einem Aufreißen oder Abbau dieser o. g. Passivschicht kommen. In diesem Fall „rostet" auch der nichtrostende Stahl, wenngleich das Erscheinungsbild oft etwas von dem abweicht, welches wir von gewöhnlichen Stählen gewohnt sind: Nichtrostende Stähle korrodieren auch ohne sichtbaren Rost und : nichtrostende Stähle korrodieren meistens nicht über die gesamte Fläche, sondern nur örtlich begrenzt an wenigen Stellen. Dabei kann der Fortschritt der Korrosion an diesen Stellen dann aber sehr viel schneller als bei unlegierten Stählen vor sich gehen.

Durch entsprechende Legierungstechnik hat die Edelstahlindustrie vor allem in Zusammenarbeit mit der chemischen Industrie eine Vielzahl von nichtrostenden Stählen entwickelt, die gegenüber den Korrosionsformen
– interkristalline Korrosion
– Lochkorrosion
– Spaltkorrosion
– Spannungs- und Schwingungsrißkorrosion

weitgehend beständig sind. Dabei ist diese Beständigkeit jedoch nicht nur an die Legierungsgehalte, sondern im besonderen Maße an den Gefüge- und Oberflächenzustand geknüpft. Der optimale Zustand nichtrostender Stähle ist gebunden an den
– Oberflächenzustand
– Verformungszustand
– Wärmebehandlungszustand

Zur Erreichung bzw. Erhaltung dieser Voraussetzungen sollten die folgenden Punkte beachtet werden:

3.1 Oberflächenzustand

A) Die Oberfläche nichtrostender Stähle soll — auch nach der Verarbeitung — metallisch blank sein. Dies kann dadurch erreicht werden, daß der — blanke — Lieferzustand während der Verarbeitung durch äußerst schonende Behandlung aufrecht erhalten wird.
Dazu gehören z. B. Maßnahmen wie:

3.1.1 Bearbeitung nur mit Werkzeugen aus nichtrostenden Stählen

Bei praktisch jeder Berührung mit anderen Werkstoffen, vornehmlich Stahlwerkzeugen, kommt es zu einem mehr oder weniger großen Abrieb dieser Werkzeuge auf dem nichtrostenden Stahl. Dieser Abrieb verhält sich wie jeder Stahl: er rostet. Leider bleibt es nicht dabei, daß es dann nur zu einem Abrosten dieses Abriebs kommt, da unter dem Rost die Passivschicht des nichtrostenden Stahles verletzt wird. Auch der nichtrostende Stahl wird unter derartigen Stellen in Mitleidenschaft gezogen: er wird aktiviert.

Beachte: Der o. g. Werkzeugabrieb kann auch völlig unbeabsichtigt, z. B. durch Flugrost, Berührung mit Nagelschuhen, durch Ketten beim Be- und Entladen usw., erfolgen.

Als Gegenmaßnahmen neben der ordnungsgemäßen Verarbeitung mit nichtrostenden Werkzeugen sind Abdeckungen, Klebefolien u. ä. zu empfehlen.

3.1.2 Vermeidung von Mischbauweise

Bei Rohrmontagen wird es immer wieder beobachtet, daß für die Befestigung, Aufhängung oder Verbindung Zubehörteile wie Schellen, Schrauben, selbst Muffen u. ä. aus Stahl verwendet werden. Derartige Mischbauweisen sind aus mehreren Gründen problematisch:
Aufgrund des „edlen" Zustandes der nichtrostenden Stähle besteht die Gefahr der Kontaktkorrosion, wobei diese sich primär in einem beschleunigten Korrosionsangriff des unedleren Materials auswirkt. Dies gilt z. B. auch für verzinkte Teile. In Folge davon wird durch gebildete Rostschichten dann auch der Edelstahl geschädigt. Dabei ist die Grenze zwischen nur optischer Beeinträchtigung und Korrosionsgefährdung schwimmend. Sofern also — wie es wünschenswert, aber aus wirtschaftlichen Gründen nicht immer realisierbar ist — der alleinige Einsatz von Edelstahlzubehör nicht möglich ist, sollte zumindest darauf geachtet werden, daß diese Teile mit einem langlebigen Oberflächenschutz auf Kunststoffbasis versehen sind. Zur Vermeidung der Benetzung mit eisenhaltigem Schwitzwasser sollten Edelstahlleitungen nicht unterhalb von Baustahlleitungen verlegt werden.

3.1.3 Schutzgasabdeckung von Oberflächen, die über ca. 600°C erwärmt werden

Vor allem beim Schweißen, oder auch bei der Warmumformung, kommt es zur Bildung von Anlauffarben und — bei längerer Wärmeeinwirkung — Zunderschichten. Starke Anlauffarben oder Zunder zerstören ebenfalls die Passivschicht und stellen Bereiche verstärkter Korrosionsgefährdung dar. Zur Vermeidung müssen erwärmte Stellen mit Schutzgas abgedeckt werden. Dies geschieht z. B. beim Schutzgasschweißen im Lichtbogenbereich, jedoch ist zu beachten, daß auch die Wurzel vor Verbrennung und Verzunderung durch Schutzgas (im allgemeinen: Formiergas) zu schützen ist. Da eine vollständige Abdeckung des gesamten über 600°C erwärmten Bereiches nur selten möglich ist, sind Nacharbeitsvorkehrungen zur Beseitigung von Anlauffarben und Zunder zu treffen (vgl. unten). Anlauffarben sind etwa bis zur schwachen Gelbfärbung auch ohne Nachbearbeitung tragbar.

B) Ist es durch die Verarbeitung des blanken, passiven Oberflächenzustandes z. B. beim Schweißen oder Umformen mit Stahlwerkzeugen zur Ferrit- oder Zunderablagerung gekommen, müssen nichtrostende Stähle zur Aufrechterhaltung ihrer Korrosionsbeständigkeit zur Wiederherstellung des Ausgangszustandes nachbearbeitet werden. Diese Oberflächennachbearbeitung kann je nach vorhandenen Möglichkeiten und Bauteilbeweglichkeit erfolgen durch:
— Bürsten, Schleifen
— Strahlen
— Beizen

3.1.4

Verzunderte oder mit über den Gelbton hinausgehenden Anlauffarben bedeckte Oberflächen können durch Bürsten mit nichtrostenden Stahlbürsten oder mit Flächenschleifwerkzeugen gereinigt werden. Voraussetzung ist, daß diese Werkzeuge nur für die Bearbeitung von nichtrostenden Stählen eingesetzt werden und vorher nicht andere Werkstoffe mit ihnen bearbeitet wurden. Beim Schleifen ist darauf zu achten, daß nur mit mäßigen Anpreßdruck, der nicht zu einer starken Erwärmung und in Folge davon zu neuer Anlauffarbenbildung oder/und hohen Oberflächenspannungen führt, gearbeitet wird. Der Endschliff sollte nicht zu grob sein und etwa einer 120er Körnung oder feiner entsprechen. Es empfiehlt sich, nach dem Schleifen oder Bürsten mit klarem Wasser oder — besser — einer verdünnten Salpetersäure (ca. 10 — 15 %) nachzuspülen.

3.1.5

Das Strahlen von Oberflächen nichtrostender Stähle ist — bei fachgerechter Durchführung — ein geeignetes, aber nicht unproblematisches Verfahren zur

Erzielung eines optimalen Oberflächenzustandes. Die wesentlichen Nachteile liegen in der Empfindlichkeit selbst gegen geringste Ferritverunreinigungen des Strahlgutes, in der Notwendigkeit zur Anwendung ferritfreier Strahlmittel, wie z. B. Korund oder Glasperlen, die hohe Kosten verursachen, und in der Gefahr, während der vorherigen Verarbeitung eingetragenen Ferritabrieb nicht sicher und vollständig zu beseitigen. Außerdem kann eine gewisse Aufrauhung der Oberfläche bei Einsatz vorher sehr glatter Bleche (z. B. Ausführung IIIc oder IIId) nicht vermieden werden.

Vorteile des Strahlens sind zum einen in der entfallenden Notwendigkeit einer teuren Abwasser- und Altsäurebeseitigung, wie sie das Beizen erfordert, zu sehen, zum anderen tritt durch das Strahlen eine zusätzliche Verdichtung der Oberfläche und Druckverfestigung auf, die z. B. die Spannungsrißkorrosionsbeständigkeit verbessern kann.

Deshalb: Strahlen ja, aber nur nach intensiver fachgerechter Überlegung.

3.1.6

Das im Apparatebau nach wie vor üblichste Verfahren zur Oberflächenbehandlung von nichtrostenden Stählen nach der Verarbeitung ist das Beizen, d. h. die Entfernung nicht artgleicher Verunreinigungen oder Oxide durch chemische Mittel. Dabei sind in erster Linie zwei Verfahren zu unterscheiden: das Tauchbeizen und das Pastenbeizen.

a) Soweit es möglich ist, das gesamte Bauteil in ein Bad einzubringen, erfolgt das Tauchbeizen am zweckmäßigsten in einem Säuregemisch aus rd. 15 – 20 % Salpetersäure, 2 – 4 % Flußsäure, Rest Wasser. Je nach Oberflächenzustand liegen die erforderlichen Beizzeiten zwischen 15 Minuten und einigen Stunden. Mit zunehmender Temperatur steigt die Aggressivität der Beize und damit die Gefahr des Überbeizens, die vor allem durch rauhe, graue Flächen im Schweißnahtbereich sichtbar wird. Neben überhöhter Beizdauer oder zu hohen Badtemperaturen kann auch ein zu hoher Eisengehalt oder Fluoranteil im Bad zu Beizschäden führen. Ein ständiges Nachsäuern eines verbrauchten Beizbades ist deshalb zu vermeiden, da sich dadurch unkontrolliert hohe Eisengehalte ergeben. Durch das Beizen werden sowohl Zunderrückstände als auch ferritische Ablagerungen entfernt. Größte Sorgfalt ist auf eine intensive Nachspülung mit sauberem Wasser zu legen, da andernfalls die Gefahr besteht, daß in schlecht zugänglichen Zonen Restsäure verbleibt, die bei längerer Lagerung zu starken örtlichen Korrosionsangriffen führen kann.

Ein sog. Passivieren in einer 15 %igen Salpetersäure nach dem Beizen kann zweckmäßig sein, ist aber nicht unabdingbar. Andere Beizbäder, vor allem salzsäure- oder chloridhaltige Mittel, sind zu vermeiden.

b) Für ein örtliches Beizen von Baustellennähten, aber auch innerhalb der Werkstättenfertigung, ist die Anwendung von im Fachhandel erhältlichen Beizpasten durchaus zu empfehlen. Diese werden durch Pinseln oder Sprühen aufgetragen und trocknen nach der Reaktion von selbst ein, so daß die Beizdauer sich dadurch im allgemeinen selbst begrenzt. Zu beachten ist auch bei derartigen Beizmitteln der Hinweis auf die Chloridfreiheit, welche bei dem überwiegenden Anteil der handelsüblichen Beizpasten gewährleistet wird. Entsprechend den angegebenen Betriebsanweisungen sind die Beizrückstände durch Bürsten und nachfolgendes Spülen zu entfernen.

3.2 Umformung

A) Austenitische nichtrostende Stähle sind aufgrund ihrer hohen Dehnungsreserven sehr gut kaltumformbar. Mit zunehmender Umformung unterhalb der sog. Rekristallisationstemperatur, d. h. unterhalb rd. 600°C, steigen die Festigkeitskennwerte wie Zugfestigkeit, Streckgrenze (0,2- und 1 %-Dehngrenze) und Härte bei austenitischen Stählen stärker an als bei un- und niedriglegierten „schwarzen" Stählen: sie verfestigen.
Diese Verfestigung führt zu einer Verringerung des weiteren Dehnvermögens und der Zähigkeit. Der Kraftaufwand für eine weitere Umformung steigt, ebenso die Gefahr des Bruches und stärkerer Rückfederung. Als Faustregel geht man deshalb im deutschen Normenwesen (AD-Regelwerk) davon aus, daß zur Erhaltung einer Restbruchdehnung von 15 % Kaltumformungsgrade über 15 % nicht angewendet werden sollen, so lange man nicht nach der Verformung die Teile glüht (vgl. Abschnitt 3.4). Dieses Zahlverhältnis von 15 zu 15 ergibt sich aus der überschlägigen Annahme einer Mindestbruchdehnung von 30 %, von der bei diesen Stählen im allgemeinen ausgegangen werden kann.

B) Neben den Zähigkeitseigenschaften kann auch die Korrosionsbeständigkeit negativ durch eine Kaltverfestigung beeinträchtigt werden. Hier ist es vor allem die Spannungsrißkorrosion, die bekanntlich nur dann eintritt, wenn Temperaturen oberhalb etwa 50°C, Chloridionen und Zugeigenspannungen vorliegen. Auch die Lochkorrosionsbeständigkeit wird bei sehr hohen Kaltumformungen verringert.

Es darf jedoch nicht unerwähnt bleiben, daß man die starke Verfestigungsneigung austenitischer nichtrostender Stähle auch ausnutzen kann: vor allem bei Verschleißbeanspruchungen ist eine erhöhte Härte erwünscht, ebenso kann bei kaltumgeformten Teilen mit erhöhter Streckgrenze gerechnet werden, was allerdings nur so lange gilt, so lange an diesen Teilen nach der Kaltumformung nicht geschweißt wird, also Verbindungen durch Schrauben, Bolzen usw. hergestellt werden.
Soll ein Kaltverfestigungszustand beseitigt werden, so ist dazu eine Glühbehandlung, nach Möglichkeit ein Lösungsglühen, erforderlich. Die Glühdauer beträgt in diesem Fall nur wenige Minuten (vgl. Abschnitt 3.4).

3.3 Schweißen

Es würde den Rahmen dieses Artikels sprengen, die gesamte Problematik des Schweißens nichtrostender Edelstähle abzuhandeln. Hier sei z. B. auf das ausgezeichnete Buch „Schweißen nichtrostender Stähle" von F. W. Strassburg, Deutscher Verlag für Schweißtechnik, Düsseldorf, 1976, verwiesen. Hier sollen im Vergleich zu üblichen „schwarzen" Stählen nur einige Besonderheiten des Schweißens nichtrostender Stähle erörtert werden, wobei die austenitischen oft als „V2A" und „V4A" bezeichneten Stähle der Werkstoff-Nummern 1,43..., 1.44..., nicht die ferritischen, im Vordergrund stehen.

Kennzeichnend für das andersartige Schweißverhalten sind drei Gesichtspunkte:
1. Die hohe Oxidationsneigung aufgrund des Chromgehaltes;
2. die ca. doppelt so hohe Wärmeausdehnung und nur ca. halb so große Wärmeleitfähigkeit;
3. die zweiphasige, d. h. ferritisch-austenitische Erstarrung.

Aus 1. folgt, daß nichtrostende Stähle nur unter weitestgehendem Sauerstoffausschluß geschweißt werden müssen. Das bedingt vom Verfahren her die Anwendung des
— Metall-Lichtbogenschweißens (E) mit umhüllten Elektroden. Hier übernimmt die sich bildende Schlacke die Abschirmung gegen Luft.
— Schutzgasschweißens (SG), bei dem der Schmelzbereich durch ionisierte Inertgase wie Argon und Helium abgedeckt ist. Hierzu gehören das Wolfram-Inert-Gas (WIG)-Verfahren, das Metall-Inert-Gas (MIG)-Verfahren sowie das Plasmaverfahren.

— Unterpulver-Schweißens (UP), wo wiederum die aus dem Pulver gebildete Schlacke den Badschutz übernimmt.

Besondere Beachtung ist auf den Schutz der Blechunterseite, die sog. Wurzelspitze, zu legen. Hier muß ebenfalls mit Hilfe von Schutzgas, im allgemeinen Formiergas, ein Stickstoff-Wasserstoff-Gemisch, oder durch Schlacke der Zutritt von Sauerstoff vermieden werden. Als Vorrichtung dienen gedüste oder profilierte Schienen, schlackebeschichtete Klebebänder u. ä. Im Rohrleitungsbau kommt auch das abschnittweise Begasen des gesamten Schweißbereiches zur Anwendung.
Die Auswahl des anzuwendenden Schweißverfahrens wird im wesentlichen von Blechdicke, Mechanisierungsgrad und Werkstoff bestimmt.

Der Punkt 2 — Wärmeausdehnung und Wärmeleitfähigkeit — bestimmt zum einen die starke Schrumpfneigung, zum anderen die Notwendigkeit gesteuerter Wärmezufuhr und — bei dickeren Querschnitten — zusätzlicher Abkühlvorrichtungen.

Zu Punkt 3: Der Legierungsaufbau der austenitischen Stähle ist so gesteurt, daß — mit wenigen Ausnahmen einiger Sonderstähle — das zuerst erstarrende Schweißgut einen teilweisen ferritischen Gefügeaufbau (Delta-Ferrit) ausweist. Der Vorteil dieser ferritischen Erstarrung liegt in dem Lösungsvermögen für Verunreinigungen wie Phosphor und Schwefel, so daß z. B. stickstofflegierte Stähle mit ferritfreier Erstarrung anfällig gegen sog. Heißrisse sein können. Im allgemeinen sind 4 — 8 % Deltaferrit im Schweißgut nach der Abkühlung durchaus erwünscht. Die Legierungszusammensetzung von Blechen und vor allem Schweißzuständen gewährleistet die Einhaltung dieser Werte im allgemeinen, das sog. Schaeffler- oder neuerdings auch De Long-Diagramm ermöglicht, aus der Analyse des Ausgangswerkstoffes den zu erwartenden Deltaferritgehalt zu bestimmen. Der vom Schweißen her zu begrüßende Ferrit kann aber auch nachteilige Auswirkungen haben, z. B. auf die Beständigkeit in Salpetersäure oder bei der Warmumformung von Schweißnähten. Hier kann z.B. durch eine nachträgliche Glühung der Schweißbereiche Abhilfe geschaffen werden.

Ferritische nichtrostende Stähle, z. B. 1.4510/11/12 u. ä. eignen sich grundsätzlich schlechter zum Schweißen, vor allem bei großen Querschnitten, z. B. Blechdicken größer = 3 mm. Der Grund liegt vor allem in der Neigung zur Grobkornbildung und geringen Kohlenstofflöslichkeit.

In Kürze noch einmal zusammengefaßt:
Das Schweißen nichtrostender Stähle erfordert die Auswahl (elektrischer) Sauerstoffzutritt-vermeidender Verfahren (E, SG, UP), gezieltes, nicht zu hohes Wärmeeinbringen, Wurzelabdeckung, Berücksichtigung von erhöhten Schrumpf- und Wärmespannungen, höchste Sorgfalt bei der Kantenvorbereitung in bezug auf Fett- und Schmutzfreiheit. Verzunderte Bereiche sind nach dem Schweißen wieder in den metallisch blanken Zustand zu bringen (vgl. Abschnitt 3.13). Blech- und Schweißzusatzwerkstoffe sind so auszuwählen und abzustimmen, daß Mindestferritgehalte von rd. 4 % gewährleistet sind.

3.4 Wärmebehandlung

A) Grundsätzlich werden die Halbzeuge (Bleche, Bänder, Stabstahl) aus nichtrostenden austenitischen Stählen im lösungsgeglühten Zustand angeliefert. Ob nach einer Verarbeitung dieser Halbzeuge durch Kalt- oder Warmverfestigung, durch Schweißen usw. die so erzeugten Bauteile, wie z. B. Rohre, Behälter, Profile, noch einmal vor ihrem Einsatz wärmebehandelt werden müssen, ist von einer Vielzahl von Faktoren, z. B. Umformungsgrad und -temperatur, Werkstoff, Verwendungszweck, abhängig. Eine Richtlinie ist das AD-Regelwerk (Arbeitsgemeinschaft Druckbehälter), die in HP 7/3 besagt, daß erst nach einer Kaltumformung über 15 % eine Wärmenachbehandlung erforderlich ist.

Grundsätzlich sollte dann eine Wärmebehandlung erfolgen, wenn während der Verarbeitung unkontrolliert Wärme eingebracht wurde (z. B. Biegen mit Flamme) oder so stark kalt umgeformt wurde, daß Härten von über etwa 250 HV vorliegen. Allerdings darf dabei nicht übersehen werden, daß es Einsatzgebiete gibt, wo bewußt durch hohe Kaltumformung hohe Festigkeiten oder Härten auf Kosten der Zähigkeit erzwungen werden, um Verschleißfestigkeit, Abriebwiderstand o. ä. zu erhöhen.

B)
1. Der für die weitere Verarbeitung und Anwendung allgemein günstige Zustand austenitischer nichtrostender Stähle ist der *lösungsgeglühte* Zustand. Diesen erhält man durch ein Glühen (im allgemeinen in leicht oxidierender Atmosphäre) bei ca. 1020°C für die nichtmolybdänlegierten und bei ca. 1070°C für die molybdänlegierten Stähle mit nachfolgender möglichst schneller Abkühlung. Für die Glühdauer werden im allgemeinen 2 min/mm Wanddicke, mindestens jedoch 20 min gerechnet. Die Abkühlung kann bis zu Blechdicken von etwa 6 mm in ruhender, besser bewegter, kalter Luft erfolgen, bei höheren Wanddicken ist die Abkühlung im Wasser vorzuziehen. Der Grund liegt in der Notwendigkeit zur Unterdrückung der Chromkarbidbildung, die vorzugsweise im Temperaturbereich zwischen 600 und 800°C abläuft, und die zu einer Beeinträchtigung der Beständigkeit gegenüber interkristalliner Korrosion führen kann. Deshalb sollte — als Faustregel — der Bereich zwischen 800 und 600°C beim Abkühlen in weniger als 5 min durchlaufen werden.
Die Glühung beseitigt einerseits die durch die Weiterverarbeitung eingetretene Verfestigung, andererseits stellt sie den für eine Korrosionsbeanspruchung günstigsten Gefügezustand ein. Sofern in oxidierender Atmosphäre geglüht wird, muß anschließend, z. B. durch Beizen, eine Beseitigung des Glühzunders vorgenommen werden.

2. Neben dem Lösungsglühen kommen noch zwei weitere Wärmebehandlungsverfahren für austenitische nichtrostende Stähle in Betracht: Das *Stabilglühen* soll nur bei stabilisierten, d. h. mit Titan oder Niob legierten Stählen (1.4541, 1.4571) angewendet werden. Es besteht in einer Glühbehandlung bei rd. 930 bis 950°C von mindestens 30 min Dauer und verhindert durch die Bildung stabiler Karbidausscheidungen die Gefahr einer interkristallinen Korrosion. Wie das Lösungsglühen hebt es vorhandene Kaltverfestigungszustände durch Rekristallisation auf. Es sollte jedoch nur dann angewendet werden, wenn der Werkstoff bereits vorher einmal lösungsgeglüht vorlag, was beim Verarbeiten handelsüblicher Bleche und auch geschweißter Rohre der Fall ist.

3. Das *Spannungsarmglühen* findet im Temperaturbereich zwischen 500 und 580°C statt. Man wendet es an, wenn hohe Eigenspannungen oder Verfestigungen vorliegen, ein Lösungsglühen jedoch wegen zu hoher Verzugsgefahr

nicht möglich ist. Es ist zu berücksichtigen, daß hierbei Spannungen nur bis höchstens zur Warmstreckgrenze abgebaut werden, d. h. nicht restlos entfernt werden, daß dabei Zeiten von 6 bis 16 h angewendet werden müssen und daß schließlich vor allem in Gegenwart von Ferritanteilen, die z. B. im geschweißten, nicht gebeizten Zustand immer vorhanden sind, mit einer Beeinträchtigung der Korrosionsbeständigkeit gerechnet werden muß.

3.5 Werkstoffauswahl

Im Vordergrund der Werkstoffauswahl bei nichtrostenden Stählen steht das Kriterium der Korrosionsbeanspruchung. In erster Näherung müssen dabei die Kenngrößen: pH-Wert, Temperatur und Halogenionen (d. i. in der überwiegenden Zahl der Fälle der Chloridionengehalt) betrachtet werden. Ohne auf die zu einer exakten Beurteilung notwendigen elektrochemischen Grundlagen einzugehen, kann zugrundegelegt werden, daß mit abnehmendem pH-Wert, steigender Temperatur und steigendem Chloridgehalt die Aggressivität des Angriffsmittels erhöht wird. Unter Beachtung der Gefügestabilität kann diesen erhöhten Anforderungen im allgemeinen durch erhöhte Molybdän- und Chromgehalte begegnet werden. In der Stahlentwicklung hat diese Kenntnis zu der handelsüblichen Reihe 1.4306 – 1.4404 – 1.4435 – 1.4439 bis hin zu 1.4539 in Richtung steigender Lochkorrosionsbeständigkeit geführt. Eine „Nebenlinie" stellt der austenitisch-ferritische Stahl 1.4462 dar, der mit rd. 22 % Cr und 3 % Mo neben ausgezeichneter Lochkorrosionsbeständigkeit auch noch erhöhten Widerstand gegenüber Spannungsrißkorrosion aufweist.

Eine zusätzliche Anforderung erwächst aus der Notwendigkeit, daß die Stähle auch nach einem mehr oder weniger langen Verweilen im Temperaturbereich zwischen 800 und 600°C Chromkarbid-aussscheidungsfrei sein müssen, um die Gefahr der interkristallinen Korrosion zu vermeiden. Derartige Gefährdungen treten – je nach Querschnitt – vor allem dann auf, wenn die Stähle verschweißt und nach dem Schweißen einer freien Abkühlung unterworfen werden. Vor allem bei hochlegierten Sonderstählen wird die Minimierung dieser Gefährdung durch unter 0,03 % abgesenkte Kohlenstoffgehalte erreicht. Ein anderer Weg ist durch einen sog. Stabilisierungszusatz in Form von Titan oder Niob möglich, wie er vor allem in Deutschland z. B. mit den Stählen 1.4541 und 1.4571 beschritten wird.

4 Bildung und Einfluß von α'-Martensit auf die Spannungsrißkorrosion von Chrom-Nickel-Stählen[*]

Von F. Schreiber[***] und H.-J. Engell[**]

4.1 Einleitung

In Eisen-Chrom-Nickel-Legierungen mit austenitischem Gefüge kann sich kubisch-raumzentrierter Mertensit bilden (8, 9, 10, 11). Dies erfolgt durch einen diffusionslosen Umklapp-Prozeß, der während der Abschreckung auf Raumtemperatur ablaufen kann und durch eine weitere Unterkühlung oder durch eine Kaltverformung begünstigt wird.

Austenit-Martensit-Umwandlungen bei Eisen-Chrom-Nickellegierungen sind bereits mehrfach in Beziehung zur Beständigkeit von austenitischen Chrom-Nickel-Stählen gegen Spannungsrißkorrosionen (SRK) gebracht worden (2, 3, 4, 5, 6, 7).
Bei etwa gleicher Legierungszusammensetzung werden in der folgenden Arbeit diese Umwandlungen untersucht und die Auswirkungen verschiedener α'-Martensitgehalte auf das SRK-Verhalten ermittelt.

4.2 Korrosionssystem

Die nachfolgende Übersicht des gewählten Korrosionssystems soll zeigen, welche Versuchspartner konstant gehalten oder variiert wurden, siehe S. 164.

Als Versuchswerkstoffe sind Stähle mit 18 bis 19 % Chrom und etwa 10 % Nickel verwendet worden (Tabelle 4.1). Neben der technischen Legierung X10CrNiTi18 9 wurde eine Legierung mit rd. 19 % Cr und 10 % Ni mit und ohne Zusatz von 2 % Molybdän aus reinsten Ausgangsstoffen hergestellt, deren Festigkeitseigenschaften bei vorgegebenen Wärmebehandlungen in Tabelle 4.2 aufgeführt sind.

---

[*] Auszug aus der Dissertation von F. Schreiber, Universität Stuttgart, 1970.
[**] Max-Planck-Institut für Eisenforschung, Düsseldorf.
[***] mtu, München.

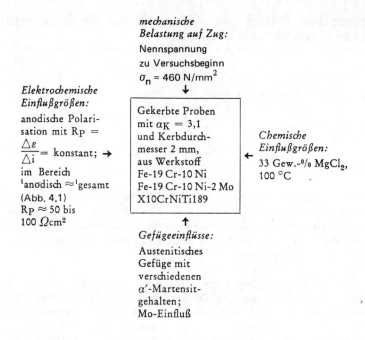

Vor dem Einfüllen des Elektrolyten in die Meßstellen wurden die Zugbelastungen mit einer zylindrischen Schraubenfeder aufgebracht, die Isolationswiderstände der Elektroden der elektrochemischen Zelle geprüft und die Bezugselektroden geeicht. Die Elektrolytkonzentration wurde an Hand der Siedepunktskurve nach Perschke und Kalinin auf 33 Gew.-% $MgCl_2$ eingestellt. Die Messungen wurden unter potentiostatischen Bedingungen durchgeführt (12). Ferner wurde durch differentielle Potentialänderungen der Polarisationswiderstand R_p gemäß

$$R_P = \left(\frac{\Delta \varepsilon}{\Delta i}\right) i \neq 0$$

$\Delta \varepsilon$ = Potentialdifferenz
Δi = Stromdichtedifferenz

bestimmt (Bild 4.1).

Der Polarisationswiderstand R_p kann als Maß für die jeweilige Bedeckung der Elektrode mit einer Passivschicht angesehen werden.
Während des Versuches ändert sich die Überspannung und damit die Polarisationsstromdichte wegen der langsamen Aktivierung der Proben durch den

Chlorid-Elektrolyten. Um Versuche bei vergleichbarem Oberflächenzustand bzw. gleicher Bedeckung durchzuführen, wurde bei einer Reihe von Proben der Polarisationswiderstand konstant gehalten. Hierzu wurde das Probenpotential in anodischer Richtung so lange verschoben, bis die R_p-Werte kleiner als 100 Ω cm^2 waren. Während des SRK-Versuches genügte es, den R_p-Wert in Zeitabständen von 5 bis 10 min durch das Probenpotential nachzuregeln.

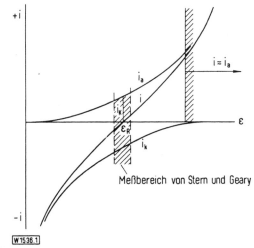

Bild 4.1: Überlagerung von Teilvorgängen der Korrosion zur Gesamtstromdichte

Bei Polarisationswiderständen unterhalb 100 Ω cm^2 ändern sich sie SRK-Standzeiten mit abnehmendem Polarisationswiderstand nur noch gering.

Tabelle 4.1: Chemische Zusammensetzung der Proben

Werkstoff	\multicolumn{10}{c}{Chemische Zusammensetzung in Gew.-%}
	C	Si	Mn	P	S	Cr	Mo	Ni	Ti	N	B
X10CrNiTi18 9	0,06	0,53	1,48	0,034	0,008	17,98	0,53	10,74	0,30	0,04	0,0007
Fe-19Cr-10Ni	0,003			0,003	0,01	18,6		10,45		0,014	
Fe-19Cr-10Ni-2Mo	0,003			0,003	0,01	18,6	2,04	10,43		0,012	

Tabelle 4.2: Werkstoffkennwerte ungekerbter Proben

Werkstoff	Wärmebehandlung	Korngröße µm	Festigkeitswerte in N/mm^2 bzw. % bei Raumtemperatur			
			0,2 %-Dehngrenze $R_{p0,2}$	Zugfestigkeit R_m	Bruchdehnung ε_{10d}	Bruch-Einschn. ψ
X10CrNiTi89	30 Minuten, 1050°C, abgeschreckt	31 – 34	320	546	60	75,8
Fe-19Cr-10Ni	Vakuum-gegl. 100 h/ 1050°C Vakuumabkühlung zusätzl. v. RT auf −196°C abgeschreckt	60 – 66	168	538	66	78
		60 – 66	204	684	54	76
Fe-19Cr-10Ni-2Mo	Vakuum-gegl. 100h/ 1050°C Vakuumabkühlung	60	164	530	51,2	79

4.3 Versuchsergebnisse

4.3.1 Martensitbildung

Die isotherme Martensitbildung während der plastischen Verformung wird durch niedrige Verformungstemperaturen begünstigt (8). Cine (9) untersuchte neben Verformungsgrad und Umwandlungstemperatur den Einfluß der Legierungselemente auf die Martensitbildung. Zunehmender Gehalt an Ni und Cr sowie C, N und Mn behindern die Umwandlung. Breedis und Robertson (10) untersuchten die Martensitbildung an Fe-16Cr-12Ni-Einkristallen. Die Umwandlung verläuft in den (111)-Ebenen des kubisch flächenzentrierten Austenits zu einer hexagonalen ϵ'-Phase und schließlich zum tetragonal verzerrten raumzentrierten α'-Martensit (11).

Versuche zur Martensitbildung

Die α'-Martensitumwandlung wird in X10CrNiTi18 9-, Fe-19Cr-10Ni- und Fe-19Cr-10Ni-2Mo-Proben durch Verformung und durch Abkühlung ausgelöst. Folgende Kombinationen dieser beider auslösenden Faktoren wurden untersucht:
a) isotherme Verformung bei Raumtemperatur,
b) isotherme Verformung bei Raumtemperatur von Proben, die vorher kurzfristig auf $-196°C$ abgekühlt wurden,
c) isotherme Verformung bei Raumtemperatur und anschließende Abkühlung auf $-196°C$.

Mit Hilfe einer magnetischen Waage wurde der α'-Martensitgehalt bestimmt. Aus den gemessenen magnetischen Sättigungswerten σ_M läßt sich der Volumenanteil des α'-Martensit M nach Angel (8) folgendermaßen berechnen:

$$M = \frac{\sigma_M}{165} \cdot 100 \, \% . (\sigma_M \text{ in c.g.s})$$

Der Martensitgehalt in Abhängigkeit von Verformung und Abkühlung ist in Bild 4.2 dargestellt.

Die mit a bezeichnete Kurve bezieht sich auf isotherme Verformung bei Raumtemperatur. Bis 10 % plastische Verformung ist der Martensitgehalt bei allen untersuchten Werkstoffen nicht nennenswert. Bei höherer plastischer Verformung nimmt die Martensitbildung bei der Fe-19Cr-10Ni-Legierung beträchtlich zu; so werden bei 50 % Verformung etwa 40 % α'-Martensit nachgewiesen. Bei 2 % Mo-Zusatz und gleicher Verformung wird dagegen nur rd. 3 % α'-Martensit gebildet. Im technischen Werkstoff erfolgt keine nachweisbare Martensitbildung.

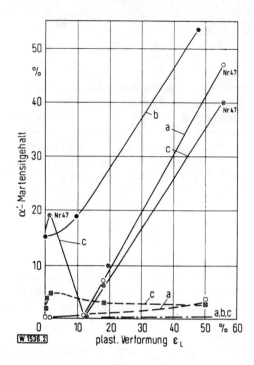

Bild 4.2:
Bildung von α'-Martensit in Chrom-Nickel-Stählen durch Verformung und Abkühlung auf −196°C

a) Verformung bei 23°C
b) Abkühlung auf −196°C u. anschließende Verformung bei 23°C
c) Verformung bei 23°C u. anschließende Abkühlung auf −196°C

Fe-19Cr-10Ni ———
Fe-19Cr-10Ni-2Mo − − − −
X10CrNiTi 18 9 −·−·−·−

Die mit b bezeichnete Kurve bezieht sich auf Proben, die vor der Verformung auf −196°C abgekühlt wurden. Der technische Werkstoff X10CrNiTi 18 9 bildete auch bei dieser Behandlung keine nachweisbaren Mengen von Martensit, während sich bei der Fe-19Cr-10Ni-Legierung der Verformungsmartensit zum vorhandenen α'-Abschreckmartensit addiert und bei 48 % plastischer Verformung insgesamt etwa 53 % Martensit im Gefüge erreicht werden.

Der mit c bezeichnete Kurvenverlauf bezieht sich auf Proben, die nach dem Verformen abgeschreckt wurden. Bis zu etwa 3 % plastischer Verformung wird die beim Abschrecken gebildete Martensitmenge durch die vorangegangene Verformung geringfügig erhöht. Vorverformungen zwischen 3 und 10 % behindern dagegen die Entstehung des Abschreckmartensits. Bei Verformungen größer als 12 % wird durch die nachfolgende Abkühlung der Fe-19Cr-10Ni-Legierung auf −196°C kein zusätzlicher Martensit gebildet. Die bei der Verformung entstehenden Verzerrungsfelder verhindern offensichtlich die zusätzliche α-Martensitbildung beim Abschrecken.

Metallographische Untersuchungen zeigen den Einfluß der Verformung und/oder der Unterkühlung auf das Gefüge der untersuchten Fe-Cr-Ni-Legierungen und bestätigen die magnetischen Messungen (Bild 4.3) bis 4.6). Die Schliffe wurden jeweils unter gleichen Bedingungen elektrolytisch mit 200 ml Perchlorsäure + 700 ml Äthylalkohol + 100 ml Butylcellosolve poliert und anschließend mit 20 ml Glyzerin + 30 ml HCL + 10 ml HNO_3 geätzt.

Die Verformung des Werkstoffs Fe-19Cr-10Ni verursacht neben Verformungslinien auch α'-Martensit, Bild 4.4). Mit Hilfe des Interferenzschichtenverfahren, bei dem die Proben vorher mit Zn—Se bedampft wurden, konnte kein ϵ'-Martensit nachgewiesen werden. Daß jedoch ein Anteil von ϵ'-Phase vorhanden ist, beweist die Differential-Thermoanalyse. Danach beginnt die erste Umwandlung beim Aufheizen einer zuvor auf $-196°C$ abgeschreckten Probe der Legierung zwischen 50 und $100°C$ und endet zwischen 200 und $300°C$. Nach Reed (13) kann man diese Umwandlungen dem α'-Martensit zuordnen, denn der α'-Martensit soll sich erst bei höheren Temperaturen in die γ-Phase umwandeln.

Das martensitische Gefüge in der Fe-19Cr-10Ni-Legierungen, das durch Abschrecken auf $-196°C$ erzeugt wurde, zeigt Bild 4.5.

Auch in der Probe mit Zusatz von 2 % Mo treten Martensitplatten auf (Bild 4.6), jedoch in viel geringerer Zahl. Die magnetischen Messungen, die in Bild 4.2 gezeigt wurden, bestätigen dieses Ergebnis. Es handelt sich eindeutig um α'-Martensit, da die Eisenoxidteilchen einer Bitterlösung auf den Martensitplatten angereichert werden können.

Bild 4.3: Einfluß der Verformung auf das Gefüge der X10CrNiTi18 9-Legierung

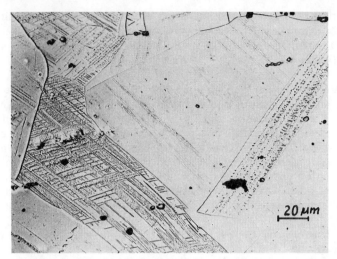

Bild 4.4: Martensit in der bei 23°C verformten Fe-19Cr-10Ni-Legierung

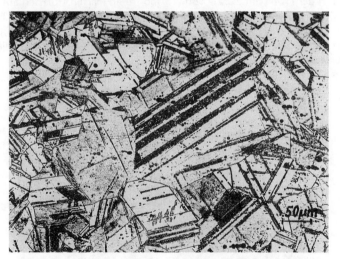

Bild 4.5: Martensit in der auf −196°C unterkühlten Fe-19Cr-10Ni-Legierung

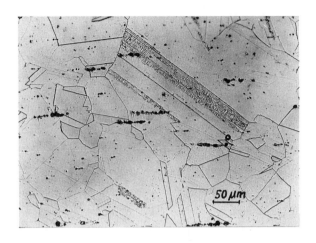

Bild 4.6: Martensit in der auf $-196°C$ unterkühlten Fe-19Cr-10Ni-2Mo-Legierung

4.3.2 Der Einfluß des α'-Martensitgehaltes auf die Spannungsrißkorrosion

Tofoute und Rocha (2) haben als erste die Austenit-Martensitumwandlung in Beziehung zu der SRK-Empfindlichkeit gebracht. Sie stellten fest, daß im Bereich geringer Verformung die SRK-Standzeit der Fe-18Cr-10Ni-Legierung mit zunehmender Verformung abnimmt und im höheren Verformungsbereich mit zunehmender Verformung wieder erhöht wird. Randak und Trautes (6) geben an, daß durch Verformungsmartensit bis zu einem Geahlt von 2 % die SRK-Standzeit der Fe-18Cr-8Ni-Legierung erhöht und bei höherem Martensitgehalt etwas verringert wird. Edeleanu (3) stellte eine Rißausbreitung entlang den Martensitplatten fest. Uhlig und White (5) haben den Einfluß der Verformungstemperatur bis $-196°C$ auf die SRK in siedender $MgCl_2$-Löung bei $154°C$ untersucht und finden mit abnehmender Vorverformungstemperatur eine Zunahme der Standzeit. Durch Verformungen um etwa 8 % bei Raumtemperatur und anschließende Abschreckung werden die SRK-Standzeiten nicht verändert (4, 5). Nach Uhlig und White (5) setzen Faktoren, die die Ferritbildung begünstigen, die SRK-Empfindlichkeit herab. Diese Meinung stützt sich auf die Tatsache, daß Fe-18Cr-8Ni-Stähle, die auf Grund des niedrigen C- und N-Gehaltes teil-ferritisch wurden, in $MgCl_2$-Lösung beständiger sind. Kritische Experimente, die die Auswikrung der Gefügeumwandlung und Kristallstruktur auf das SRK-Verhalten zeigen, fehlen (7).

Versuche zur SRK-Empfindlichkeit

Aus den Ergebnissen über den Einfluß der Verformung und Unterkühlung auf die Martensitbildung, Bild 4.2 wurde nachstehende Tabelle zusammengestellt:

Werkstoff	α'-Martensitgehalt in Vol.-%	
	unverformt	verformt mit σ_n = 460 N/mm^2
Fe-19Cr-10Ni, Raumtemp.	0,3	13,4
Fe-19Cr-10Ni auf $-$ 196°C unterkühlt	15,5	29,3
Fe-19Cr-10Ni-2Mo, Raumtemp.	0,3	2
X10CrNiTi18 9, Raumtemp.	0,3	0,3
auf $-$ 196°C	0,3	0,3

Die Tabelle zeigt die untersuchten Werkstoffe und deren Martensitgehalt. Spalte 2 gibt den α'-Martensitgehalt von unverformten Proben an. Durch Belasten der Probe beim SRK-Versuch wird der Martensitgehalt erhöht (Spalte 3).

Die plastischen Verformungen waren zu Versuchsbeginn bei den untersuchten Werkstoffen etwa gleich, so daß die durch Verformung angebrachten Versetzungsdichten im austenitischen Teil des Gefüges nicht sehr unterschiedlich sein dürften. Die SRK-Versuche wurden in einer Lösung mit 33 % MgCl$_2$ bei 100°C und bei einem Polarisationswiderstand von Rp $\approx$ 50 Ω cm^2 durchgeführt. In diesem Bereich ist die SRK-Standzeit nahezu unabhängig von Rp. Durch den α'-Martensitgehalt nimmt die SRK-Standzeit stark zu, Bild 4.7. Fe-19Cr-10Ni-Proben ergaben bei einer Steigerung des Martensitgehaltes von etwa 13 auf 29 Vol.-% eine Erhöhung der mittleren SRK-Standzeit von etwa 1,3 auf 6 h. Der Stahl X10CrNiTi18 9 enthielt nahezu keinen Martensit; demzufolge ist die SRK-Standzeit wesentlich niedriger und beträgt im Mittel nur 0,7 h. Die mittlere Standzeit der Fe-19Cr-10Ni-2Mo-Legierung liegt bei 0,8 h. Der Martensitgehalt dieser Probe war dabei mit 2 Vol.-% verhältnismäßig gering. Die Mo-haltige Probe ist also im Vergleich zur Mo-freien Fe-19Cr-10Ni-Legierung SRK-empfindlicher. Damit wird das Ergebnis anderer Autoren bestätigt (14, 15, 16, 17, 18).

Mo ändert bei den hier eingehaltenen Versuchsbedingungen auch den Rißverlauf, wie Bild 4.8 zeigt. Er ist im Gegensatz zu den transkristallinen Rissen in den Mo-freien Fe-19Cr-10Ni-Legierungen überwiegend interkristallin. Eine mögliche Erklärung dafür wäre, daß Mo die α'-Martensitbildung stark vermindert und dadurch die Versetzungsaufstauungen an Austenitkorngrenzen steigert. Elektronenmikroskopische Untersuchungen (19) zeigen in Mo-haltigen Proben aber auch kohärente Ausscheidungen, die von Versetzungen geschnitten werden können und eine koplanare Versetzungsordnung mit erhöhter Gleitstufe ergeben (1, 20). Die Versetzungen stauen sich nun bevorzugt an den Korngrenzen auf. Sie dürften damit den interkristallinen Rißverlauf begünstigen und die SRK-Empfindlichkeit erhöhen. Im Gegensatz dazu zeigt der martensitfreie Stahl X10Cr-NiTi18 9 mit seinen Verunreinigungen einen transkristallinen Rißverlauf. Der durch Abschrecken und Verformen erzeugte Martensit beeinflußt ebenfalls den Rißverlauf. Die Risse wachsen bei martensithaltigem Gefüge überwiegend entlang den Martensitplatten (Bild 4.9), nur in den selteneren Fällen verlaufen sie durch die Platten. Die experimentell gefundene Verminderung der Dehnungsgeschwindigkeit im Verlauf des SRK-Versuches durch die Bildung des Abschreckmartensits, Bild 4.10, deutet darauf hin, daß die Versetzungsbewegung durch Aufstau an diesen Hindernissen stark behindert wird.

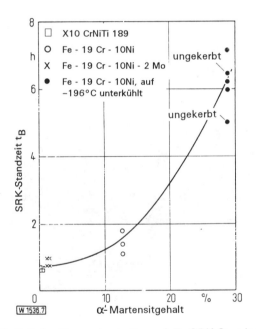

Bild 4.7: Einfluß des Martensitgehaltes auf die SRK-Standzeit gekerbte Probe σ_n = 460 N/mm^2, 33 Gew.-% MgCl$_2$, 100°C, Rp $\approx$ 50 Ωcm^2

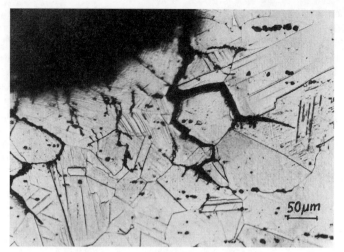

Bild 4.8: SRK der Fe-19Cr-10Ni-2Mo-Probe in 33 Bew.-% $MgCl_2$, 100°C
σ_n = 460 N/mm²

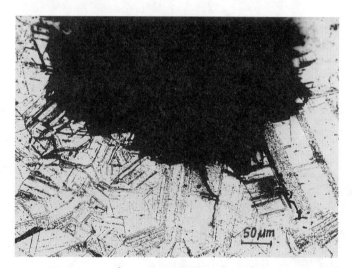

Bild 4.9: SRK der auf − 196°C unterkühlten Fe-19Cr-Ni-Probe in 33 Gew.-% = $MgCl_2$, 100°C, σ_n = 460 N/mm²

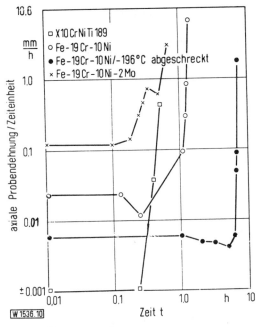

Bild 4.10:
Axiale Dehnungsgeschwindigkeit bis zum SRK-Bruch gekerbte Probe σ_n = 460 N/mm^2
33 Gew.-% $MgCl_2$, 100°C
$R_p \approx$ 50 Ωcm^2

4.4 Zusammenfassung

Die Martensitbildung und der Einfluß des α'-Martensits von Fe-Cr-Ni-Legierungen auf die SRK sind untersucht worden.

Die Martensitbildung ist abhängig von der Legierungszusammensetzung, der Verformung und der Unterkühlung. Eine reine Fe-19Cr-10Ni-Legierung wird im Gegensatz zum technischen Werkstoff X10CrNiTi18 9 bei Verformung und beim Abschrecken auf − 196°C teilweise martensitisch. Beim Unterkühlen und anschließenden Verformen addiert sich der Verformungsmartensit zum Abschreckmartensit. 2 % Mo-Zusatz in der Fe-19Cr-10Ni-2Mo-Legierung unterdrückt zum großen Teil die α'-Martensitbildung.

Die SRK-Standzeit in wäßrigen $MgCl_2$-Lösungen nimmt stark mit dem α'-Martensitgehalt zu. Die Risse wachsen überwiegend entlang den Martensitplatten. Der Zusatz von Molybdän vermindert die SRK-Standzeit, da er die Bildung des α'-Martensits weitgehend verhindert. Der Rißverlauf ist bei dieser Legierung überwiegend interkristallin.

Diese Untersuchung wurde am Max-Planck-Institut für Metallforschung, Institut für Metallkunde, Stuttgart, ausgeführt. Sie wurde finanziell unterstützt durch das Bundeswirtschaftsministerium mit den Mitteln aus dem IV. Forschungsprogramm Korrosion.

5 Freiformschmieden von leicht-, mittel- und hochlegierten Stählen

H. Körbe

5.1 Zusammenfassung

— Sinn und Zweck des Freiformschmiedens

— Stürmische Entwicklung zu immer größeren Gewichten und qualitativ höherwertigen Erzeugnissen — Wege dahin

— Erzeugnisbeispiele:
Wasserturbinenwelle Ck 35
Dichtungsgehäuse und -deckel X 5 CrNi 13 4
warmfeste Turbinenwellen X 20 CrMoNiV 12 1
antimagnetische Propellerwellen X 5 CrNiMnMoNbN 19 16 5

5.2 Einleitung

Das Schmieden zählt zu den ältesten und klassischen Handwerken. Durch Schmieden wurden Waffen und Geräte für den täglichen Gebrauch aus Eisen hergestellt.

Auch heute werden noch Geräte und Gegenstände aus Stahl für den täglichen Gebrauch in technischen Bauwerken und Anlagen als Freiformschmiedestücke eingesetzt.

Beim Schmieden von Stahl werden im wesentlichen zwei Ziele verfolgt:
— Warmformgebung des Rohmaterials zu einer Form, die der späteren Gestalt des Werkstücks möglichst nahe kommt
— Verdichten des mit Gußeigenschaften vorliegenden Ausgangswerkstoffes

Infolge des beim Schmieden erreichbaren Homogenitätsgrades zeichnen sich geschmiedete Werkstücke und Bauteile hinsichtlich ihres Verwendungszwecks durch ein hohes Maß an Zuverlässigkeit aus und tragen somit wesentlich zur Betriebssicherheit des Bauwerks oder der Anlage bei, in der sie eingesetzt werden. Einen bedeutenden Anteil nehmen dabei die durch Freiformschmieden hergestellten Werkstücke ein, die überwiegend nicht in Großserien — wie dies z. B. bei durch Gesenkschmieden erzeugten Teile der Fall ist —, sondern vielfach sogar nur als Einzelstücke geschmiedet werden.

Hauptsächliche Verwender von Freiformschmiedestücken sind die Industriezweige: allgemeiner Maschinenbau, Schiffbau, Hütten- und Walzwerkbau, allgemeiner Druckbehälter- und Chemieanlagenbau, Elektromaschinenbau und Kerntechnik.

In den letzten 30 Jahren haben vor allem der Elektromaschinenbau und die Kerntechnik die Schmiedeindustrie zu immer schwereren und hochwertigeren Schmiedestücken herausgefordert. Die Gewichtssteigerung dieser Schmiedestücke beruht zum einen auf der Leistungssteigerung der Kraftwerkseinheiten und zum anderen auf dem Bestreben, die Zahl der Schweißnähte ständig zu verringern. Letzteres resultiert aus dem Wunsch, die sehr aufwendigen, wiederkehrenden zerstörungsfreien Prüfungen — größtenteils unter Strahlenbelastung durchzuführen — zu reduzieren bzw. ganz zu vermeiden. Bild 5.1 zeigt die max. Gewichte solcher Schmiedestücke.

	Schmiedestück	**Rohblock**
Turbinenwelle	ca. 75 t	ca. 180 t
Generatorwelle	ca. 250 t	ca. 500 t
RDB – Mantelschuss	ca. 125 t	ca. 400 t
RDB – Flansch	ca. 200 t	ca. 550 t

Bild 5.1: Einteilige Schmiedestücke, max. Gewichte

Heute sind bereits Schmiedestücke hergestellt worden, die Rohblöcke von fast 600 t Gewicht erfordern. Dabei ist zu vermerken, daß aufgrund der hohen Investitionskosten und der fehlenden Wirtschaftlichkeit Rohblöcke von mehr als 435 t Gewicht in der BRD nicht produziert werden können. Die schwersten Blöcke werden z. Z. allein in Japan gegossen und weiterverarbeitet. In diesem

Zusammenhang ist es heute bereits von historischem Interesse, daß noch vor etwa 30 Jahren die obere Gewichtsgrenze für Schmiedeblöcke bei etwa 100 t lag.

5.3 Erhöhte qualitative Anforderungen und deren Erfüllung

Gleichzeitig mit dem Anstieg der Gewichte erhöhten sich in sehr starkem Maße die qualitativen Anforderungen an die Eigenschaften, die je nach Verwendungszweck des Werkstücks z. T. gegenläufige Tendenz aufweisen können. Als Beispiele für derartige Eigenschaften sollen genannt werden:

— Festigkeit
— Dauerfestigkeit
— Warm- und Zeitstandfestigkeit
— Zähigkeit bzw. Sicherheit gegenüber Auftreten von Sprödbruch
— Unempfindlichkeit gegenüber Versprödung (Anlaß-, Zeitabstand- oder Neutronenstrahlversprödung)
— Schweißeignung
— Gleichmäßigkeit der Eigenschaften über den Querschnitt
— Freiheit von Rissen, Poren, nichtmetallischen Einschlüssen
— weitestgehende Freiheit von Seigerungen im Makro- und Mikrobereich

Bild 5.2 gibt in Beispielen schematisch an, in welcher Weise die wichtigsten o. a. Eigenschaften einzeln oder gemeinsam vorhanden sein müssen, damit durch ihr Zusammenwirken — je nach Verwendungszweck — ein „optimaler" Stahl entsteht, und welche chemischen Elemente das Auftreten der entsprechenden Eigenschaften bewirken. Hierbei ist darauf hinzuweisen, daß ein Element bezüglich des Erreichens der optimalen Eigenschaften gegenläufige Wirkung haben kann, wie dies z. B. für Mo und V hinsichtlich der Warmfestigkeit und der Schweißbarkeit der Fall ist. Außerdem darf nicht außer acht gelassen werden, daß viele Elemente miteinander in gegenseitiger Wechselwirkung stehen und einen kumulativen Effekt hervorrufen.

Insbesondere hinsichtlich der Zähigkeit und des Reinheitsgrades sowie auch der Schweißbarkeit sind die Anforderungen sehr hoch gesetzt worden, da gerade diese Eigenschaften größten Einfluß auf Sicherheit gegen Versprödung und vorzeitiges katastrophales Versagen eines Bauwerks haben.

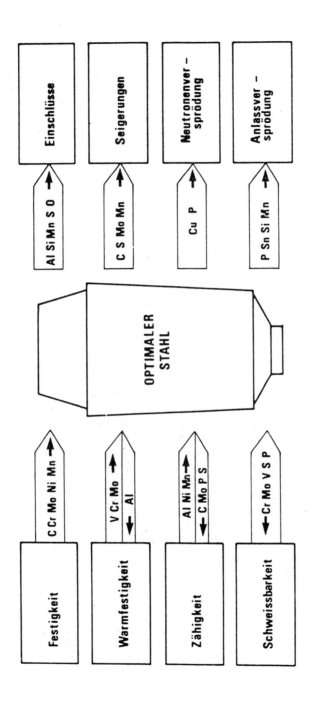

Bild 5.2: Eigenschaften eines optimalen Stahles

Die Beeinflussung dieser Eigenschaften, die eng miteinander verknüpft sind, erfolgt bereits bei der Blockherstellung und den nachfolgenden Fertigungsschritten, wie Warmumformung oder Wärmebehandlung. Deshalb wurden in der Vergangenheit neben der Entwicklung von metallurgischen Sonderverfahren, wie dem ESU-[1], BEST-[2]) und MHKW[3])-Verfahren, Anstrengungen unternommen, auch die konventionelle Metallurgie, d. h. Erschmelzung des Stahls in einem Überhitzungsgefäß und Abguß unter Vakuum, weiter zu verbessern. Hierdurch gelang es, einem Großteil der qualitativen und gewichtsmäßigen Anforderungen gerecht zu werden. Ohne auf Einzelheiten eingehen zu wollen, beruhen die konventionell erzielten Verbesserungen im einzelnen auf:
— optimierten Entgasungsverfahren
— Vakuumkohlenstoffdesoxydation (VCD)
— Pfannenmetallurgie einschließlich Einblastechnik
— Beeinflussung der Blockerstarrung durch Verbesserung der Haubentechnik.

---

1) *E*lektro-*S*chlacke-*U*mschmelz
2) *B*öhler *E*lektro *S*lag *T*opping
3) *M*idvale-*H*eppenstall-*K*löckner-*W*erke

Hinzu kommen die gezielte Auswahl der Einsatzstoffe bis hin zum Erz, um die Konzentration schädlicher Begleitelemente so gering wie notwendig zu halten, sowie die verstärkte Qualitätskontrolle auch im Bereich der Blockherstellung.

Insbesondere bei der Herstellung schwerer Schmiedeblöcke ist darauf zu achten, daß die Resterstarrung des flüssigen Stahls in der Haube erfolgt, damit der später verwendete Blockbereich weitestgehend dicht und ohne Hohlräume ist. Bei zu rascher vertikaler Wärmeabfuhr durch den Haubenbereich ist die Gefahr der Ausbildung eines bis in Blockmitte reichenden Lunkers (Bild 5.3) oder infolge Brückenbildung die Gefahr der Entstehung eines zweiten Erstarrungszentrums mit Schrumpffrissen, Schwindungshohlräumen und Verunreinigungen im Blockinnern gegeben. Bei Blöcken mit dichter Erstarrung sind außerdem die Bereiche stärkster Kern- oder V-Seigerungen und stärkster Verunreinigungen in ihrer Ausbildung stark reduziert und befinden sich größtenteils auch außerhalb des verwendeten Blockvolumens. Trotz dieser Maßnahmen ist jedoch die mit zunehmendem Blockgewicht erfolgende Ausbildung einer Blockseigerung, insbesondere der sogenannten A-Seigerung mit ihrer erhöhten Konzentration vornehmlich der Elemente C, S und Mo, nicht zu vermeiden.

Neben den erwähnten metallurgischen Maßnahmen während des Erschmelzens und Vergießens sind außer der Verformung auch die sich anschließenden Wärmebehandlungen zum Erreichen optimaler Eigenschaften von Wichtigkeit. Die sich unmittelbar an das Schmieden anschließende Glühung hat zum Ziel, das vom Schmieden herrührende z. T. grobkörnige Gefüge zu verfeinern, den Restwasserstoffgehalt unter die Schädlichkeitsgrenze abzusenken und einen eigenspannungsarmen und weichen Werkstoffzustand einzustellen, während die spätere Vergütung die eigentliche Wärmebehandlung zum Erreichen der geforderten mechanisch-technologischen Eigenschaften darstellt.

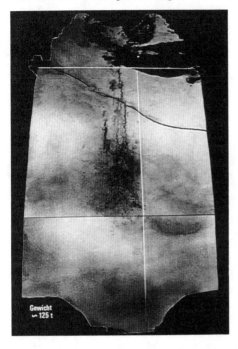

Bild 5.3:
Konventionell erstarrter Rohblock alter Herstellung

Die vorgenannten Maßnahmen führten zu einer deutlichen Verbesserung der Schmiedestückqualitäten. Im folgenden sollen hierfür einige Beispiele angeführt werden.

Einige schädliche Begleitelemente, wie z. B. Cu, As, Sb und Sn, können durch metallurgische Reaktionen aus der Stahlschmelze nicht entfernt werden. Sie lassen sich nur durch entsprechende Auswahl der Einsatzstoffe bis hin zum Erz unter der Schädlichkeitsgrenze halten.

Eine weitere Qualitätsverbesserung konnte durch eine starke Verringerung der im Stahl gelösten Gase Wasserstoff, Sauerstoff und Stickstoff erreicht werden. Durch eine Doppel-Vakuum-Behandlung, wie sie in unserem Werk bei der Erzeugung hochwertiger Freiformschmiedestücke angewendet wird, lassen sich Gehalte, wie sie aus Bild 5.4 hervorgehen, einstellen. Es werden Sauerstoffgehalte von ca. 0,0025 % und Wasserstoffgehalte von ca. 1 ppm und kleiner erreicht.

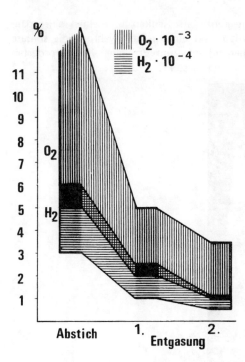

Bild 5.4: Gasgehalte

Die Verbesserung der Zähigkeit und die Verringerung der Anisotropie der Schmiedestücke konnte im wesentlichen durch eine drastische Absenkung der Schwefelgehalte erreicht werden, was nicht nur durch Einsatz der o. a. Sonderschmelzverfahren – z. B. ESU-, sondern auch durch den Fortschritt in der konventionellen Metallurgie möglich geworden ist. Das ist insofern von besonderer Bedeutung, als schwere Blöcke mit Gewichten über 150 t z. Z. nur konventionell herstellbar sind. In Bild 5.5 sind die Schwefelabdrücke ausgelochter Kerne aus 230 bzw. 250 t schweren Blöcken für die Herstellung hohlgeschmiedeter Werkstücke gezeigt. Beide Kerne sind frei von Rissen und Schwindungshohlräumen, jedoch zeigt der untere Schwefelabdruck kaum noch Seigerungsstreifen im Gegensatz zum oberen. Der zum oberen Schwefelabdruck gehörige Block wurde mit früher üblicher Entschwefelung im Ofen und Gießen unter Schutzgas, der zum unteren gehörige mit Nachtentschwefelung in der basischen Pfanne und Gießen unter Vakuum hergestellt. Bisher wurden auf diese Weise in schweren Blöcken Schwefelgehalte bis zu unter 0,002 % erreicht.

Die Wirkung des abgesenkten Schwefelgehaltes auf die Zähigkeit ist in Bild 5.6 dargestellt. Weiterhin ist zu beobachten, daß die mit zunehmendem Verformungsgrad sich vergrößernde Differenz zwischen den Zähigkeitswerten längs und quer zur Schmiedefaser bei abgesenkten Schwefelgehalten immer geringer wurde, d. h., die Homogenität der Eigenschaften in allen Beanspruchungsrichtungen kann deutlich verbessert werden (Bild 5.7).

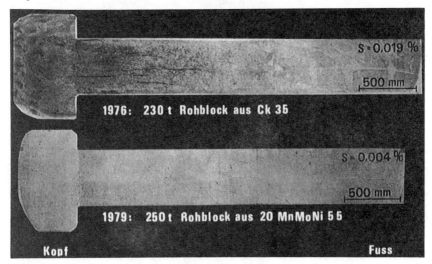

Bild 5.5: Schwefelabdruck von ausgelochten Kernen

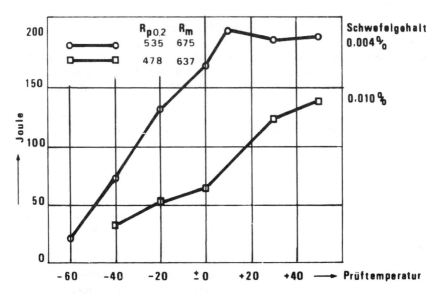

Bild 5.6: Kerbschlagarbeit, 20 MnMoNi 55

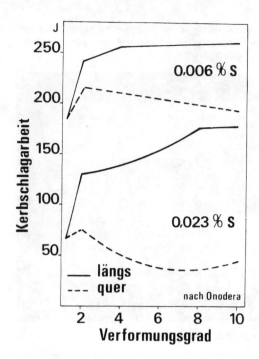

Bild 5.7: Anisotropie der Zähigkeit

5.4 Weiterentwicklung von Stählen und Verfahren

Die bisherigen Ausführungen bezogen sich im wesentlichen auf die qualitative Verbesserung von Werkstoffen, die bereits mit Erfolg angewendet wurden, d. h. es handelt sich hier um eine Optimierung bereits vorhandener Werkstoffe für Freiformschmiedestücke.

Daneben ist die Weiterentwicklung von angewendeten Stählen sowie die Entwicklung neuer Werkstoffe zu sehen. Hierfür soll im folgenden ein Beispiel gegeben werden.

Der Stahl *26 NiMoCr V 14 5* mit einem Gehalt um 3,5 % Ni eignet sich bekanntermaßen aufgrund seiner guten Durchvergütungseigenschaften zum Einsatz bei großen Querschnitten. So wird er bevorzugt für schwere und schwerste ND-Turbinen- und Generatorwellen verwendet. Er neigt allerdings zur Anlaßversprödung. Die Ursache für eine derartige Versprödung steht in Zusammenhang mit Seigerungen der Elemente P, Sn, As und Sb an den Korngrenzen, wobei Mn, Si, Cr und insbesondere Ni in dem besagten Konzentrationsbereich um 3,5 % ebenfalls von Einfluß sind. Eine Verminderung der Anlaßsprödigkeit läßt sich nun über drei Maßnahmen erreichen:

- Absenken des P-Gehaltes durch entsprechende metallurgische Verfahrensweise
- Verringerung des Gehaltes an Spurenelementen durch Einsatz ausgewählter Rohstoffe (Schrott)
- Absenken des Si-Gehaltes durch Vakuumkohlenstoffdesoxidation (VCD)

Die Gehalte an Cr und Ni können nicht beliebig verringert werden, da dann die Eigenschaft der Durchvergütung bei großen Querschnitten beeinträchtigt wird.

Aufgrund dieser Überlegungen und unter Beachtung des Einflusses der Konzentration von Cr und Ni auf die Anlaßsprödigkeit wurde ein Werkstoff in Untersuchung genommen, bei dem der Ni-Gehalt auf ca. 2,7 % abgesenkt und der Cr-Gehalt auf etwa 2,5 % angehoben wurden — bei sonst unveränderter Zusammensetzung, bezogen auf den Stahl 26 NiMoCr V 14 5. Die ersten veröffentlichten Ergebnisse zeigen, daß eine Verringerung der Neigung zur Anlaßversprödung bei dem sonst herkömmlichen 3,5 % Ni-haltigen Stahl entsprechenden Gütewerten zu erreichen ist.

5.5 Erzeugnisbeispiele

In den folgenden Bildern 5,8 — 5.16 werden die vielfältigen Formen und Verwendungsmöglichkeiten von Schmiedestücken aus *legierten Baustählen* gezeigt.

Bild 5.8:   Große Zahnstange Fertigung   CrMo-Stahl

Bild 5.9:
Vordrehen eines Flansches
Wellenende für eine gebaute
Wasserturbinenwelle
Ck-Stahl

Bild 5.10: Kurbelwellentypen　　　　　　　　　　　　　　CrMo-Stahl

Bild 5.11: Schleudergußkokille   CrMo-Stahl

Bild 5.12: Walzen   C-Cr-Sonderstahl

Bild 5.13: Rotorkörper NiCrMoV-Stahl

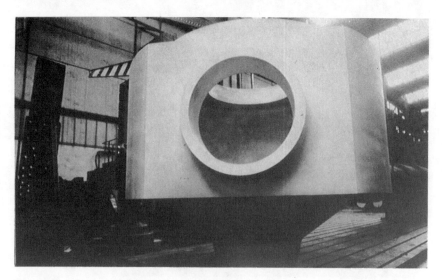

Bild 5.14: Pumpengehäuse für den Primärkreislaufs eines Kernkraftwerks

MnMoNi-Stahl

Bild 5.15:
Deckelflanschring 200 t-Block für den Reaktordruckbehälter eines 1 300 MWe Kernkraftwerkes

MnMoNi-Stahl

Bild 5.16: Wasserturbinenwelle Ck-Stahl

Anknüpfend an dieses letzte Bild möchte ich noch auf einige Dinge hinweisen, die allen Schmiedefachleuten selbstverständlich und eigentlich unerwähnenswert sind:
Diese W a s s e r t u r b i n e n w e l l e ist im roh geschmiedeten Zustand ein recht grobes und unförmiges Gebilde (Bild 5.17). Bis sie aber so fertiggeschmiedet und abgekühlt auf der Anreißplatte der mechanischen Bearbeitungswerkstatt liegt, mußten doch viele Mitarbeiter u. a. Volumen und Gewichte vorausberechnen, Analysen und Arbeitsabläufe durchdenken und festlegen sowie den eigentlichen Schmiedeleuten Vorgaben für die Fertigung machen. Aber ganz zu Anfang mußte eine Kalkulation erstellt, ein Angebot abgegeben und mit dem Kunden über Ausführung und Preis verhandelt und Einigkeit erzielt werden.

Bild 5.17: Wasserturbinenwelle

Nach Auftragserhalt wird aufgrund der vom Kunden geforderten technologischen Eigenschaften und der durchführbaren Wärmebehandlung die Stahlanalyse festgelegt. Dann wird, ausgehend von der *Fertigkontur* des Stückes, die notwendige Zugabe bestimmt. Diese Zugabe muß so gering wie möglich, aber so groß wie nötig sein. Sie muß so groß sein, daß alle Oberflächenfehler, Entkohlungserscheinungen sowie Unebenheiten bei der mechanischen Bearbeitung entfallen, sollte aber klein sein, um das Gewicht niedrig zu halten. Denn: jedes Kilo Stahl mehr kostet Geld; es mechanisch abzuarbeiten, noch mehr Geld. Bei einem solchen Werkstück beträgt die Zugabe ca. 40 mm/Fläche. Ist nun die *Schmiedekontur* festgelegt, wird eine Volumen- und damit Gewichtsberechnung vorgenommen und das gesamte *Schmiederohgewicht* ermittelt. Dies ist bestimmend für die zu verwendende Rohblockgröße. Bei jedem Schmiederohblock müssen bestimmte Abfälle an Kopf und Fuß wegen Inhomogenität und Verunreinigungen entfernt werden; das Ausbringen beträgt in der Regel je nach Blockgröße und Verwendungszweck zwischen 65 und 80 %. Hier gibt es erneut einen Zwiespalt zwischen den Qualitätsverantwortlichen — sie möchten das Ausbringen möglichst klein und die Zugaben möglichst groß haben, um „ruhig schlafen zu können" — und dem Schmied, der mit einem Minimum an Gewicht und Aufwand die wirtschaftlichste Fertigung einstellen muß. Bei der Festlegung des Blockgewichts muß aber auch beachtet werden, daß bei der Erwärmung eine Verzunderung, ein sogenannter Abbrand entsteht. Dieser ist mit jeder Wiedererwärmung des Stückes, der sogenannten Hitzenzahl, größer, in der Regel 1 % pro Hitze. In diesem speziellen Fall muß weiterhin bei der Blockgewichtsbestimmung beachtet werden, daß diese Turbinenwelle mit einem Mittelloch versehen über einem Dorn hohlgeschmiedet werden soll.

Bei der Festlegung der Schmiedetechnologie müssen wiederum Kompromisse zwischen Qualitäts- und Wirtschafltichkeitsgesichtspunkten eingegangen werden. Die Erwärmungstemperatur und Verweildauer im Schmiedeofen sollten zwecks Vermeidung von Kornwachstum nicht zu hoch sein, sollten aber so hoch sein, daß der Schmied mit seiner Verformungsarbeit zügig voran kommt. Die letzte Verformungsarbeit an jedem Schmiedestück sollte jedoch bei möglichst niedriger Temperatur erfolgen, um eine gute Feinkörnigkeit zu erzielen. Die für jedes Schmiedestück individuell durchzuführende Glüh- und Abkühlbehandlung — sie wurde vorher schon erwähnt — ist eine Voraussetzung für gute Zerspanbarkeit, für eine spätere optimale Vergütebehandlung und für eine gute Schalldurchlässigkeit bei der US-Prüfung und ist abhängig von den Abmessungen sowie der analytischen Zusammensetzung des Schmiedestücks. Sie kann mehrere Wochen dauern.
Des weiteren möchte ich über die Fertigung von dickwandigen Schmiedestücken aus dem *korrosionsbeständigen martensitischen Stahl X 5 CrNi 13 4 (W.Nr. 1.4313)* berichten.

Druckführende Einbauten in Hauptkühlmittelpumpen von Kernkraftwerken, so D i c h t u n g s g e h ä u s e u n d - d e c k e l sowie Einlaufdüse (Bild 5.18), werden neuerdings aus diesem Stahl gefertigt, während man früher diese Teile in Austenit X 10 CrNiNb 18 9 herstellte. Der X 5 CrNi 13 4 hat höhere Festigkeits- und Zähigkeitseigenschaften und bereitet aufgrund der Mikrostruktur und der Feinkörnigkeit keinerlei Probleme bei der US-Prüfmöglichkeit, ganz anders beim Austenit. Beherrscht wurden bis dahin Guß- und Schmiedstücke bis zu 400 mm Vergütungsquerschnitt, während das Dichtungsgehäuse im Beispiel 705 mm Wandstärke hat.

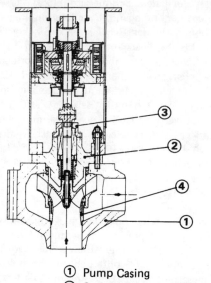

① Pump Casing
② Seal Casing = Dichtungsgehäuse
③ Seal Cover = Dichtungsdeckel
④ Suction Pipe = Einlaufdüse

Bild 5.18: Main Coolant Pump

5.5.1 Chemische Zusammensetzung

Aus der Literatur und aus eigenen Versuchen war bekannt, daß man die chemische Analyse in einem sehr engen Streuband innerhalb der Spezifikation halten sollte, andererseits sollen sich die Elemente untereinander in einem bestimmten Verhältnis bewegen:
— Delta-Ferrit muß vermieden werden durch entsprechende Anteile von Ni + N, die das Gamma-Gebiet erweitern.
— Der C-Gehalt, ebenfalls das Gamma-Gebiet erweiternd, sollte wegen der Zähigkeit und der Schweißeignung so niedrig wie möglich gehalten werden.

— Die Martensit-Temperatur muß hoch genug sein, um oberhalb der Raumtemperatur die fast vollständige Austenit-Umwandlung vollzogen zu haben.

- Um ein möglichst langzeitstabiles Gefüge mit geringem Delta-Ferrit-Gehalt zu erreichen, ist ein bestimmtes CrNi-Äquivalent (Bild 5.19) einzuhalten; es sollte sich um 2,2 bewegen. Im Bild sind für 16 verarbeitete Schmelzen entsprechende Werte eingetragen.

- Die Betriebstemperatur sollte 300°C nicht überschreiten, da sonst bei Langzeiteinsatz die Zähigkeit rapide abfällt.

Tabelle 5.1 gibt die Analysenspezifikation nach VdTÜV 395 und die Werte für alle 16 Schmelzen wieder und zeigt deutlich, in welch engem Streuband das Stahlwerk die Blöcke für die gewünschten Schmiedestücke hergestellt hat.

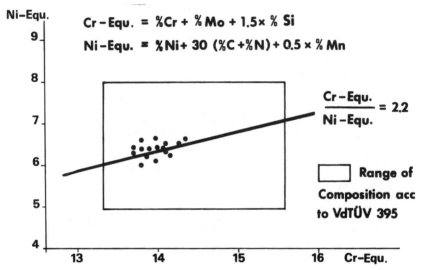

Bild 5.19: Cr- and Ni-Equivalents

Tabelle 5.1: Ist- und Soll-Analysen in %

	C	Si	Mn	P	S	Cr	Mo	Ni	Co	N
Specification VdTÜV 395	max. 0.50	max. .60	max. 1.00	max. 0.30	max. 0.15	12.50 14.00	.40 .70	3.50 4.50		.020 .050
Serial No.										
1	.031	.45	.65	.009	.003	12.59	.53	4.07	.03	.036
2	.020	.37	.54	.008	.002	12.58	.53	4.16	.07	.023
3	.022	.49	.73	.008	.002	12.76	.54	4.21	.06	.036
4	.023	.60	.78	.008	.002	12.80	.57	4.29	.07	.038
5	.026	.38	.60	.010	.002	12.95	.65	4.16	.03	.040
6	.022	.46	.60	.008	.001	12.85	.57	4.27	.09	.040
7	.023	.37	.83	.008	.002	12.75	.55	4.15	.06	.032
8	.023	.42	.67	.008	.002	12.20	.54	4.14	.07	.042
9	.024	.36	.68	.013	.002	12.85	.57	4.08	.03	.033
10	.027	.39	.72	.008	.001	12.66	.47	4.20	.02	.032
11	.028	.45	.71	.008	.001	12.82	.48	4.13	.07	.045
12	.024	.40	.57	.006	.001	12.93	.48	4.11	.01	.041
13	.027	.34	.87	.007	.002	12.85	.43	4.10	.04	.041
14	.028	.46	.58	.008	.003	12.97	.43	4.19	.07	.033
15	.027	.36	.68	.008	.001	12.83	.43	4.08	.01	.024
16	.031	.49	.70	.010	.003	12.64	.52	4.13	.07	.032

5.5.2 Blockherstellung

Der Stahl wurde in einem basischen 80-t-Elektroofen aus sehr sorgfältig ausgewähltem Schrott erschmolzen. Der C-Gehalt wurde außerhalb des Ofens im sogenannten VOD-Prozeß auf die extrem niedrigen Werte eingestellt. Es wurde Sauerstoff unter Vakuum in die Schmelze eingeblasen, und die Reaktion (C) + (O) = (CO) konnte unter diesen Bedingungen von Druck und Temperatur wegen der dabei höheren Affinität des Sauerstoffs zum Kohlenstoff ablaufen. Der Abguß von 35-t-Blöcken für die Dichtungsgehäuse erfolgte steigend unter Verwendung von besonderem Gießpulver.

5.5.3 Warmformgebung und Wärmebehandlung

Beim Schmieden von nichtrostenden austenitischen Stählen ist gegenüber den un- oder niedriglegierten Stählen eine Reihe von Anforderungen und Maßnahmen zu beachten, um ein einwandfreies Endprodukt zu erhalten.
Dazu gehören:
— die Sicherstellung einer weitgehend fehlerfreien Oberfläche während des Schmiedens;

— das gezielte Aufheizen der Blöcke unter Berücksichtigung der niedrigen Wärmeleitfähigkeit von Chrom-Nickel-Stählen;

— die Einhaltung eines engen Temperaturintervalls bei der Verformung (überschreiten der Temperatur führt zu Grobkornbildung, Unterschreiten behindert die zur Kornverfeinerung notwendigen Rekristallisationsvorgänge);

— die Festlegung eines ausreichend hohen und gleichmäßigen Umformgrades, um eine möglichst einheitliche Korngrößenverteilung über das gesamte Schmiedestück zu erreichen.

Um einen entsprechenden Umformungsgrad zu realisieren, muß zum einen eine Schmiedepresse mit großer Preßkraft zur Überwindung der höheren Verformungswiderstände zur Verfügung stehen, zum anderen ist es oft erforderlich, auf ein endkonturnahes Schmieden zugunsten einfacher geometrischer Formen mit erhöhter Bearbeitungszugabe zu verzichten. Im vorliegenden Fall wurde die Erwärmung der Blöcke in erdgasbeheizten Herdwagenöfen auf eine Temperatur von $1200°C$ vorgenommen. Das Schmieden erfolgte in 4 Schritten oder Hitzen. Die einzelnen Schritte sind schematisch in den Bildern 5.20 und 5.21 dargestellt. Bild 5.22 zeigt das Schmiedestück nach dem 1. Stauchen vor der 7500/9000-t-Presse, Bild 5.23 fertiggeschmiedet. Bild 5.24 zeigt die Kontur zur Wärmebehandlung mit der Lage der Probstücke und Bild 5.25 ein Foto des gedrehten Werkstücks.

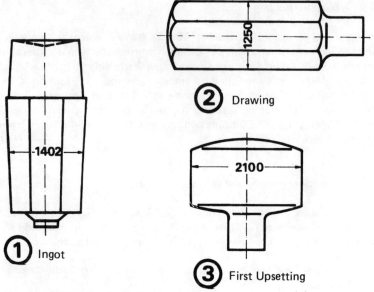

Bild 5.20: Forging Procedure, 35 t Ingot (1)

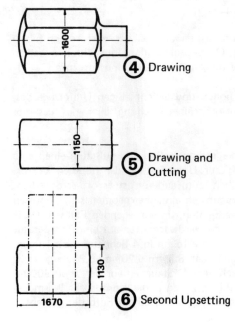

Bild 5.21: Forging Procedure, 35 t Ingot (2)

Bild 5.22:
Forging of
Seal Casing
1. Upsetting

Bild 5.23:
Finished
Forging
of Seal
Casing

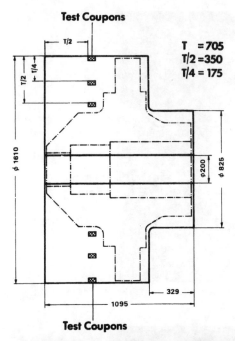

Bild 5.24:
Heat Treatment Contour

Bild 5.25:
Seal Casing after Machining to Heat Treatment Contour

Die Bilder 5.26 und 5.27 zeigen eine Einlaufdüse im rohgeschmiedeten und im zur Vergütung vorgedrehten Zustand.

Die Wärmebehandlung (Bild 5.28) bestand aus dem Austenitisieren bei $1000°C$, Abschreckung in Öl und einer doppelten Anlaßbehandlung bei $590°C$ bzw. $570°C$ und anschließender Abkühlung an Luft.

Bei der Anlaßbehandlung zwischen $500°$ und $600°C$ bildet sich bis zu 20 % fein verteilter, sehr stabiler Austenit. Dieser wandelt nicht in Martensit um und ist daher der Grund für die excellenten mechanischen Eigenschaften dieses Stahls.

Die bei 16 gleichen Stücken erzielten Werke zeigt Tab. 5.2. Schmiedestücke aus *rostfreien ferritischem Cr-Stahl X 20 CrMoNiV12 1* finden immer mehr Verwendung im Turbinenbau für Betriebstemperaturen bis ca. $600°C$ und im Druckbehälterbau. Für diese beiden Verwendungszwecke werden unterschiedliche mechanische Eigenschaften gefordert, welche man durch verschieden hohe Anlaßtemperaturen erreichen kann (Bild 5.29). Bei Anlaßtemperaturen im Bereich um $650° - 700°C$ erhält man höhere Festigkeits- und Streckgrenzenwerte, wie sie im Turbinenbau nach SEW 555 gewünscht sind; Werkstücke für den Druckbehälterbau nach CdTÜV WBL 110 werden bei $750°C - 780°C$ angelas-

Bild 5.26:
Forging for Suction Pipe

Bild 5.27: Suction Pipe: Delivery Contour

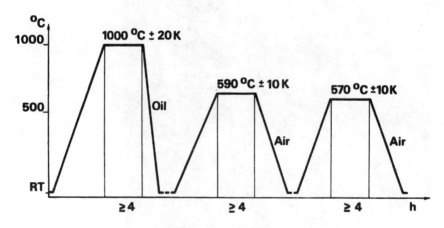

Bild 5.28: Quality Heat Treatment

Tabelle 5.2: Mechanische Eigenschaften Dichtungsgehäuse X 5 CrNi 13 4

	Prüft. 0°	Streckgr. Rp 0,2 N/mm^2	Festigkeit Rm N/mm^2	Dehnung A 5 %	Einschn. Z %	Kerbschlagarbeit n. ISO-V, J
Soll nach VdTÜV 395/3	20 350	>635 >525	780/980 >620	>15 >10	>40 >30	>50 –
Ist	20 350	670-830 550-690	810-940 630-740	16,5-24,5 12,5-17,4	50,0-75,0 60,0-70,0	150-200 –

sen und erbringen dann entsprechende niedrigere Werte. Durch gezielte Analyseneinengung im Rahmen der Grenzen des VdTÜV WBL und des SEW und ein günstiges H/D-Verhältnis bei der Herstellung der Schmiedeblöcke lassen sich Schmiedestücke mit Gewichten aus bis zu 100-t-Blöcken erfolgreich herstellen.

So haben japanische Wissenschaftler festgestellt, daß bei einem Cr-Äqivalent*) von < 5 und einer Abkühlungsgeschwindigkeit der Rohblöcke von > 15° C/min Delta-Ferrit-Gehalte von nur ca. 0,5 % in der Makrostruktur der Blöcke erreicht werden können, welches die besten Voraussetzungen für das Erreichen optimaler mechanischer Eigenschaften an den wärmebehandelten Schmiedestücken sind.

---

*) Cr-Äquivalent: Cr + Si + 4 Mo + 11 V + 5 Nb − 40 C − 2 Mn − 4 Ni − 30 N (%)

Dieselben japanischen Forscher haben an Versuchsblöcken von 500 kg, 2 t und 10 t herausgefunden, daß bei einem H/D-Verhältnis der Schmiedeblöcke von ca. 1 oder kleiner die größte Homogenität und der kleinste Anteil an eutektoidem NbC einzustellen ist, eine Voraussetzung für seigerungsarme Schmiedestücke.

In unserem Werk haben wir Schmiedestücke mit Rohblockgewichten bis 63 t hergestellt.

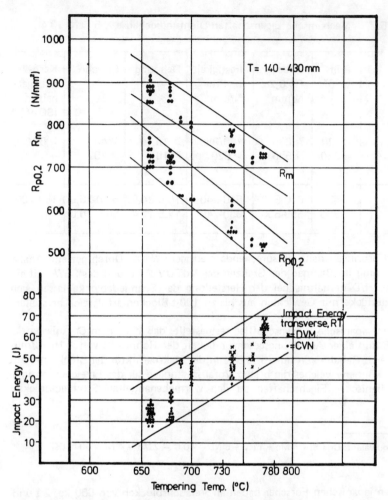

Bild 5.29: R_m; $R_{p0,2}$; Impact Energy 12 % Cr-Steel

Die Schmelzanalyse mehrerer verwendeter Blöcke für verschiedenartige Werkstücke zeigt Bild 5.30. Auf die Fertigung zwei gleicher T u r b i n e n w e l l e n Bild 5.31 möchte ich etwas näher eingehen. Die Blöcke wurden nach dem ESU-Verfahren hergestellt und hatten einen ∅ von 100 mm. Die Erwärmungstemperatur lag bei 1230/50°C. Bild 5.32 zeigt das Schmiedeschema.

Nach dem Glühen und Erkalten der Schmiederohlinge wurden diese auf Wärmebehandlungskontur vorbearbeitet und einer Ölvergütung bei 1040°C und einer Anlaßbehandlung bei 690/700°C unterzogen. Wichtig ist, daß nach der Haltezeit auf Anlaßtemperatur zunächst eine gezielte Abkühlung von 10°/h bis 500° im Ofen vorgenommen wurde, bevor dann die weitere Abkühlung an Luft erfolgte. Die erreichten mechanischen Eigenschaften an Probekörpern am Ballen zeigen in tangentialer und radialer Richtung folgende Ergebnisse (Tabelle 5.3).

	C	Si	Mn	P	S	Cr	Mo	Ni	V	Cu	Sn	Al	Ingot
VdTÜv-WBL110 1.4922 min max	0,17 0,23	0,50	1,00	0,030	0,030	10,0 12,5	0,80 1,20	0,30 0,80	0,25 0,35				
SEW 555 1.4923 min max	0,20 0,26	0,50	0,30 0,80	0,025	0,020	11,0 12,5	0,80 1,20	0,30 0,80	0,25 0,35				
Casings	0,21	0,29	0,54	0,006	0,002	11,8	0,88	0,34	0,32	0,04	-	0,008	Conv. 5,0t
HP-Reactor	0,18	0,18	0,56	0,010	0,004	12,2	1,03	0,67	0,26	0,17	0,010	0,006	Conv. 63,0t
Closure Head	0,21	0,23	0,63	0,016	0,004	11,9	0,92	0,62	0,29	0,13	0,011	0,007	Conv. 11,0t
Connecting Piece	0,18	0,14	0,49	0,019	0,010	12,4	0,93	0,56	0,29	0,11	0,006	0,005	Conv. 6,0t
Turbine Rotor	0,20	0,07	0,61	0,013	0,002	12,1	1,01	0,61	0,28	0,11	0,010	0,009	ESR 22,3t
Turbine Rotor	0,21	0,20	0,67	0,011	0,010	11,6	1,03	0,73	0,26	0,13	0,010	0,008	ESR 22,3t
Turbine Disc	0,20	0,13	0,60	0,010	0,002	12,0	1,01	0,61	0,28	0,11	0,010	0,008	ESR 9,0t
Turbine Disc	0,22	0,20	0,62	0,018	0,005	11,8	0,93	0,63	0,29	0,14	0,011	0,009	ESR 7,5t
Turbine Disc	0,21	0,22	0,63	0,017	0,003	11,7	0,93	0,64	0,28	0,14	0,011	0,008	ESR 7,5t

Bild 5.30: Heat Analysis 12 % Cr-Steel

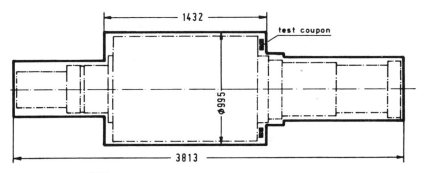

Ingot   : 22,3 t
H. T. Contur : 12,0 t
Delivery   :   9,9 t

Bild 5.31: Turbine Rotor

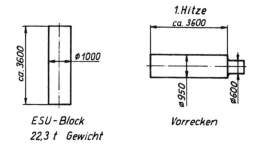

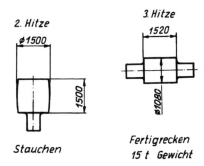

Bild 5.32: Schmiedeschema
TB-Welle X 20CrMoNiV12 1

Tabelle 5.3: Mechanische Eigenschaften Turbinenwelle X 20 CrMoV12 1

	Probenlage	Prüft. 0°	Streckgrenze Rp 0,2 N/mm²	Festigkeit Rm N/mm²	Dehnung A 5 %	Kerbschlagarbeit nach DVM J		
Soll	tang.) Ballen radial)	RT 450°	>590	740/835 nur informativ	>14	>30		
Ist Teil 1	tang. tang. radial radial	RT 450 RT 450	637 471 637 477	802 560 815 560	17,8 10,8 21,6 9,8	48 48	46 49	47 49
Ist Teil 2	tang. tang. radial radial	RT 450 RT 450	624 471 624 458	802 560 802 548	19,4 11,4 20,2 11,0	38 45	41 43	44 49

Die nachfolgenden Bilder 5.33 – 5.37 zeigen hier wieder die vielfältigen Formen und Einsatzzwecke der übrigen Schmiedestücke. Es handelt sich jeweils um die Kontur vor dem Ölvergüten. Die Fertigkontur ist ebenfalls eingezeichnet.

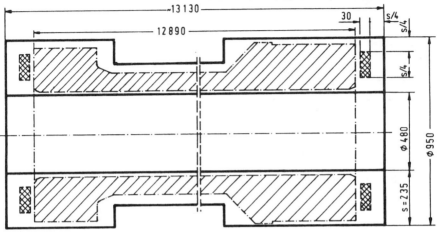

HD-Mantel

Rohblockgewicht	63 t
Vergütungsgewicht	30 t
Fertiggewicht	12,7 t

Bild 5.33: Ein Hochdruckmantel

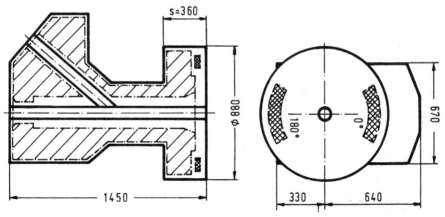

Ingot:	:	11.9 t
H. T. Contour:		6,0 t
Delivery:		3,5 t

Bild 5.34: Eine Abdeckung zum HD-Mantel

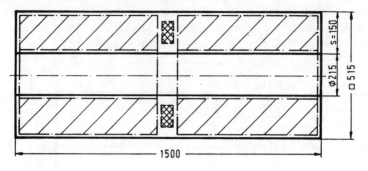

Ingot   : 5,0 t
H. T. Contour : 2,9 t
Delivery   : 2 x 1.24 t

Bild 5.35: Ein kombiniert.hohlgeschmiedetes Gehäuse

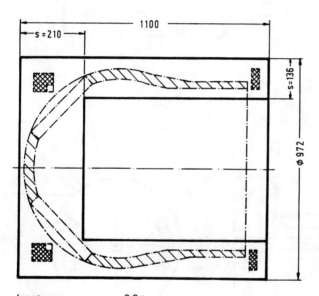

Ingot   : 6,0 t
H. T. Contour : 3,7 t
Delivery   : 0,62 t

Bild 5.36: Ein Verbindungsstück

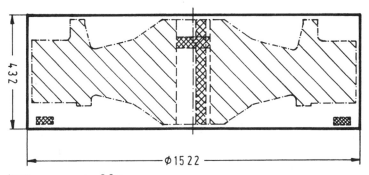

Ingot   : 9,0 t
H. T. Contour : 6,1 t
Delivery   : 2,63 t

Bild 5.37: Eine Turbinenscheibe

Als letztes Beispiel möchte ich Ihnen die Fertigung von W e l l e n f ü r V e r s t e l l p r o p e l l e r aus dem *nichtmagnetisierbaren austenitischen Stahl X 5 CrNiMnMoNNb 19 16 5,* Werkstoffnummer 1.3964, aufzeigen. Dieser Werkstoff ist außerdem meerwasserbeständig, beständig gegen IK (interkristalline Korrosion) und gegen SRK (Spannungsrißkorrosion); die Teile sind für Schiffsbauten der Marine bestimmt.
Bild 5.38 zeigt die Maße der Wellen im Ablieferzustand. Die angeschmiedeten Probekörper, an denen nach der Wärmebehandlung die mechanischen Eigenschaften sowie die IK- und SRK-Beständigkeit nachzuweisen waren, sind ersichtlich.

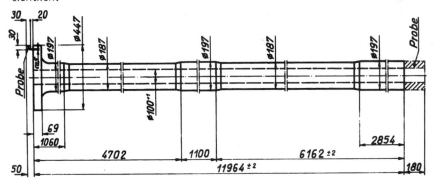

Werkstoff: X 5 Cr Ni Mn Mo N Nb 19 16 5
Bild 5.38

Die notwendigen 8,8-t-Blöcke wurden wie für die Qualität X 5 CrNi 13 5 im E-Ofen erschmolzen und mittels VOD-Behandlung auf die gewünschte Analyse eingestellt.

Für die Gebrauchseigenschaften von Schmiedestücken aus austenitischen Stählen sind die Wärmeführung bei der Verarbeitung und der Umformgrad maßgebend, damit ein homogenes Gefüge entsteht. Normalerweise müssen diese Stähle mindestens 5fach reckverformt werden, um auch im Inneren homogen zu werden und bei der US-Prüfung keine Fehler > 5 mm Ersatzreflektor zu bekommen. Da diese Propellerwellen aber eine durchgehende Bohrung von 100 mm ⌀ erhielten und evtl. Kerninhomogenitäten ausgebohrt werden konnten, riskierten wir eine nur ca. 4fache Reckverformung im Flanschteil und erreichten damit auch ein einwandfreies Schmiedestück. Die Erwärmungstemperatur zum Schmieden wurde auf max. 1170°C und die Schmiedetemperatur auf minimal 850°C festgelegt, um keine Oberflächenaufreißungen einerseits und eine Feinkörnigkeit andererseits zu erzeugen. Durch dieses enge Temperaturintervall wurden insgesamt 4 Hitzen benötigt.

Nach einer allseitigen Vorbearbeitung und einem Vorbohren erfolgte dann die Wärmebehandlung:

— Lösungsglühen 1030°C, Haltezeit 3 h,
 Abkühlung an bewegter Luft

— Entspannen 600°C, Haltezeit 4 h,
 Abkühlung an Luft

Die Spezifikation für chemische Analyse und mechanische Eigenschaften sind den Ist-Werten für eine Propellerwelle in Tabelle 5.4 gegenübergestellt.

Die Beständigkeit auf SRK wurde an einer Tangentialprobe vom Flansch nach einer sensibilisierenden Wärmebehandlung 650°C/0,5 h-Luft durchgeführt. Die Probe wurde in siedendem, luftdurchperltem künstlichem Meerwasser bei einer Spannung von 1,2 Rp 0,2 (Rp 0,2 = 365 N/mm^2) geprüft. Kein Bruch nach 1000 h.

Auch die IK-Beständigkeit wurde an einer Längsprobe vom Ende nach einer sensibilisierenden Wärmebehandlung 650°C/0,75 h-Luft nach DIN 50 914 geprüft und entsprach den Bedingungen des Kornzerfallsdiagramm.

Tabelle 5.4: Antimagnetische Propellerwellen X 5 CrNiMnMoNbN 19 16 5

Spezifi-kation	Gew.-%	C	Si	Mn	P	S	Cr	Mo	Ni	N	Nb
	von	–	–	4,0	–	–	20,0	3,0	15,0	0,20	–
	bis	0,03	1,0	6,0	0,025	0,010	21,5	3,5	17,0	0,35	0,25
Ist		0,02	0,35	5,25	0,022	0,002	20,58	3,12	15,70	0,311	0,15

chemische Analyse

		0,2 Streckgrenze Rp 0,2 N/mm²	Zugfestigkeit Rm N/mm²	Dehnung As %	Kerbschlagarbeit DVM J
Spezifikation		> 365	740/930	> 35	informativ
I S T	längs Ende	458 458	789 789	54 56	– –
	tang. Flansch	471 464	802 802	43 41	88 / 84 / 84 78 / 74 / 84

mechanische Eigenschaften

6 Beizen und Elektropolieren von Edelstahl

F. Zettler

6.1 Einleitung

Unter dem Begriff „Edelstahl" faßt man eine Reihe von nichtrostenden Stählen zusammen, die alle einen Mindestgehalt von 13% Chrom in der Legierung aufweisen. In der Regel liegt der Chromgehalt bei 17%, wobei Zulegierungen von Nickel und Molybdän üblich sind. Je nach Legierungszusammensetzung kann das Gefüge ferritisch, martensitisch, austenitisch oder teilferritisch vorliegen, wobei unser Interesse vor allem den austenitischen Chrom-Nickelstählen gilt.

Die nichtrostenden austenitischen Edelstähle haben ihren wirtschaftlichen Wert in praktisch allen Industriezweigen bewiesen. Ihr Einsatz in Produktionseinrichtungen der Chemischen und Pharmazeutischen Industrie, der Lebensmittel- und Getränkeindustrie, ebenso wie in Anlagen der Kerntechnik oder der High-Tech-Bereiche Elektronik und Biotechnologie erfolgt dabei vor allem unter den Gesichtspunkten der Korrosionsbeständigkeit, der Be- und Verarbeitbarkeit sowie der im Betrieb notwendigen Verhaltenscharakteristik.

Mit der Verwendung von Edelstahl allein können jedoch Korrosionsprobleme oder auch anwendungstechnische Probleme, wie günstiges Reinigungsverhalten oder geringe Belagbildung nicht gelöst werden. Eine ganze Reihe von Faktoren muß zusammenwirken, um ein qualitativ hochwertiges Bauteil zu erhalten, dessen Betriebsverhalten allen Anforderungen gerecht wird (Tabelle 6.1).

Tabelle 6.1: Zusammenwirken verschiedener Faktoren auf die Qualität eines Edelstahlbauteiles

---
1. Anlagenplanung und Konstruktion
2. Werkstoffauswahl
3. Verarbeitung (Schweißen)
4. Oberflächenbehandlung (Beizen und Elektropolieren)
5. Reinigungssystem

Nur wenn alle diese Faktoren auf etwa demselben Qualitätsniveau stehen, können im Verhältnis zu den Investitionen hochwertige Komponenten erstellt werden.

Ein hoher Kostenaufwand bei der Materialauswahl schützt zum Beispiel nicht vor Korrosionsversagen, wenn die schweißtechnische Ausführung unzureichend ist oder wenn die entsprechende chemische oder elektrochemische Oberflächenbehandlung ausgeblieben ist. Ebensowenig sinnvolll und auf die Dauer nutzlos ist eine aufwendige Oberflächenbehandlung, wenn für den späteren Betrieb kein entsprechendes Reinigungssystem vorgesehen ist und wenn dann beispielsweise ein Mitarbeiter mit Arbeitsschuhen in einen elektropolierten Behälter steigt und diesen mit einer Drahtbürste zu reinigen versucht.

So ist es also schon im Planungsstadium erforderlich, eine genaue Abstimmung der vorgenannten Faktoren vorzunehmen. Ein Konstrukteur muß beispielsweise berücksichtigen, ob das Bauteil später gebeizt wird, das heißt, er muß darauf achten, möglichst Hohlräume und Spalten die nur schlecht gespült werden können, zu vermeiden. Ebenfalls ist bei einer vorgesehenen Elektropolitur darauf zu achten, daß ein elektropoliergerechter Werkstoff eingesetzt wird oder daß die Möglichkeit zum Anbringen elektrischer Anschlüsse vorgesehen wird.

Dies alles zeigt, daß es schon im Vorfeld der Konstruktion eines Edelstahlbauteiles äußerst wichtig ist, sich mit den Problemen der späteren Oberflächenbehandlung zu befassen.

Die für die Oberflächenqualität eines Edelstahlapparates ausschlaggebenden Verfahren ,,Beizen" und ,,Elektropolieren" sollen hier ausführlich besprochen werden.

6.2 Beizen von Edelstahl

6.2.1 Korrosionsbeständigkeit durch die Passivschicht

Die vorzügliche Eigenschaft der nichtrostenden austenitischen Stähle liegt darin, daß sie selbständig vom aktiven in den passiven Zustand übergehen. Dabei bildet sich unter dem Einfluß von Luftsauerstoff und Feuchtigkeit ein etwa 10^{-3} μm dicker, optisch nicht erkennbarer Film, die sogenannte Passivschicht. Derselbe Prozeß läuft auch beim Abspülen einer gebeizten Edelstahloberfläche ab. Diese Passivschicht bedeckt die Oberfläche lückenlos und schützt das darunterliegende Grundmetall wie eine Haut vor dem Angriff korrosiver Medien. Es handelt sich dabei um eine amorphe Oxidschicht, die vor allem aus Chromoxiden besteht, deren Aufbau bisher jedoch noch nicht exakt aufgeklärt ist.

Im Gegensatz dazu ist die Oxidschicht, die die rostenden Stähle ausbilden, kristallin, rissig und schichtweise aufgebaut. Sie bietet deshalb nur einen unzureichenden Schutz gegen äußere Angriffe. Diese Schicht wächst also bei der Einwirkung von Sauerstoff und Feuchtigkeit unter Bildung dickerer Schichten, optisch erkennbar als Rost (Bild 6.1).

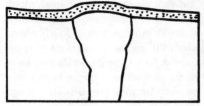

Passivschicht (~10^{-3} μm)

Grundwerkstoff mit Schweißnaht

nichtrostender Stahl (Cr > 13%)

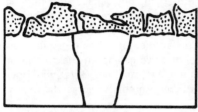

Passivschicht (dick)
Grundwerkstoff mit Schweißnaht

rostender Stahl (Cr < 13%)

Bild 6.1: Schematische Darstellung der Oberfläche nichtrostender und rostender Stähle

6.2.2 Korrosionsverhalten von Edelstahl

Neben der Korrosion durch Fremdrost zeigt Edelstahl eine Reihe spezifischer Korrosionsformen (Tabelle 6.2).

Tabelle 6.2: Korrosionsarten bei Edelstählen

1. Interkristalline Korrosion Korngrenzenangriff durch Chromverarmung; Sensibilisierung bei Temperaturen zwischen 450 – 850°C	2. Lochkorrosion Selektiver Korrosionsangriff ausgelöst durch halogenhaltige Angriffsmittel vor allem bei höheren Temperaturen	3. Spannungsrißkorrosion beim Vorliegen von Zugeigenspannungen in Verbindung mit spezifischen Angriffsmitteln (Halogenide oder starke Laugen)
Ausweg: Einsatz stabilisierter Stähle Lösungsglühen bei 1050°C	Ausweg: Einsatz von Stählen mit erhöhtem Chrom- bzw. Molybdängehalt.	Ausweg: Einsatz von Stählen mit erhöhtem Nickel- bzw. Molybdängehalt. Abbau der vorhandenen Zugeigenspannungen z.B. durch Beizen.

Bei der interkristallinen Korrosion verläuft der Angriff entlang den Korngrenzen. Voraussetzung für das Auftreten sind chromreiche Korngrenzenausscheidungen bei nicht genügendem Ausgleich der Chromverteilung durch Diffusion in den korngrenzennahen Bereichen (Sensibilisierung). Bei austenitischen Stählen tritt dieses Phänomen bei einer mehr oder weniger langen Verweilzeit der Teile in Temperaturbereichen zwischen 450 und 850 Grad Celsius auf, d.h., bei einer falschen Temperaturführung während des beim Schweißens oder durch Wärmebehandlung in dem genannten Temperaturbereich. Zur Auslösung der Korrosion bedarf es keines speziellen Angriffsmittels, eine starke Gefährdung liegt jedoch in salpetersaurer Lösung vor. Vermeiden läßt sich diese Korrosionsart durch den Einsatz von Stählen, die Titan oder Niob, also Karbidbildner, enthalten oder durch ein Lösungsglühen bei 1050 Grad Celsius.

Die Lochkorrosion beruht auf der örtlichen Zerstörung der Passivschicht in erster Linie durch halogenhaltige — und hier vor allem durch chloridhaltige — Angriffsmittel. Den zunächst kleinen anodischen Durchbruchstellen, die sich jedoch sehr schnell vertiefen und auch verbreitern, steht eine große kathodische Fläche der im Passivzustand verharrenden Oberfläche gegenüber. Die Gefahr der Lochkorrosion steigt mit der Temperatur, mit höheren Säuregehalten und mit steigendem Halogengehalt. Grundsätzlich sind alle nichtrostennden Stähle durch Lochkorrosion gefährdet (Bild 6.2). Steigende Chrom-, insbesondere aber steigende Molybdängehalte erhöhen die Beständigkeit gegenüber Lochkorrosion.

Eine weitere spezielle Korrosionsform bei den austenitischen Stählen ist die Spannungsrißkorrosion. Unter der Voraussetzung eines spezifischen Angriffsmittels und der Gegenwart von Zugspannungen sind praktisch alle Austenite, vor allem bei Temperaturen über 60 Grad Celsius, durch Spannungsrißkorrosion gefährdet. Angriffsmittel sind chloridhaltige oder stark alkalische Lösungen. Die ferritischen und die ferritisch-austenitischen Stähle neigen nicht oder nur in ganz seltenen Fällen zur Spannungsrißkorrosion. Als auslösende Zugspannungen sind oft bereits Eigenspannungen, wie sie im Bereich von Schweißnähten, starken Kaltverformungen oder grob überschliffenen Oberflächen auftreten können, ausreichend (Bild 6.3). Durch eine Erhöhung des Nickel- bzw. des Molybdängehaltes kann man die Gefährdung durch Spannungsrißkorrosion etwas vermindern. Günstiger ist es jedoch, den Eigenspannungszustand des Bauteils herabzusetzen. Dies kann man beispielsweise durch eine Abtragsbeizung bewerkstelligen.

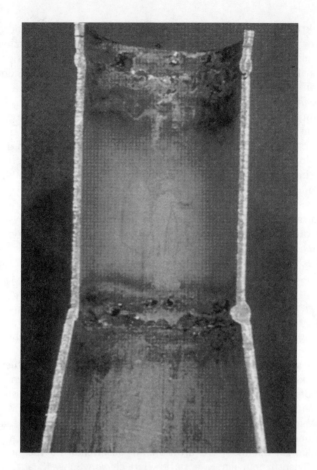

Bild 6.2: Lochkorrosion im Bereich der Schweißnähte an einem Auslaufstutzen aus WSt. 1.4571

Bild 6.3: Ausschnitt einer Längsnaht mit pustelförmigen Aufbrüchen im überschliffenen Bereich (Sprk).

6.2.3 Das Beizen

Die austenitischen Stähle haben also die Fähigkeit, selbständig eine schützende Passivschicht aufzubauen. Voraussetzung für eine Korrosionsbeständigkeit ist allerdings, daß diese Passivschicht nicht durch irgendwelche Fremdstoffe gestört ist. Schweißzunder und dünne Oxidfilme, also Anlauffarben, oder auch ferritische Ablagerungen bedeuten Störungen der Passivschicht und sind somit Ausgangspunkt für Korrosion.

Edelstähle können die ihrer Legierungszusammensetzung entsprechende Korrosionsbeständigkeit also nur erreichen, wenn die eine durchgehend geschlossene Passivschicht ausbilden können. Dies wiederum setzt eine metallisch reine Oberfläche voraus, d. h. eine Oberfläche, die frei ist von jeglichen oxidischen und auch ferritischen Auflagerungen. Und diese metallisch reine Oberfläche erreichen wir nur durch das Beizen.

Beim Beizen unterscheiden wir zwischen dem reinigenden Beizen und dem abtragenden Beizen:

Das reinigende Beizen dient der Entfernung aller Verunreinigungen von der Edelstahloberfläche mit dem Ziel, eine metallisch blanke Oberfläche zu schaffen, die dann in der Lage ist, die korrosionsschützende Passivschicht auszubilden. Dieses Verfahren ist grundsätzlich im Anschluß an alle Schweiß-, Glüh- oder Walzprozesse, sowie auch an Fertigungsprozesse, bei denen mit ferritischem Werkzeug gearbeitet wurde, anzuwenden.

Aus dem Aufbau einer Zunderschicht (Bild 6.4) wird deutlich, daß sich einzelne Oxidschichten nicht vollständig in den Beizsäuren auflösen, sondern nur angelöst werden. Es bedarf also immer einer gewissen mechanischen Unterstützung, um die noch lose anhaftenden Schichten von der Oberfläche zu entfernen. Dieses Problem löst man heutzutage am besten durch den Einsatz eines Hochdruckwasserstrahls mit wenigstens 120 bar. Dieses Verfahren ist bei weitem effektiver als das früher übliche Nachbürsten der Schweißnähte mit Edelstahlbürsten.

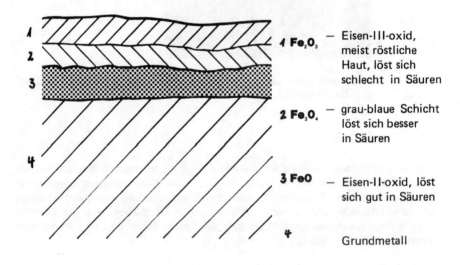

Bild 6.4:   Aufbau einer Zunderschicht (schematisch)

Über das reinigende Beizen hinaus wird ein abtragendes Beizen dann angewandt, wenn Spannungsrißkorrosion befürchtet werden muß. Wie vorher gezeigt, können Zugspannungen, die durch spanabhebende Prozesse wie Schleifen, Drehen oder Fräsen in die Oberfläche eingebracht werden, in Verbindung mit chloridhaltigen Medien bei höheren Temperaturen Spannungsrißkorrosion auslösen.

Diese Zugsannungen nehmen mit zunehmender Entfernung von der Oberfläche sehr rasch ab. Ein Abbeizen der Oberfläche mit einem Materialabtrag von 5 — 10 µm führt zu einer wesentlich spannungsärmerern Oberfläche und verringert dadurch die Gefahr der Spannungsrißkorrosion (Bilder 6.5 und 6.6).

Bild 6.5

Bild 6.6: Spannungsrißkorrosion an einem Siebkorb — Detailausschnitt. Durch Beizen mit Materialabtrag hätte der Schaden vermieden werden können

Gleichgültig, ob das Glasperlstrahlen zur Erzeugung von Druckspannungen oder nur zur Erzielung einer gleichmäßigen, optisch einwandfreien Oberfläche eingesetzt wird, sollte es nur in Verbindung mit einem vorausgehenden oder nachfolgenden Beizvorgang angewendet werden. Man kann durch das Glaskugelstrahlen zwar leichte Anlauffarben und auch Flugrost entfernen, das Verfahren wirkt jedoch nicht abrasiv genug, um auch tief in die Oberfläche eingedrückte ferritischen Partikel zu entfernen. Diese Einschlüsse sind jedoch bei der mechanischen Fertigung, also beim Walzen oder Schneiden von Blechen auf Maschinen, auf denen auch C—Stahl bearbeitet wird, einfach nicht zu vermeiden.

6.2.4 Beizverfahren

Zum Beizen der Edelstahloberfläche stehen uns grundsätzlich zwei Verfahren zur Verfügung (Tabelle 6.3). Das Beizen mit Badbeizen kann entweder durch Tauchen in Beizbädern oder durch Umpumpen in Rohrleitungssystemen oder auch durch ein kontinuierliches Besprühen oder Berieseln der zu beizenden Flächen (Bild 6.7) während der gesamten Beizzeit erfolgen.

Die Beizpasten sind Beizlösungen, die durch geeignete Verdickungsmittel so eingedickt sind, daß sie auch an senkrechten Flächen haften.

Beim Beizen mit Beizpasten unterscheidet man zwischen dem Streichverfahren, bei dem die Paste mit dem Pinsel oder der Bürste aufgebracht wird und dem Sprühbeizverfahren, bei dem die Paste mit einem Niederdrucksprühgerät auf die Oberfläche aufgetragen wird.

Ob das Beizen mit Hilfe von Badbeizen oder mit Beizpasten erfolgt, ist für die angestrebte Korrosionsbeständigkeit gleichgültig.
Von Bedeutung sind jedoch die Fragen
— nach der Größe der Bäder, die zur Verfügung stehen
— ob die für ein Besprühen notwendigen Anlagen vorhanden sind
— ob das Werkstück mit Rücksicht auf weniger beständige Konstruktionselemente, z.B. Flansche aus C-Stahl, getaucht werden darf
— ob ausschließlich Schweißnähte nachzubeizen sind, wie dies oft auf Baustellen der Fall sein wird.

Es ist heute Stand der Technik, daß Beizlösungen auf der Basis Salpetersäure/ Flußsäure aufgebaut sind und weder Salzsäure noch Chloride enthalten. Abgesehen davon, daß es bei der Anwendung salzsäurehaltiger Beizen beim Edelstahl schon nach wenigen Minuten zur Überbeizung kommen kann, besteht zusätzlich die Gefahr der Lochkorrosion, wenn die Rückstände der chloridhaltigen Beizlösung nicht restlos entfernt werden. In Ecken, Spalten und schwer zu spülenden Hohlräumen ist diese Gefahr immer gegeben.

Tabelle 6.3: Verfahren zum Beizen von Edelstahlkonstruktionen

1. Beizen mit nicht viskose eingestellten Lösungen
   (sogenannte Badbeizen)
   — Tauchen
   — Umpumpen
   — Berieseln

2. Beizen mit viskos eingestellten Lösungen
   (sogenannte Beizpaste)
   — Streichverfahren (Pinsel, Bürste)
   — Sprühbeizverfahren (Niederdrucksprühgerät)
   — Kombiverfahren

Bild 6.7: Destillationskolonne in einem Chemiewerk — gebeizt im Rieselverfahren

Die heute üblichen Beizlösungen haben etwa folgende Zusammensetzung:

Salpetersäure   ca. 10 – 20%
Flußsäure   ca. 3 – 8%
Additive, Wasser   Rest

Beim Arbeiten entsprechend den Normen der kerntechnischen Industrie ist der Flußsäuregehalt auf max. 3% begrenzt, und der Chloridgehalt muß unter 50 ppm liegen, d.h., zum Ansetzen der Beizlösungen muß demineralisiertes Wasser verwendet werden.

6.2.4.1 Beizen durch Tauchen

Grundsätzlich das wirtschaftlichste Verfahren ist das Tauchen im Beizbad. Bei den oben beschriebenen Beizlösungen verbleiben die Edelstahlteile in Abhängigkeit von der Standzeit des Bades, der Temperatur sowie dem zu beizenden Werkstoff zwischen 30 Minuten und 2 Stunden im Beizbad. Die Badtemperatur sollte um 20 Grad Celsius, also bei Raumtemperatur liegen (Bild 6.8).

Bild 6.8:   Beizbäder im Lohnbeizbetrieb der Fa. Derustit

Die Überwachung der Beizbäder erfolgt einmal über den Säuregehalt, der durch eine Titration gegen 1n KOH ermittelt werden kann und zum anderen über den Eisengehalt. Man wird bis zu einem Eisengehalt von 20 g/l im Beizbad noch durch frische Badbeize nachschärfen, über diesem Wert sollte das Bad erneuert werden.

Nach dem Beizen wird mit Wasser bis zur Säurefreiheit gespült. Hierzu eignen sich, wie schon vorher erwähnt, sehr gut Kaltwasserhochdruckgeräte mit einem Druck über 120 bar.

6.2.4.2 Passivieren

Bereits beim Abspülen mit Wasser, wenn die Säurefreiheit erreicht ist, beginnt die Passivschicht sich auszubilden. Dieser Vorgang kann durch den Einsatz von Passivierungslösungen beschleunigt werden. Diese Passivierungslösungen bestehen aus verdünnter Salpetersäure, haben eine Einwirkzeit von 10 – 15 Minuten und bieten den Vorteil, daß sie eventuell noch vorhandene Beizmittelrückstände, an denen sich die Passivschicht nicht ausbilden kann verdrängen, und so die Ausbildung einer geschlossenen Passivschicht garantieren.

6.2.4.3 Beizen mit Beizpaste

Prinzipiell unterscheiden sich die Beizvorgänge beim Beizen mit Badbeize und beim Beizen mit Beizpaste nicht. Zwei Parameter jedoch verhalten sich unterschiedlich:

Zum einen ist da die Temperatur. Beim Beizen im Tauchbad spielt die Temperatur des Werkstückes nur eine untergeordnete Rolle. Unterscheidet sich die Temperatur des Werkstückes wesentlich von der des Beizbades, so wird dies im Bad nur zu einer geringfügigen Temperaturänderung führen und damit die Beizzeit geringfügig verkürzen bzw. verlängern. Beim Beizen mit Beizpaste ist jedoch darauf zu achten, daß die Temperatur des Werkstückes zwischen +10 und +30 Grad Celsius liegt. Ist die Temperatur zu niedrig, so reagieren die Beizsäuren nicht, und ist die Temperatur zu hoch, so trocknen die Beizpasten an. Eingetrocknete Beizpasten wirken jedoch nicht mehr und lassen sich außerdem schlecht von der Oberfläche entfernen. Da sich Edelstahloberflächen durch die Sonneneinstrahlung sehr stark aufheizen, ist diesem Umstand beim Beizen zur Sommerzeit Rechnung zu tragen.

Genau umgekehrt verhält es sich mit dem Zeitfaktor. Beim Beizen mit Pasten, wo nur ein begrenzter Säureanteil zur Verfügung steht, spielt eine Erhöhung der Einwirkzeit keine Rolle. Man kann Beizpasten problemlos auch über Nacht auf der Oberfläche belassen, ohne eine Überbeizung des Edelstahlteiles befürchten zu müssen. Beim Beizen im Tauchbad sind dagegen die vorgeschriebenen Einwirkzeiten streng einzuhalten.

Werden nur die Schweinähte bearbeitet, so trägt man im allgemeinen die Beizpaste mit einem Pinsel auf (Bild 6.9). Die Mindesteinwirkzeiten der Beizpasten liegen je nach Beizpastentyp zwischen 30 Minuten und 1 Stunde, danach wird wieder mit Wasser bis zur Säurefreiheit gespült.

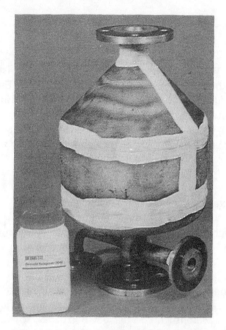

Bild 6.9:   Einstreichen der Schweißnähte mit Beizpaste

6.2.4.4 Sprühbeizverfahren

Großbehälter, für die kein Beizbad zur Verfügung steht, oder die fest installiert sind, werden am zweckmäßigsten nach dem Sprühbeizverfahren gebeizt. Dieses Verfahren garantiert auf wirtschaftliche Weise eine Komplettbeizung, die derjenige im Tauchbad entspricht (Bild 6.10).

Mit Hilfe eines Niederdrucksprühgerätes wird eine sprühbare Beizbaste gleichmäßig auf die gesamte Edelstahloberfläche einschließlich der Schweißnähte aufgesprüht. Nach ein bis zwei Stunden ist die Beizreaktion abgeschlossen. Das er-

Bild 6.10: DERUSTIT-Sprühbeizverfahren

kennt mann an einer gleichmäßigen grünen Verfärbung der ursprünglich weißen bzw. farblosen Paste. Zum Abspritzen wird grundsätzlich kaltes Wasser verwendet, damit die Oberfläche nicht trocken wird, bevor alle Säure abgespült ist.

Die Vorteile, die durch die Anwendung des Sprühbeizverfahrens gewonnen werden, können folgendermaßen zusammengefaßt werden:

— Beizen von Schweißnähten und Flächen in einem Arbeitsgang und mit einer Beizpaste
— Oberflächenqualität wie im Tauchverfahren
— erhebliche Einsparung von Arbeitszeit
— geringerer Materialverbrauch als beim Einstreichen
— erleichterte Arbeitsbedingungen, wie z.B. Beizen der Innenflächen eines Behälters mit Hilfe von Verlängerungslanzen, ohne ihn begehen zu müssen.

6.2.4.5 Kombiverfahren

Eine Variante des vorgenannten Sprühbeizverfahrens läßt sich dann anwenden, wenn bei der Herstellung des Behälters vorgebeizte Bleche eingesetzt wurden und bei der Verarbeitung sichergestellt ist, daß die Bleche nicht mit Ferriten beaufschlagt werden.

Man wird dann zunächst die Schweißnähte mit Beizpaste einstreichen. Nach einer Einwirkzeit von etwa 30 Minuten trägt man — entweder mit einem Pinsel oder mit einem Niederdrucksprühgerät — einen Edelstahlreiniger auf die gesamte Fläche auf und spült nach einer gemeinsamen Einwirkzeit von weiteren 30 Minuten mit Wasser ab. Dieses Verfahren ist kostengünstiger als das vorgenannten Sprühbeizverfahren, liefert jedoch im Hinblick auf die Korrosionsbeständigkeit dieselbe Qualität. Der einzige Unterschied besteht darin, daß die Schweißnähte gegenüber den nur gereinigten Flächen optisch aufgehellt erscheinen (Bild 6.11).

Bild 6.11: Kombi-Verfahren. Die Schweißnähte sind bereits mit Beizpaste eingepinselt

6.2.4.6 Edelstahlreiniger

Edelstahlreiniger sind Produkte auf der Basis Phosphorsäure. Sie können mit gutem Erfolg leichte oxidische Auflagerungen, Flugrost und sonstige Verunreinigungen entfernen. Sie sind jedoch nicht in der Lage, Oxide, die durch eine

Wärmebehandlung in der Oberfläche erzeugt wurden, abzubeizen. Deshalb ist auch der häufig für diese Produkte verwendete Begriff „Flächenbeizen" irreführend. Diese Produkte sind ausschließlich Reinigungsmittel und werden vor allem dazu eingesetzt, um einen Edelstahlbauteil nach der Montage das gewünschte Finish zu geben.

6.2.5 Prüfungen

Der Effekt des Beizvorganges kann auf verschiedene Arten geprüft werden. Da gibt es zunächst den Ferritindikatortest, bei dem noch auf der Oberfläche vorhandene Eisenionen durch eine Farbreaktion nachgewiesen werden können. Diese Methode eignet sich jedoch nur zum punktuellen Nachweis. Ganzflächig lassen sich ferritische Rückstände auf der Oberfläche durch die Deionatlagermethode nachweisen. Dazu wird das Edelstahlteil für rund 10 Stunden in vollentsalztem Wasser ausgelagert. Fehler in der Passivschicht zeigen sich dann als deutliche Rostpunkte. Sind die zu prüfenden Teile zu groß, um sie in einem Wasserbad auszulagern, kann man einzelne Flächen durch Auflegen von feuchtem Filterpapier prüfen, das über einen Zeitraum von ebenfalls 10 Stunden mit VE-Wasser feuchtgehalten wird.

Ferner läßt sich schon visuell der Effekt des Spülvorganges prüfen. Bräunliche Flecken auf der Fläche lassen auf Beizmittelrückstände schließen. Sie können beispielsweise mit Passivierungslösungen, also mit verdünnter Salpetersäure problemlos entfernt werden.

6.2.6 Gesetzliche Bestimmungen

Beizanlagen sind nach dem Bundesimmissionsschutzgesetz genehmigungspflichtige Anlagen. Die Genehmigung wird in einem vereinfachten Verfahren erteilt, wenn eine geordnete Abwasseraufbereitung garantiert wird und wenn die Badimmissionen[*] über eine Absauganlage mit Gaswäschern geführt werden.

Die Abwasseranlage muß aus einer Neutralisationsstufe und einer Trennstufe zur Abtrennung der gefällten Schwermetallhydroxide bestehen. Neutralisiert wird zweckmäßig mit Kalkmilch, um auch die Fluoride als Calciumfluorid aus dem Abwasser zu entfernen.

---

[*] Dieser Ausdruck ist eingebürgert, obwohl es sich um Emissionen handelt.

Die Beizchemikalien mit den Inhaltsstoffen Salpetersäure und Flußsäure sind Gefahrstoffe im Sinne der seit dem 26. Oktober 1986 gültigen Gefahrstoffverordnung. Danach ist eine ganze Reihe von Maßnahmen zum Schutze der Arbeitnehmer zu beachten.

6.2.6.1 Persönliche Schutzmaßnahmen:

Augenschutz   (Schutzbrille mit Gläsern aus Kunststoff, wie Klarsicht-PVC)

Atemschutz   (beim Arbeiten mit konzentrierten Säuren und beim Arbeiten in Behältern)

Körperschutz (Schutzhandschuhe, Gummistiefel, säurefeste Kleidung)

6.2.6.2 Organisatorische Schutzmaßnahmen:

Die Beschäftigten müssen auf die Gefahren im Umgang mit Säuren (besonders Flußsäure) hingewiesen werden. Diese Unterweisung ist in angemessenen Zeitabständen zu wiederholen. Es müssen ausführliche Arbeitsplatzanweisungen erstellt werden.

Beschäftigte, die mit Flußsäure umgehen, müssen unter dauernder betriebsärztlicher Kontrolle stehen.

Es sind Arbeitszeitbeschränkungen und Beschäftigungsverbote für Jugendliche zu beachten.

6.3 Elektropolieren von Edelstahl

Das Beizen dient vor allem dazu, die Korrosionsbeständigkeit der Edelstahlbauteile zu sichern. Häufig werden jedoch an Funktionsflächen noch weitergehende Anforderungen gestellt. Anforderungen hinsichtlich:

— Reinigungsverhalten
— Adhäsionsverhalten
— Belagbildung
— Verfahrensneutralität
— Glätte
— Reflexionsvermögen

- Reibungs- und Verschleißverhalten
- Partikelabgabe.

Diese Verhaltensmerkmale sind vom Zustand der Oberfläche abhängig und werden, wie die nachfolgenden Ausführungen zeigen, durch einen abschließenden Elektropoliervorgang sehr stark im positiven Sinne beeinflußt.

Weithin wird heute noch die Oberflächenendbearbeitung von Funktionsflächen durch mechanische Schleif-, Polier- oder Strahlbehandlungen durchgeführt. Diese mechanischen Oberflächenbehandlungsverfahren erlauben es nicht, die der Werkstoffqualität eigentlich entsprechende Oberflächenqualität zu erzielen.

Beim mechanischen Schleifen beispielsweise wird unter Spanabhebung primär Makrorauhigkeit abgetragen. Druck und lokale Erhitzung führen zu Gefügezerstörung und zum Aufbau lokaler Zug- und Druckspannungen in der Oberfläche. Verunreingungen werden in die Oberfläche eingetragen und können während des Betriebes zu Korrosion und Ablösung von Partikeln führen. Als Folge der mechanischen Bearbeitung entsteht eine gegenüber dem ursprünglichen Werkstoff inhomogene Oberflächenzone, die hinsichtlich Korrosionsbeständigkeit und Funktionsverhalten nicht mehr der eingesetzten Werkstoffqualität entspricht. Die Tiefe der geschädigten Schicht hängt vom Bearbeitungsverfahren ab, sie kann z.B. beim Schleifen bis zu 30 μm erreichen (Bild 6.12).

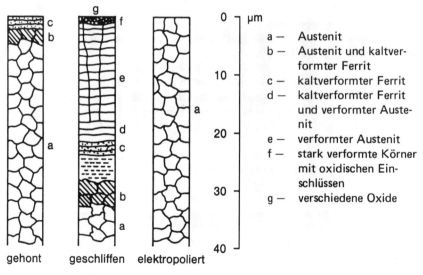

Bild 6.12: Schematische Darstellung

229

Durch den belastungsfreien Materialabtrag beim Elektropolieren werden diese geschädigten Schichten abgetragen und eine im Mikrobereich glatte, in sich geschlossene Oberfläche geschaffen, welche die Anforderungen an die funktionelle Oberfläche, die vorher genannt wurden, auf das höchstmögliche Maß erfüllt.

6.3.1 Elektropoliervorgang

Nach der DIN 8590 wird das Elektropolieren den elektrisch abtragenden Fertigungsverfahren zugeordnet. Es ist im Prinzip eine Umkehrung des galvanischen Prozesses, d.h., das Elektropolieren bewirkt einen Werkstoffabtrag durch selektive Auflösung der anodisch geschalteten Werkstückoberfläche innerhalb eines Elektrolyten. Als Stromquelle dient ein äußerer Gleichstrom. Die Metallauflösung geschieht unter einebnenden Bedingungen ohne Korngrenzenangriff und ohne mechanische, thermische oder chemische Beeinflussung des Werkstoffes. Die Abtragsraten liegen je nach Bedarf zwischen 20 und 50 μm.

Die Theorie des Elektropolierens geht dahin, daß der Elektrolyt unter dem Einfluß des Stromes über der Metalloberfläche eine zähe, wasserarme Schicht mit hohem elektrischem und Diffusionswiderstand ausbildet, den sogenannten Polierfilm. Rauhigkeiten, deren Überdeckung durch den Polierfilm geringer ist, werden bevorzugt abgetragen, wodurch eine geometrische Einebnung erfolgt. Die Einebnung beginnt im Mikrobereich und erfaßt mit zunehmender Dauer auch größere Unebenheiten, die nach und nach verrundet werden. Größere Kratzer und Oberflächenbeschädigungen werden durch das Elektropolieren jedoch nicht beseitigt (Bild 6.13).

Die elektropolierte Fläche ist im Mikrobereich glatt und eben, weist im Makrobereich jedoch eine gewisse Restwilligkeit auf, die zum einen von der Makrostruktur vor dem Elektropolieren und zum anderen vom Kristallgefüge des Werkstoffes abhängt.

Aufgrund der erhöhten Stromdichte an Ecken und Kanten tritt hier ein verstärkter Abtrag auf. Elektropolierverfahren lassen sich also dazu benutzen, eine zuverlässige Fein- und Feinstentgratung von Flächen und Kanten zu erzielen. Man spricht dann vom elektro-chemischen Entgraten, einem Verfahren, das vor allem für das Entgraten von gestanzten oder gebohrten Lochblechen interessant ist. Ein Anwendungsbeispiel zeigt Bild 6.14. Bei diesen Färbekufen aus der Textilindustrie ist es wichtig, daß der außen liegende Stanzgrad vollständig entfernt wird, da das zu färbende Gut mit sehr hoher Geschwindigkeit durch die Kufen geführt wird und dadurch selbst an minimalen Graten sehr leicht beschädigt werden könnte.

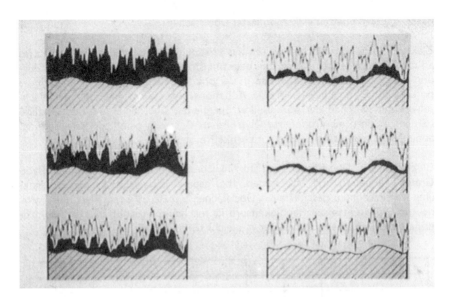

Bild 6.13:

Bild 6.14: Färbekufen aus der Textilindustrie

6.3.2 Eigenschaften elektropolierter Oberflächen

Elektropolierte Oberflächen weisen das kristalline Grundgefüge des Werkstoffes an der Oberfläche auf. Durch den belastungsfreien Abtrag sind sie frei von Zug- und Druckspannungen und weisen in der oberflächennahen Schicht ein geringes potentielles Energieniveau auf. Da Adhäsionsvorgänge vor allem auf der Wechselwirkung zwischen der potentiellen Energie der Oberfläche und dem Partikel beruhen, neigen elektropolierte Oberflächen einerseits nicht zur Belagbildung, andererseits lassen sie sich sehr gut partikelfrei spülen.

Elektropolierte Oberflächen sind im Mikrobereich glatt und eben und frei von Graten, Flimmern und Mikrorissen. Ihre geometrische Ausdehnung ist gegenüber vergleichbaren geschliffenen Oberflächen um ca. 80% reduziert. Dies wird deutlich, wenn man die Rauhigkeitsprofile mechanisch geschliffener und elektropolierter Oberflächen miteinander vergleicht (Bild 6.15).

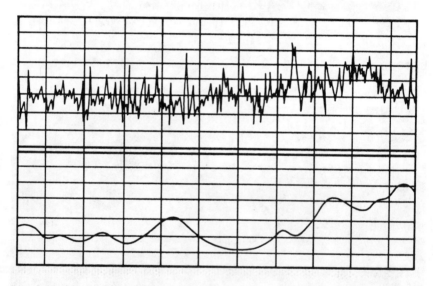

Bild 6.15: Profildiagramme einer mit Korn 400 geschliffenen (oben) und einer mit Korn 120 geschliffenen und anschließend elektropolierten (unten) Oberfläche mit gleichen Werten für R_a und R_t

Die glatte, porenfreie und in sich geschlossene Oberfläche mit den unverfälschten Eigenschaften des Grundwerkstoffes weist eine weitgehende Passivität gegenüber dem umgebenden Medium auf. Das bedeutet, elektropolierte Oberflächen sind verfahrensneutral, katalytische Wandreaktionen sind unterbunden und die Partikelabgabe ist minimiert (Tabelle 6.4). Elektropolierte Oberflächen sind hochglänzend und weisen ein ausgezeichnetes Reflexionsvermögen auf.

Tabelle 6.4: Abgabe von Partikeln der Größe 0,1 bis 0,3 μm abhängig von der Oberflächenbeschaffenheit von Edelstahl

Oberflächenqualität	Partikel/Flächeneinheit
mechanisch poliert	20.000
chemisch gebeizt	15.000 – 16.000
elektropoliert	500 – 1.000

6.3.3 Anwendungsgebiete für elektropolierte Oberflächen

6.3.3.1 Chemische Industrie

Günstiges Reinigungsverhalten, verminderte Belagbildung, das Ausbleiben katalytischer Wandreaktionen und die absolute Verfahrensneutralität sind die Vorteile elektropolierter Oberflächen, die man sich in der chemischen Industrie zunutze macht. Misch- und Lagerbehälter, Polymerisationsreaktoren, Wärmetauscher und Kristallisatoren werden bevorzugt elektropoliert.

6.3.3.2 Pharmazie und Biotechnik

Gründliche Desinfektion und rückstandsfreie Reinigung (Pyrogenfreiheit) der Oberfläche pharmazeutischer Produktionsanlagen zwischen den Produktchargen bilden die Voraussetzung zur Einhaltung der erforderlichen Produktqualität. Bild 6.16 zeigt einen Mischer für Pasten, Salben und ähnliches in der kosmetischen Industrie. Durch die Elektropolitur wurde zum einen das Reinigungsverhalten beim Chargenwechsel wesentlich verbessert und zum anderen die Standzeit der Teflonabstreifer des Rührsystems infolge des geringeren Abriebs um den Faktor 3 verlängert.

Ganze Systeme zur Erzeugung des in vielen Prozessen benötigten Reinstwassers samt Rohrleitungen und Lagerbehältern werden heutzutage elektropoliert.

Bild 6.16: Mischer für die pharmazeutische Industrie

6.3.3.3 Lebensmittel- und Getränkeindustrie

Elektropolierte Oberflächen werden dank des guten Reinigungsverhaltens, der Geschmacksneutralität, jedoch auch wegen der geringen Neigung zu Anbakkungen, in Anlagen der Getränkeindustrie, der Brauereien sowie auch in den Extraktionssystemen und Eindickern der Pulverkaffeehersteller eingesetzt. Bild 6.17 zeigt den Konus eines Gärtanks einer Brauerei während des Elektropliervorgangs. Die elektropolierte Fläche des Auslaufkonus garantiert ein gleichmäßiges Abgleiten der Hefe.

6.3.3.4 Reinstgastechnik

Noch größere Anforderungen als beim Reinstwasser werden an Reinstgassysteme in der Halbleitertechnik gestellt. Infolge der hohen Integrationsdichte wirken sich bereits Partikel $< 0,2$ μm störend auf das Fertigungsergebnis aus. Elektropolieren in Verbindung mit sorgfältigen Nachreinigungsverfahren führt zu Oberflächen mit extrem geringer Partikelabgabe. Serienmäßig werden Transporttanks, Lagertanks, Rohrleitungssysteme samt Armaturen und Filtergehäuse bearbeitet (Bild 6.18).

Bild 6.17: Auslaufkonus des Gärtanks einer Brauerei

Bild 6.18: T-Stück einer Reinstgasversorgungsanlage aus WSt. 1.4435

6.3.3.5 Vakuumtechnik

Hochreine elektropolierte Edelstahloberflächen zeigen unter Hochvakuum und Ultrahochvakuum gegenüber mechanisch polierten, gebeizten oder gestrahlten Oberflächen deutlich verringerte Desorption und Ausgasungsraten. Die Pumpzeiten zur Herstellung des Vakuums können somit bis zum Faktor 10 gesenkt werden, bzw. die erzielbare Vakuumqualität entsprechend verbessert werden.

6.3.3.6 Kerntechnik

Hier führt die glatte, auf einem niedrigen Energieniveau stehende Oberfläche zu einer verringerten Kontaminationsneigung und zu einem verbesserten Dekontaminationsverhalten.

6.3.3.7 Papierindustrie

Hier hat sich gezeigt, daß vor allem im Einlaufbereich von Papiermaschinen durch den Einsatz elektropolierter Oberflächen eine wesentliche Verringerung der Belagbildung und daraus resultierender Inhomogenitäten im Papierstoff erreicht werden kann.

6.3.4 Technik des Elektropolierens

Im Gegensatz zu den galvanischen Verfahren wird das Werkstück als Anode geschaltet. Den zu elektropolierenden Flächen gegenüber werden Formkathoden, meist aus Kupferstreckmetall, angebracht. Der Abstand zwischen Kathode und Anode beträgt im allgemeinen zwischen 20 und 200 mm (Bild 6.19). Industrielle Verfahren zum Elektropolieren von Edelstahl verwenden Elektrolyten aus konzentrierten Mineralsäuren auf der Basis Phosphorsäure/Schwefelsäure. Bei Stromdichten zwischen 5 und 50 A/dm^2 betragen die Elektropolierzeiten zwischen 5 und 30 Minuten. Die optimale Arbeitstemperatur liegt zwischen 40 und 60 Grad Celsius.

Diese Rahmenbedingungen führen zu einem Materialabtrag von etwa 1 μm pro 10 A min und dm^2. Er ist über die Stromdichte und Bearbeitungszeit exakt reproduzierbar.

Durch die anodische Auflösung des Werkstückes kommt es zu einer allmählichen Anreicherung des Elektrolyten mit Metallionen. Bei einem Metallgehalt über 5% läßt die Polierwirkung des Elektrolyten deutlich nach. Man kann durch einen bewußten Austrag von Elektrolyt und Ergänzung des Ausschleppungsverlustes durch frischen Elektrolyten den Metallgehalt unter diesem Grenzwert halten, so daß ein konstantes Arbeiten möglich ist.

Zur Bearbeitung großflächiger Teile, die nicht mit einer kompletten Kathode im gesamten Oberflächenbereich elektropoliert werden können, da die verfügbare Gleichrichterleistung hierzu nicht ausreicht, dienen partielle Elektropolierverfahren. Die Kathode ist hierbei als Wanderkathode ausgebildet und in ihrer Fläche auf die verfügbare Gleichrichterleistung abgestimmt. Diese Wanderkathode wird während des Elektropoliervorganges langsam über die gesamte zu polierende Fläche hinwegbewegt. Somit können, zwar verbunden mit höherem Zeitaufwand, theoretisch unbegrenzt große Oberflächen bearbeitet werden. Große Bedeutung haben diese Verfahren zum Elektropolieren von Großbehältern und Chemieapparaten erlangt. Die Behälter dienen dabei selbst als Elektrolyt kann. Die beweglichen Kathoden werden in die Apparate eingebaut und diese anschließend teilweise oder vollständig mit Elektrolyt gefüllt und anodisch geschaltet. Bei fest installierten Behältern bleibt nur die vollständige Befüllung mit Elektrolyt, bei beweglichen Behältern wird man jedoch versuchen, diese liegend auf einer Rollvorrichtung zu elektropolieren (vergl. Bild 6.17).

Bild 6.19: Edelstahlteil — mit anodischer Aufnahme und Kathode versehen

Mit modernen Rohrpolieranlagen können die Innenflächen von Rohren in Standardlängen von 6 m ab Durchmessern von 6 x 1 mm elektropoliert werden. Im Bedarfsfalle lassen sich auch Rohre bis 12 m bearbeiten (Bild 6.20).

Bild 6.20: Rohrpolieranlage

6.3.5 Hinweise für den Konstrukteur

Wird für ein Werkstück eine abschließende Oberflächenbehandlung durch Elektropolieren vorgesehen, so sollte dies bereits bei der Konstruktion und der Werkstoffauswahl berücksichtigt werden. Dadurch kann man unnötigen Aufwand und Kosten vermeiden und die Voraussetzungen zur Erzielung einer optimalen Elektropolierqualität schaffen.

Die durch Elektropolieren erzielbare Oberflächenqualität hängt maßgeblich von den Eigenschaften des eingesetzten Werkstoffes ab. Im Gegensatz zu mechanischen Verfahren und zu Beschichtungsverfahren können durch Elektropolieren keine strukturellen Fehler zugeschmiert oder verdeckt werden, diese treten im Gegenteil offen zutage.

6.3.5.1 Werkstoffauswahl

Die Frage, welche Edelstahllegierung für ein bestimmtes Anlagenteil verwendet wird, ist zunächst bestimmt von den Anforderungen, die das Betriebsmedium an die Korrosionsbeständigkeit stellt. Im Hinblick auf das Elektropolieren, d.h., auf eine optimale Glättung und Einebnung der Oberfläche, sind gewisse Anforderungen an die Werkstoffzusammensetzung zu stellen. Elektrochemisch resistente Legierungsbestandteile, wie Titankarbide und Titankarbonitride, Silizium, Schwefelverbindungen und auch Chromkarbide können auf der Oberfläche stehen bleiben und sollten daher nur in fein verteilter Form und in geringen Prozentsätzen vorliegen. In Bezug auf den Kohlenstoffanteil sind also innerhalb einer bestimmten Legierungsgruppe immer die kohlenstoffärmeren Stähle (1.4404 besser als 1.4401) vorzuziehen.

6.3.5.2 Elektropoliergerechte Konstruktion

Vier Hinweise sind zu beachten, um zu einer elektropoliergerechten Konstruktion zu gelangen:

1. Das zu elektropolierende Werkstück muß anodisch aufgenommen werden. In Anbetracht der hohen Stromdichte sind ausreichend Kontaktflächen vorzusehen, wobei nicht vergessen werden darf, daß an diesen Stellen nicht elektropoliert wird. Für Hohlräume und Bohrungen ist die Möglichkeit zum Anbringen von Innenkathoden vorzusehen.

2. Das Werkstück wird im allgemeinen in ein Bad mit Elektrolyt getaucht und muß hinterher wieder sauber gespült werden, d.h., enge Spalten, Falze und Umbördelungen sind zu vermeiden, da aus ihnen eingedrungener Elektrolyt nur sehr schwierig und unter hohem Spülaufwand zu entfernen ist.

3. Während des Elektropolierens entsteht Gas, und zwar Sauerstoff an der Werkstückoberfläche und Wasserstoff an der Kathode. Teile mit Hohlräumen sind also so zu gestalten, daß sie sich zum einen problemlos befüllen lassen und zum anderen keine Luftblasen durch sich ansammelndes Gas entstehen können. Gegebenenfalls sind entsprechende Entlüftungsöffnungen vorzusehen.

4. Da Elektropolieren auf die gesamte Oberfläche wirkt, werden auch Paßformen und Gewinde abgetragen und maßlich verändert. Sind enge Toleranzen einzuhalten, so sind die kritischen Bereiche während des Elektropoliervorgangs abzudecken.

6.3.5.3 Qualitätsbeurteilung

Zur Beschreibung und Kontrolle der Oberflächenqualität bedient sich der Konstrukteur meist noch der Rauhtiefenwerte und setzt dabei geringere Rauhtiefe mit besserer Oberflächenqualität gleich. Dies mag dann richtig sein, wenn man nur Oberflächen miteinander vergleicht, die durch mechanische Bearbeitung, wie

Schleifen, Bürsten oder Polieren hergestellt wurden. Dieses Verfahren versagt jedoch, wenn man Oberflächen, die auf anderem Wege, wie z.B. Elektropolieren hergestellt wurden, in den Vergleich mit einbezieht.

Die rein geometrische Messmethode der Rauhtiefenmessung läßt keine Aussage zu über Struktur, Energiezustand und Feingestalt der Oberfläche. Diese Faktoren bestimmen jedoch direkt das Betriebsverhalten der Oberfläche und damit auch deren Oberflächenqualität.

Ein geeigneteres Mittel zur tatsächlichen Beschreibung des Oberflächenzustandes sind rasterelektronenmikroskopische Aufnahmen (Bild 6.21). Sie lassen eine genaue Aussage über die Mikrostruktur der Oberflähce zu, sind jedoch sehr zeit- und kostenaufwendig. Von größeren Objekten müssen zunächst Folienabdrücke erstellt werden, die dann metallisch bedampft und anschließend ausgewertet werden.

Will man dennoch das Ergebnis der Elektropolitur über die Rauhtiefe mit dem geschliffenen Ausgangszustand vergleichen, so ergibt sich allgemein, daß eine vorgegebnen Rauhtiefe (Rz-Werte) durch das Elektropolieren in etwa halbiert wird (Bild 6.22). Diese Aussage ist jedoch nur gültig, wenn die Ausgangsrauhtiefen größer als 2 μm sind. Bei feiner vorgeschliffenen Flächen können sich nach der Elektropolitur wieder höhere Werte ergeben.

Ob überhaupt ein Vorschliff und wenn, mit welchem Feinheitsgrad, erforderlich ist, kann in der Regel nur durch entsprechende Betriebsversuche ermittelt werden. In der Praxis hat es sich gezeigt, daß die Rauhtiefe der Ausgangsoberfläche und die damit verbleibende Restwelligkeit der elektropolierten Fläche für das Betriebsverhalten in sehr vielen Fällen ohne Bedeutung sind. Eine für die meisten Anwendungsfälle optimale Oberfläche erhält man mit einem Vorschliff entsprechend Korn 240 und einer anschließenden Elektropolitur mit einem garantierten Abtrag von wenigstens 40 μm.

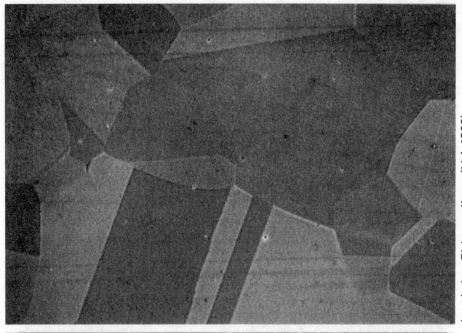
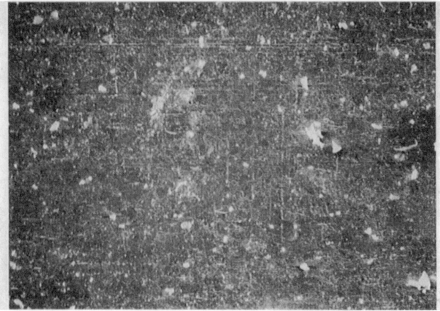

Bild 6.21: REM-Aufnahmen einer Rohrinnenfläche vor und nach dem Elektropolieren (V 1:1200)

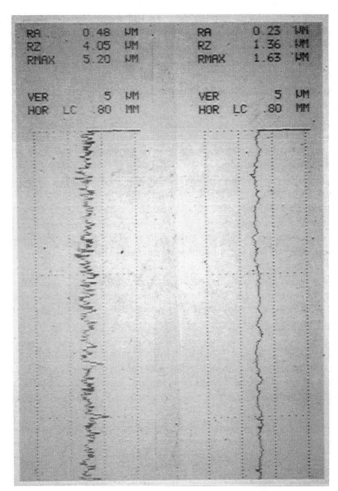

Bild 6.22: Rauhigkeitsdiagramme einer Behälteroberfläche vor und nach dem Elektropolieren

6.4 Zusammenfassung

Um qualitativ hochwertige Edelstahlbauteile zu erhalten, ist es nicht ausreichend, nur einen hochlegierten Werkstoff einzusetzen. Konstruktion, Werkstoff, Verarbeitung und Oberflächenbearbeitung müssen gleichermaßen auf hohem Niveau stehen. Durch Beizen schafft man eine metallisch blanke Oberfläche, die sich selbtständig passivieren kann und damit die dem Werkstoff entsprechende

Korrosionsbeständigkeit garantiert. Mit zusätzlichem Materialabtrag von 5 — 10 μm wird gebeizt, um die Gefahr der Spannungsrißkorrosion zu verringern. Diese kann ausgelöst werden durch in die Oberfläche eingebrachte Zugspannungen in Verbindung mit chloridhaltigen Medien. Mit gleich gutem Erfolg kann man sowohl mit Beizlösungen als auch mit Beizpaste beizen, wobei von Bedeutung ist, daß mit chloridfreien Beizmitteln auf Basis Salpetersäure/Flußsäure gearbeitet wird.

Hochwertige funktionelle Oberflächen im Hinblick auf Reinigungsverhalten, Passivität, Glätte, Belagbildung und Partikelfreiheit lassen sich durch Elektropolieren erzeugen. Durch den belastungsfreien Materialabtrag wird die Oberfläche eingeebnet, geschädigte Oberflächenschichten werden abgetragen. Die im Mikrobereich absolut glatte Oberfläche weist die unverfälschten Eigenschaften des eingesetzten Werkstoffes auf.

Moderne Elektropolierverfahren ermöglichen die Bearbeitung großflächiger Edelstahlteile ebenso wie die Innenbearbeitung von Rohren.

In der chemischen und pharmazeutischen Industrie, in der Vakuumtechnik sowie in der Kerntechnik als auch in der Papierindustrie hat sich das Elektropolieren zur Erzeugung hochwertigen funktioneller Edelstahloberflächen weitgehend durchgesetzt.

Neue Arbeitsgebiete für das Elektropolieren ergeben sich zwangsläufig mit den steigenden Anforderungen an die Reinheit der der Oberfläche, vor allem in Reinstgassystemen der Elektroindustrie, sowie auch in Anlagen aus dem Bereich Biotechnologie.

7 Vom Stahl bis zu den Sondermetallen

F. Schreiber

7.1 Entwicklungstendenzen

Die Rohstahlerzeugung, Bild 7.1, spiegelt in den Anwendungsbereichen von Stahl die technische Entwicklung wider. In der Nachkriegszeit ergab sich bis Mitte der 70er Jahre ein starker expontentieller Anstieg in der Erzeugung von Stahl, der sich in den 80er Jahren zwischen 700 und 800 Mio. t pro Jahr weltweit einpendelte. Der Anteil der Jahresproduktion in Deutschland beträgt ca. 40 Mio. t. Die heutige Bedeutung des Stahl in der Technik zeigen beispielhaft die Bereiche Energieversorgung, Verkehrswesen und chemische Industrie.

Der Einsatz der Werkstoffe hängt entscheidend von den Eigenschaften ab. Bei Normen oder Lieferbedingungen ist heute das Ziel, Prüfungen und Prüfwerte festzulegen, die am abzuliefernden Erzeugnis ermittelt werden können. Dem Hersteller wird in der Wahl seiner Herstellbedingungen im Normalfall freie Hand gelassen.

Auf den Erfahrungen bezüglich Sorten, Auftragsgröße und Qualitätsanforderungen beruht die Einteilung in Grund-, Qualitäts- und Edelstähle.
Grundstähle sind Stahlsorten mit begrenzten Eigenschaften:
Mindestzugfestigkeit $\leqslant 690$ N/mm^2
Mindeststreckgrenze $\leqslant 360$ N/mm^2
Mindestbruchdehnung $\leqslant 26\,\%$,
z. B. St37.

Qualitätsstähle sind Stahlsorten, für die im allgemeinen
kein gleichmäßiges Ansprechen auf eine Wärmebehandlung gefordert wird.
Besondere Anforderungen ergeben sich für Oberfläche, Gefüge und Sprödbruchunempfindlichkeit (S, P $<$ 0,045 %). Die S- und P-Gehalte sind kleiner als 0,045 %. Beispielhaft sind Stähle der C-Gruppe zu nennen, d. h. C10, C15, C22, C35, C45 u. w.

Edelstähle
sind Stahlsorten, die u. a. für eine besondere Wärmebehandlung geeignet sind und auf diese gleichmäßig ansprechen müssen.
Bei Edelstähle sind die S- und P-Gehalte kleiner als 0,035 %, und sie haben

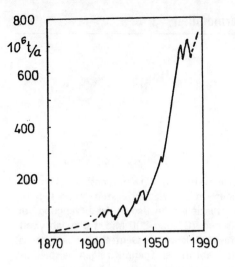

Bild 7.1: Entwicklung der Rohstahlerzeugung

auch geringere nichtmetallische Einschlüsse als die Qualitätsstähle.
Die Abgrenzung zwischen unlegierten und legierten Stahl zeigen die Euronorm 20 — 74 und ISO 4948. Die Legierungselemente, die oberhalb bestimmter Grenzwerte liegen, führen zu legierten Edelstählen. Dabei betragen die Grenzwerte elementabhängig zwischen 0,05 und 1,6 %.
Die Einteilung nach Grund-, Qualitäts- und Edelstählen ist auch von organisatorischer und vertrieblicher Bedeutung. Es ist von Vorteil, wenn mit wenigen Angaben zu den Eigenschaften der Verwendungszweck gekennzeichnet werden kann.

Eine weitere Möglichkeit der Unterteilung der Stahlsorten ergibt sich durch das Gefüge. Es wird von ferritischen, perlitischen, bainitischen, martensitischen oder austenitischen Stählen gesprochen. Bei den nichtrostenden Stählen kann weiter in ferritischen, martensitischen und austenitischen Stählen unterschieden werden.

Die Stahlgruppe nach Verarbeitung und Verwendungszweck einzuteilen, gewinnt an Bedeutung, wie z. B. Vergütungsstähle, Werkzeugstähle u. a.

Die neuzeitliche metallurgische Technik — Sauerstoffblasverfahren bzw. Lichtbogenofen-Verfahren, Sekundärmetallurgie, Strangguß — führt zu hochwertigen Stählen. Die Industrienationen tendieren in diese technologische Richtung und überlassen den Schwelländern teilweise die Massenproduktion. So beträgt z. B. der Anteil der legierten Edelstähle an der jeweiligen eigenen Gesamtproduktion in:
- Schweden 32 %

- Deutschland 18 %
- Frankreich 14 %
- Großbritannien 10 %.

Die Schwerpunkte der unlegierten und legierten Edelstähle liegen in Deutschland bei:
- unlegierten Baustählen 18 %
- unlegierten Werkzeugstählen 0,5 %
- legierten Edelbaustählen 32 %
- legierten, höherfesten schweißbaren Feinkornstählen 32 %
- legierten nichtrostenden Stählen 9 %.

Legierte und hochlegierte Stähle decken große Anwendungsbereiche ab. In dieser Abhandlung werden aber auch Anschlußwerkstoffe behandelt. Diese kommen zum Einsatz aufgrund ihrer Vorzugseigenschaften, wie z. B.
- Nickellegierungen im Hochtemperaturbereich bei Gastturbinen und Triebwerken
- Titan in der chemischen Verfahrenstechnik
- Titanlegierungen in der Luftfahrttechnik
- Tantal in der chemischen Verfahrenstechnik.

7.2 Werkstoffauswahl

7.2.1 Werkstoffanforderungen

Die Anforderungen an die Werkstoffe ergeben sich aus den marktorientierten Zielen zur Produktleistung und Produktqualität. Die Umsetzung der Ziele erfolgt dann in der Entwicklung und Konstruktion, Produktionsplanung und Produktion.

7.2.1.1 Einsatzbedingungen

Die Ermittlungen der Einsatzbedingungen und die Festlegung im Leistungsverzeichnis ist von besonderer Bedeutung. Sie lassen sich in physikalische, mechanische und chemische Beanspruchungen unterteilen.

Mechanische Belastung

Zu den am häufigsten auftretenden Belastungen sind die mechanischen Beanspruchungen zu nennen. Die Art der Belastung ist.

im einfachsten Fall → statisch oder dynamisch
im komplexen Fall → kollektiv.

Aus den mechanischen Belastungen errechnen sich die auftretenden Spannungen, die mit den zulässigen Werkstoffwerten verglichen werden.

Temperaturbelastung

Die auftretenden höheren Temperaturen reduzieren die zulässigen Werkstoffkennwerte und dadurch die zulässigen mechanischen Belastungen. Bei dynamischem Temperaturverhalten können Thermoermüdungen auftreten, die als zusätzliche dynamische Spannungen zu werten sind (Thermoschock- und LCF-Verhalten).

Höhere Temperaturen beeinflussen aber auch die Art und das Ausmaß der Oberflächenreaktionen, die zur Korrosion führen können.

Korrosionsbelastung

Das den Werkstoff umgebende Medium kann in Abhängigkeit von Zusammensetzung, Konzentration und Temperatur Korrosion verursachen. Dabei ist die flächenhafte Korrosion nicht so problematisch wie die lokale Korrosion. Am gefährlichsten wirkt sich die Spannungsrißkorrosion aus. Die kritischen Korrosionsbelastungen müssen bekannt sein, um unempfindliche Werkstoffe auswählen zu können.

Verschleiß

In Abgrenzung zur Korrosion ist die Belastung beim Verschleiß mechanisch bedingt. Die Korrosion hat die Ursache in chemischen oder elektrochemischen Reaktionen. Verschleiß äußert sich durch Loslösen von kleinen Teilchen sowie in Stoff- und Formänderungen der tribologisch beanspruchten Oberflächenschicht. Verschleiß ist ein Abnutzungsprozeß, bei dem mechanische Energie den Vorgang bestimmt. Unter energetischer Wechselwirkung können folgende Verschleißmechanismen unterschieden werden:
— adhäsiver Verschleiß, vor allem bei Gleitvorgängen
— abrasiver Verschleiß durch harte und scharfe mineralische Körner, z. B. bei Schürfwerkzeugen
— Reaktionsverschleiß
— Zerrüttungsverschleiß durch dauerbruchartige Schädigung oder Ermüdung.

Die Mechanismen sind deshalb von praktischer Bedeutung, da sie eine grundlegende Basis für die Werkstoffwahl darstellen.

Betriebszeit

Die Lebensdauer eines Produkts ergibt sich vor allem aus den Marktanforderungen. Sie begrenzt die zulässigen mechanischen und korrosiven Belastungen. Mit diesen Werten erfolgt die Dimensionierung der Bauteile für den ausgewählten Werkstoff. Kritische Bauteile sind wegen der hohen Beanspruchungen als Austauschteile konzipiert unter Berücksichtigung der Servicefreundlichkeit.

7.2.1.2 Verarbeitungseigenschaften

Für die Werkstoffbeurteilung kommen nicht nur die Einsatzbedinungen in Betracht, sondern auch die Möglichkeiten der Verarbeitung. Hervorzuheben sind, z. B. bei metallischen Werkstoffen, die Verformbarkeit und die Schweißeignung. Ausgangsprodukte für die Verarbeitung zu Bauteilen, Komponenten, Maschinen und Anlagen sind Halbzeuge, die in Form von z. B. Blechen, Stäben, Drähten, Profilen und Rohren zur Verfügung stehen.

Kaltverformung

Die Verarbeitung zu Bauteilen brücksichtigt die technologischen Werkstoffeigenschaften, wie z. B. beim Umformen durch Biegen, Abkanten, Bördeln, Drücken, Tiefziehen, Fließpressen, Prägen u. a.
Zu den praktizierten technologischen Prüfungen sind z. B. Biegeversuche, Faltversuche, Rohraufweitversuche, Tiefungsversuche, Näpfchenziehversuche zu nennen. Dem Biegeversuch kommt im Vorfeld der Werkstoffauswahl besondere Bedeutung zu.

Warmumformung

Bei hohen Umformgraden mit hohen Umformkräften zeigen sich die Grenzen der Kaltverformung. Die dann zu wählende Umformtemperatur ist werkstoffabhängig und liegt im Bereich der Normalglühtemperatur. Einflüsse auf das Gefüge sind dann zu berücksichtigen, ggf. schließt sich eine spezielle Wärmebehandlung an.

Zerspanbarkeit

Die zerspanende Umformung duch Drehen, Fräsen, Bohren, Hobeln, Räumen, Schleifen u. a. wird durch geeignete Werkzeuge bei vorgegebenen Schnittbedingungen bestimmt.

Schweißen

Durch die Schweißbarkeit von Werkstoffen erweitern sich die Konstruktionsmöglichkeiten. Dabei sollte Schweißen möglichst ohne zusätzliche Wärmebehandlung möglich sein. Die Auswahl der Schweißverfahren berücksichtigt vor allem die Reaktivität der Werkstoffe mit der Atmosphäre, die Schutzgasart, die Streckenenergie, die Gefügeänderung durch Schweißen, die Herstellbedingungen und die Wirtschaftlichkeit.

Gießen

Das Gießen erweitert ähnlich wie das Schweißen die Konstruktionsmöglichkeiten beträchtlich. Es gewährleistet Formenvielfalt bei geringem Werkstoffeinsatz und ermöglicht die integrale Bauweise mit dem Vorteil, die Teileanzahl zu reduzieren. Abhängig von Werkstoff, Toleranz, Einsatzgewicht und Stückzahl werden z. B. Sandguß, Kokillenguß und Feinguß verwendet. Die Gießbarkeit ist vor allem abhängig von der Schmelztemperatur, wie z. B. bei Aluminium, sie hat die Gußtechnologie stark positiv beeinflußt.

Gleichmäßigkeit

Ein wichtiges Kriterium für die Ausnutzung des Werkstoffpotentials ist die Prozeßstabilität bei der Herstellung und Verarbeitung der Werkstoffe. Das Ziel muß es sein, die Abweichungen der mechanischen Eigenschaften klein zu halten, um die Mindestwerte auf hohem Niveau zu halten.

7.2.1.3 Wirtschaftlichkeit

Materialkosten und Verarbeitungskosten addieren sich zu Herstellkosten. Durch die Abdeckung der Fixkosten im Unternehmen und mit Gewinnzuschlag errechnet sich zu den Herstellkosten der Verkaufspreis. Die Wettbewerbsfähigkeit wird durch die Werkstoffauswahl und die werkstoffabhängige Verarbeitung, wie z. B. durch Umformen, Zerspanen, Schweißen mitentscheidend beeinflußt. Aus ökonomischen und ökologischen Gründen erlangt das Recycling während der Herstellung und Verarbeitung zunehmende Bedeutung. Der ökonomische Faktor nimmt bei höherwertigen Werkstoffe deutlich zu, wie z. B. von Stahl, Aluminium und Kupfer ausgehend bis zu Titan, Tantal, Gold und Platin.

7.2.2 Werkstoffdaten

Die allgemeinen produktabhängigen Werkstoffdaten können entnommen werden aus:

- Werkstoff-Leistungsblättern von Herstellern
- DIN-Blättern
- Werkstoffleistungsblättern nach TÜV und Luftfahrtnorm
- Stahlschlüssel
- DECHEMA-Werkstoff- und Korrosionstabellen
- Fachliteratur.

Die speziellen produktabhängigen Werkstoffdaten erhält man aus:
- technologischen Untersuchungen,
  z. B. Tiefzieh-, Biege- und Schweißversuchen
- Bauteilversuchen
- Betriebsversuchen
- Schadensanalysen.

Die Versuche kennzeichnen die Entwicklungs-, Konstruktions- und Serienanlaufphase. Zunächst werden an Rund- bzw. Flachproben die Werkstoff-Kenndaten ermittelt. Durch technologische Versuche lassen sich die Fertigungsparameter bestimmen. Aus Bauteilversuchen ergeben sich Aussagen über Zuverlässigkeit unter betriebsähnlichen Bedingungen. Das Produkt im Einsatz beim Kunden liefert unter Dauerbelastung die umfassendste Qualitätsbeurteilung. Eine fortlaufende Produktbeobachtung und Schadensanalyse schließen den Kreis der Werkstoffdatenbank und sind Basis dür Werkstoffweiterentwicklungen.

7.2.3 Werkstoffbeurteilung und Auswahl

7.2.3.1 Technische Auswahl

Der erste Schritt zur Werkstoffauswahl setzt voraus, daß die Einsatzbedingungen bekannt sind. Dazu sind z. B. zu nennen die Belastungsart, die auftretenden Spannungen, die Temperaturbeanspruchung, die Belastungsdauer und die korrosiven Einwirkungen. In einer Grobauswahl ergeben sich daraus die möglichen Werkstoffe.

Im zweiten Schritt werden die Werkstoffe auf Verarbeitungsmöglichkeiten hin untersucht. Durch die Kriterien, s. a. Abschn. 7.2.1, wie z. B. Umformverhalten (Biegeversuch) und Schweißbarkeit werden die Werkstoffe weiter eingeschränkt.

7.2.3.2 Wirtschaftliche Auswahl

Im dritten Schritt werden Bauteile, Komponenten oder Anlagen auf Wirtschaftlichkeit geprüft.
Aus Materialkosten und Verarbeitungskosten ergeben sich die variablen Herstell-

kosten, die mit anderen Werkstoffausführungen verglichen werden.
Bei Investitionsrechnungen ist von den Preisen auszugehen; sie enthalten variable Herstellkosten, Fixkosten des Unternehmens und Gewinnzuschlag.
Eine Investitionsentscheidung aus Kundensicht berücksichtigt im Vergleich zur bestehenden Ausführung
- die Investitionskosten
- die laufenden Betriebskosten einschließlich Ausfallkosten und
- mögliche Entwicklungskosten bei Einführung neuer Werkstoffe.

Eine Zusammenfassung der technologischen und wirtschaftlichen Bewertung zeigt das Stärke-Diagramm, Bild 7.2.

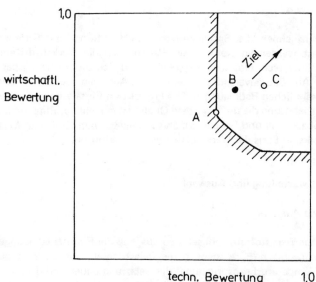

A = alte Lösung
C = optimale neue Lösung

$$x = \frac{\text{erreichbare techn. Bewertung}}{\text{ideale techn. Bewertung}}$$

$$y = \frac{\text{erreichbare Kosteneinsparung}}{\text{ideale Kosteneinsparung}}$$

z = ökologische Bewertung

Bild 7.2: Stärke-Diagramm zur technischen und wirtschaftlichen Bewertung

Heute und in Zukunft überlagert sich diesem Beurteilungsfeld noch die ökologische Bewertung durch Kriterien wie, z. B. Recycling, Rohstoffreserven.

7.3 Vorzugseigenschaften von ausgewählten Werkstoffen

In diesem Abschnitt werden die höherwertigen mikrolegierten Stähle, nichtrostende Stähle, hochlegierte Stähle, Nickellegierungen, Titan, Titanlegierungen und Tantal mit ihren Vorzugseigenschaften beschrieben.

7.3.1 Mikrolegierte Stähle

7.3.1.1 Übersicht

Festigkeit und Zähigkeit verhalten sich gegenläufig. Das Ziel der Mikrolegierung ist es, bei gleicher Zähigkeit die Festigkeit weiter zu steigern und damit auch das Werkstoffpotential.

Kennwerte:
Festigkeit und Zähigkeit lassen sich durch Kennwerte aus dem Zugversuch, Kerbschlagversuch und Bruchzähigkeits-Versuch (K_{Ic}) ermitteln, Bild 7.3.

Aus dem Zugversuch ergeben sich die Kennwerte Streckgrenze, Zugfestigkeit und Bruchdehnung. Ein hochfester Stahl besitzt eine höhere Festigkeit und eine niedrigere Bruchdehnung, ein weicher Stahl dagegen niedrige Festigkeit und höhere Bruchdehnung. Der Kerbschlagversuch liefert Aussagen über die Sprödbruchempfindlichkeit in Abhängigkeit von der Werkstofftemperatur. Gemessen wird die verbrauchte Energie beim Durchschlagen genormter gekerbter Proben. Die so gemessene Kerbschlagzähigkeit ist ein Maß für die Sprödbruchempfindlichkeit. Von besonderer Bedeutung ist die Übergangstemperatur. Sie zeigt den Übergang von hoher Kerbschlagzähigkeit zu niedrigen Werten. Bei Tieftemperaturbeanspruchung sollte die Übergangstemperatur mit Sicherheit unterhalb der Betriebstemperatur sein.

Die Bruchzähigkeit (K_{Ic}) ist ein Kennwert, der vor allem bei hochfesten Werkstoffen ermittelt wird. Mit dem werkstoffabhängigen K_{Ic}-Wert errechnet sich unter Berücksichtigung der Rißgeometrie die Spannung, unter der der Riß fortschreitet und den Bruch herbeiführt.

Einfluß der Legierungselemente:
Die Auswirkungen der Legierungselemente auf die Übergangstemperatur aus dem Kerbschlagversuch und die Streckgrenze aus dem Zugversuch zeigt qualitativ Bild 7.4.

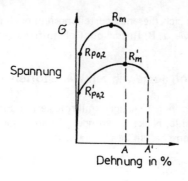

a) Zugversuch

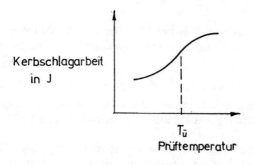

b) Kerbschlagzähigkeit

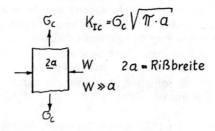

c) Bruchzähigkeit K_{Ic} (plane-strain)

Bild 7.3: Ermittlung der Zähigkeitswerte
 a) Zugversuch
 b) Kerbschlagversuch
 c) Bruchzähigkeit

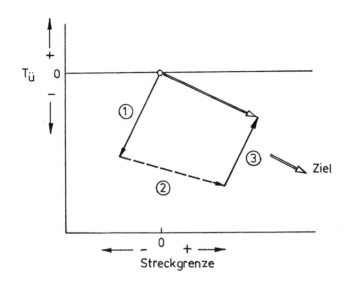

Bild 7.4: Einfluß der Legierungselemente auf die Übergangstemperatur $T_ü$ der Kerbschlagzähigkeit J und die Streckgrenze

Das Absenken des C-Gehaltes im Werkstoff reduziert die Übergangstemperatur, verringert aber auch die Streckgrenze.
Ein Zugeben von Mikrolegierungselementen, z. B. Nb, führt zur Kornfeinung mit dem Ergebnis, daß die Übergangstemperatur noch weiter abnimmt und die Streckgrenze deutlich gesteigert wird.
Eine weitere Zugabe von Mikroelementen, z. B. Ti, bewirkt eine Ausscheidungshärtung mit dem Resultat, daß die Streckgrenze weiter gesteigert wird, die Übergangstemperatur in diesem Fall zunimmt.
Das zielorientierte Gesamtergebnis ist eine deutliche Steigerung der Streckgrenze und eine abnehmende Übergangstemperatur.

7.3.1.2 Schweißgeeignete Feinkornstähle, DIN 17 102

Im Vergleich zu den Baustählen DIN 17 100 (St37, St42 u. a.) haben Feinkornstähle höhere Festigkeitswerte.

Festigkeitssteigerung:
Für diese Stähle gilt, daß die Festigkeitssteigerung nicht durch die Erhöhung des Perlitgehaltes bzw. C-Gehaltes erfolgt, sondern durch
— Mischkristallverfestigung mit Mn-Zusatz von ca. 1 %
— Feinkörnigkeit durch stickstoffabbindende Elemente, z. B. Al, sowie weitere Kornfeinung durch Nb und V
— Ausscheidungshärtung mit Nb, V, Ti.

Die besondere Schweißeignung ist durch die verbesserte Zähigkeit und den verminderten C-Gehalt gegeben.

Eine ausgewogene chemische Zusammensetzung führt zur Optimierung von Festigkeit, Zähigkeit und Schweißeignung. Die Festigkeitserhöhung bewirken z. B.
Mn   bis   1,5 %
V   bis   0,15 %
Cu   bis   0,5 %
Ni   bis   0,6 %.

Die Zähigkeit ergibt sich bei abgesenktem C-Gehalt vor allem durch Mn und Ni. Für die Schweißneigung sind niedrige C-Gehalte um ca. 0,2 % erforderlich.

Beispiele

StE 355

Streckgrenze $R_{p0,2}$ $\geqslant$ 355 N/mm^2
Zugfestigkeit R_m $\geqslant$ 490 bis 630 N/mm^2
Bruchdehnung   A $\geqslant$ 22 %

Chemische Zusammensetzung:
0,2 % C;   0,1 – 0,5 % Si;   0,9 – 1,65 % Mn;
   < 0,035 % P; < 0,035 % S;
   0,02 % Al;   Cu, Ni, Nb, Ti, V siehe DIN 17 102.

StE 460

Streckgrenze $R_{p0,2}$ $\geqslant$ 460 N/mm^2
Zugfestigkeit R_m $\geqslant$ 560 – 730 N/mm^2
Bruchdehnung   A $\geqslant$ 17 %

Chemische Zusammensetzung:
0,2 % C;   0,1 – 0,6 % Si;   1 – 1,7 % Mn;
< 0,035 % P;   < 0,03 % S;
0,02 % Al;   Cu, Ni, Nb, Ti, V siehe DIN 17 102.

StE 690
Streckgrenze $R_{p0,2}$ $\geqslant$ 690 N/mm^2
Zugfestigkeit R_m $\geqslant$ 810 N/mm^2
Bruchdehnung   A $\geqslant$ 10 %

Die mechanischen Eigenschaften werden durch Wasservergüten eingestellt.

Chemische Zusammensetzung:
0,2 % C;   0,3 % Si;   0,8 % Mn;
0,5 % Cr; 0,5 % Mo;   0,9 % Ni;
0,004 % B; 0,05 % V.

Durch die thermomechanische Behandlung lassen sich die mechanischen Eigenschaften von Feinkornstählen verbessern, z. B.

StE 500 TM   C-Gehalt = 0,16 % $R_{p0,2}$ $\geqslant$ 500 N/mm^2
StE 500   = 0,21 % $R_{p0,2}$ $\geqslant$ 500 N/mm^2

7.3.1.3 Vergleich kaltgewalzter Bleche

Im Vordergrund stehen Kaltumformbarkeit und Festigkeitseigenschaften.
Die Alternativen zur Festigkeitssteigerung sind:
— Mischkristallbildung durch Mn und Si, siehe auch 7.3.1.2.
— Kornfeinung und Ausscheidungshärtung durch V, Nb, Ti, siehe auch 7.3.1.2.
— Erhöhte Versetzungsdichte durch Nachwalzen bis über 6 %.
— Vergütung von Werkstoffen mit C-Gehalten bis 0,7 %.
— Dualphasen, bestehend aus ferritischer Grundphase und inselartigem Martensit von 20 – 30 % Anteil.
Die Martensitentstehung wird durch beschleunigte Abkühlung erreicht. Diese Martensitbildung erhöht die Anzahl beweglicher Versetzungen und damit die Verformungsfähigkeit.
Als Beispiel für einen Dualphasen-Stahl ist folgende chemische Zusammensetzung zu nennen:
C < 0,1 %;   Si = 2,2 %;   Mn bis 0,3 %;
Ti = 0,1 %; B = 0,001 %;
Die Anwendung liegt z. B. im Automobilbau mit einer Wärmebehandlung im α–γ-Gebiet und nachfolgender schneller Abkühlung.

Eine Übersicht der Bruchdehnung in Abhängigkeit von Zugfestigkeiten kaltgewalzter Feinbleche aus höherfesten Stählen zeigt Bild 7.5:

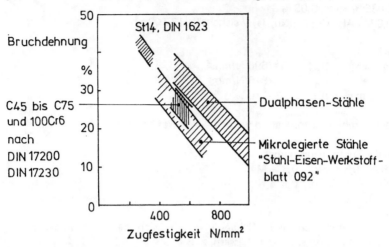

Bild 7.5: Bruchdehnung in Abhängigkeit von Zugfestigkeit von „Mikrolegierten Stählen, Dualphasen- und Vergütungsstählen"

7.3.1.4 Mikrolegierte perlitische Stähle für Schmiedeteile

Die Anwendung dieser Stähle liegt bei hochbeanspruchten Teilen, wie z. B. Kurbelwellen, Pleuelstangen und Achsschenkel.

Die Verarbeitung erfolgt vorzugsweise durch Gesenkschieden bei ca. 1250°C. Bei den entsprechenden Glühbehandlungen treten kaum Veränderungen in der Feinkörnigkeit des Umwandlungsgefüges aus Ferrit und Perlit auf. Als mögliche Ursachen sind hochschmelzende Phasen zu nennen (Mn-Ti-S-Verbindungen).
Die Entwicklungsrichtungen von mikrolegierten Stählen führen zu höheren Festigkeits- und Zähigkeitswerten. Zu der Weiterentwicklung durch Mikrolegieren kommt die Beeinflussung der mechanischen Eigenschaften durch thermomechanische Behandlungen dazu.

Beispiel 1: „Achsschenkel" aus 26 MnSiVS 7
Streckgrenze $R_{p0,2}$ ≈ 530 N/mm^2
Zugfestigkeit R_m ≈ 800 N/mm^2
Bruchdehnung A_5 ≈ 20 %

Chemische Zusammensetzung ca.:
C = 0,25 %; Si = 0,65 %; Mn = 1,5 %;
P = 0,01 %; S = 0,03 %;
Cr = 0,3 %; V = 0,1 %; Al = 0,022 %; N = 0,02 %; Ti = 0,018 %.

Beispiel 2: „Kurbelwelle" aus 38 MnSiVS 6
Zugfestigkeit R_m = 925 N/mm^2

Chemische Zusammensetzung:
C = 0,38 %; Si = 0,7 %; Mn = 1,35 %;
S = 0,065 %; V = 0,1 %.

Beim Vergleich der Wärmebehandlung zwischen Vergütungsstählen und mikrolegierten Stählen zeigt sich ein deutlicher wirtschaftlicher Vorteil für die mikrolegierten Stähle, Bild 7.6. Nach dem Schmieden erfolgt bei mikrolegierten Stählen nur noch ein kontrolliertes Abkühlen. Bei den Vergütungsstählen sind dagegen die Arbeitsfolgen Härten, Anlassen, Richten und Spannungsarmglühen erforderlich.

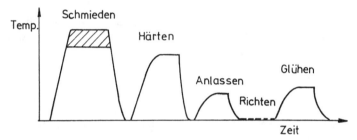

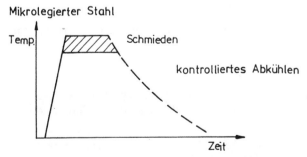

Bild 7.6: Wärmebehandlungen von Vergütungsstählen und mikrolegierten perlitischen Stählen

7.3.2 Nichtrostende Stähle

7.3.2.1 Vorzugseigenschaften

Bei den mikrolegierten Stählen lag der Schwerpunkt auf den mechanischen Eigenschaften. Die nichtrostenden Stähle zeichnen sich vor allem durch die chemische Beständigkeit aus.
Die Belastungen durch Umweltbedingungen sind vielfältig, wie z. B. durch Luftsauerstoff, feuchte Luft, wäßrige Lösungen, Fluß- und Brauchwasser, chloridreiches Meer- und Brauchwasser.
In verfahrenstechnischen Anlagen können Beanspruchungen durch anorganische und organische Säuren sowie Alkalien auftreten.

Bei nichtrostenden Stählen kann insgesamt mit folgenden wichtigen Eigenschaften gerechnet werden:
— Korrosionsbeständigkeit
— ausreichende Festigkeit und Zähigkeit
— Kalt- und Warmumformbarkeit
— Zerspanbarkeit und
— Schweißeignung.

Die Anwendungsbereiche sind vielschichtig, wie z. B. in der chemischen Industrie, Energiegewinnung, Meerestechnik, im Automobilbau, Haushalt, Umweltschutz.

7.3.2.2 Chemische Zusammensetzung

Die chemische Zusammensetzung ist so gewählt, daß die Bedingungen der Korrosionsbeständigkeit erfüllt werden.

Chrom:
Dem Chromgehalt kommt besondere Bedeutung zu. Dabei ist der freie Chromgehalt maßgebend:

$$Cr_{frei} = \% \, Cr - 14{,}54 \, \% \, C.$$

Die Chromverarmung ergibt sich durch den C-Gehalt. Bei Temperaturen vor allem zwischen 650°C und 800°C findet die Reaktion zu Chromkarbid $Cr_{23}C_6$ statt.

Die Chromverarmung kann durch folgende legierungstechnische Maßnahmen begrenzt werden:
— Reduzierung des C-Gehaltes
— Zulegieren von Karbidbildnern, z. B. Ti, Nb.

Diese bilden bevorzugt dann die Karbide.

Der Einfluß des freien Chroms auf die Korrosionsbeständigkeit veranschaulicht qualitativ Bild 7.7.

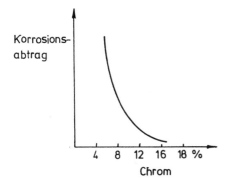

Bild 7.7:
Einfluß des Cr-Gehaltes auf den Korrosionsabtrag

Nickel:
Nickel verbessert bei Cr-Gehalten von 12 bis 30 % besonders die Beständigkeit in Säuren. Die Passivierungsstromdichte wird herabgesetzt.

Molybdän
Zulegieren von Mo erweitert den Passivbereich.

Titan und Niob
Diese Elemente stabilisieren den Cr-Gehalt durch Abbinden des Kohlenstoffes.

Stickstoff
Stickstoff verzögert die Karbid-, σ- und χ-Phasenbildung; dabei bestehen die Phasen aus:
Karbidphase → $M_{23}C_6$
  σ-Phase → FeCr
  χ-Phase → $Fe_{23}Cr_{12}Mo_{10}$

Bild 7.8 zeigt am Beispiel des Werkstoffes X 3 CrNiMo 17 13 5, daß durch N-Zugabe die Ausscheidungen verzögert werden.

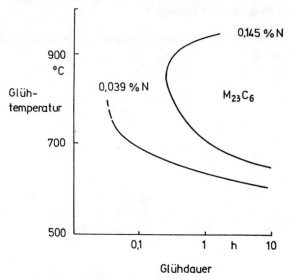

Bild 7.8: Einfluß des Stickstoffgehaltes auf die Chromkarbidbildung

7.3.2.3 Korrosionsart

Während die flächenhafte Korrosion bei der Dimensionierung gut berücksichtigt werden kann, ist die lokale Korrosion nicht berechenbar. Die Einflußfaktoren sind komplex. Eine Möglichkeit besteht darin, bestimmte qualitative Parameter zu berücksichtigen. Dazu gehört die Wirksumme von Cr und Mo, die einen Einfluß auf die kritische Lochfraßtemperatur in einem vorgegebenen korrosiven Medium hat, z. B. in 10 %iger $FeCl_3$-Lösung, Bild 7.9. Dabei zeigt das Diagramm, daß mit zunehmender Wirksumme von Cr und Mo der Widerstand gegen Lochfraß zunimmt. Deutlich wird der negative Einfluß des Schweißens sichtbar. Die kritische Lochfraßtemperatur reduziert sich beträchtlich. Eine mögliche Ursache liegt bei der χ-Phasenbildung.

Eine Besonders kritische Korrosionsbelastung ist das gleichzeitige Einwirken von mechanischer Spannung und Korrosion. Das Spannungsrißkorrosionsverhalten (SRK-Verhalten) von gebräuchlichen rost- und säurebeständigen Stählen zeigt Bild 7.10. Die SRK-Empfindlichkeit steigt mit zunehmender mechanischer Spannung. Höher legierte Edelstähle, z. B. höherer Ni-Gehalt, reduzieren die SRK-Empfindlichkeit.

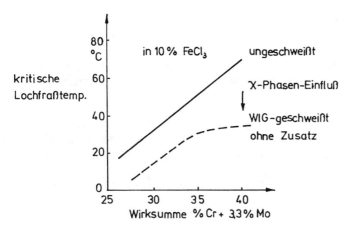

Bild 7.9: Einfluß der Wirksumme Cr/Mo auf die krit. Lochfraßtemperatur

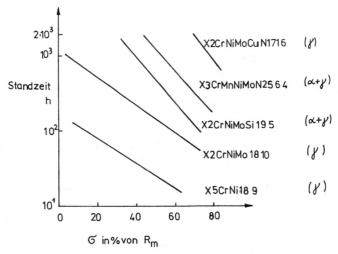

Bild 7.10: Spannungsrißkorrosion von nichtrostenden Stählen in 3 % NaCl

7.3.2.4 Werkstoffgruppen

Die nichtrostenden Stähle lassen sich einteilen in:
— ferritische Stähle
— martensitische Stähle
— austenitische Stähle
— ferritisch-austenitische Stähle.

Ferritische Stähle, u. a. X 6 Cr 13 und X 6 Cr 17 werden z. B. eingesetzt im Haushalt, Automobilbau und in der Erdölchemie.

Martensitische Stähle, u. a. X 40 Cr 13, X 20 CrNi 17/2, X 105 Cr Mo 17 sind z. B. bei Messern, Ventilen, Düsen, Wälzlagern und Dampfturbinenschaufeln im Einsatz.

Austenitische Stähle, X 5 CrNi 18 10 (Grundtyp) bis X 1 NiCrMoCu 25 20 5 finden Anwendung im Haushalt, Bauwesen, Automobilbau, Apparatebau und in Anlagen der Rauchgasentschwefelung.

Ferritisch-austenitische Stähle, z. B. X 2 CrNiMoN 22 5 3 werden verwendet in Chemie-Anlagen, Zentrifugen und in der Medizin.

7.3.3 Hitzebeständige Stähle und Nickellegierungen

7.3.3.1 Vorzugseigenschaften

Die hervorzuhebenden Eigenschaften beziehen sich auf:
— Zunder- und Heißgaskorrosionsbeständigkeit
— Warmfestigkeit und gutes Zeitstandverhalten
— Gefügestabilität und Unempfindlichkeit gegen Versprödung
— Schweißeignung und Umformbarkeit.

Die Hitze- und Zunderbeständigkeit oberhalb 550°C bewirkt eine festhaftende Oxidschicht, die Schutz gegen heiße Gase (reduzierende, oxidierende) und Flugasche gewährt sowie gegen Salz- und Metallschmelzen.

Bei hohen Temperaturen und mechanischer Belastung ist die Zeitstandfestigkeit eine wichtige Kenngröße. Zu berücksichtigen ist beim dynamischen Temperaturverhalten auch noch die Thermoschockbeständigkeit, die im Vergleich zu keramischen Werkstoffen bei Metallen vorteilhaft ist.
Die Anwendungen der hitzebeständigen Werkstoffe ergeben sich in der chemischen und keramischen Industrie, bei der Abgasbehandlung in der Industrie und bei Kraftfahrzeugen und Ofenanlagen.

7.3.3.2 Chemische Zusammensetzung

Die Einstellung der mechanischen und chemischen Eigenschaften wird durch das Legieren erreicht.

Chrom
Chrom bildet eine dichthaftende Oxidschicht. Mit steigendem Cr-Gehalt nimmt die Zunderbeständigkeit zu.
Der Cr-Gehalt beträgt > 15 %
                    und < 25 %.
Der höhere Cr-Gehalt wird begrenzt durch die Versprödung.

Silizium, Aluminium, Titan
Si, Al, Ti verbessern die Deckschichtbildung und wirken ähnlich wie Chrom.

Nickel
Ni verbessert die Haftfestigkeit zwischen Oxidschichten und Grundmetall durch den Ausgleich unterschiedlicher Ausdehnungen.

7.3.3.3 Werkstoffe

Die Werkstoffzuordnung im Dreistoffsystem Fe-Cr.Ni mit:
- ● X 15 CrNiSi 20 12
- △ X 15 CrNiSi 25 20
- ▲ X 10 NiCrAlTi 32 20
- χ X 12 NiCrSi 36 16
- ▼ NiCr 23 Fe (1,3 Al)
- ▽ NiCr 15 Fe

zeigt Bild 7.11.

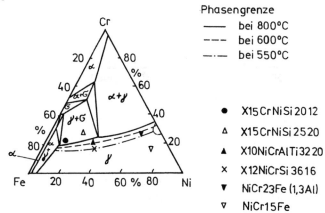

Bild 7.11: Dreistoffsystem Fe-Cr-Ni bei 800°C

Dabei sind Phasengrenzen γ zu (γ + 6) bzw. (a + γ)
bei ——— 800°C
– – – 650°C
—.— 550°C angegeben.

Die Zeitstandfestigkeit in Abhängigkeit von der Temperatur für austenitische und ferritische Stähle zeigt Bild 7.12.
Die aufgetragene 1 %-Zeitdehngrenze für 10.000 h entspricht in etwa einer Zeitstandfestigkeit bis zum Bruch bei 100.000 h. Für höhere Temperaturen bis ca. 700°C ergeben sich nur noch geringe Werte für die Zeitstandfestigkeit.
Bei höheren Beanspruchungen durch Temperatur, Spannung und Heißgaskorrosion kommen nur noch Nickelbasislegierungen in Betracht.

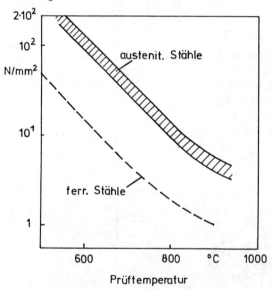

Bild 7.12: Zeitstandfestigkeit für austenit. und ferrit. Stähle

Nickelbasis-Legierungen
Die Anwendungen dieser Werkstoffgruppe liegen z. B. im Bereich der Gasturbinen, Flugtriebwerke und der chemischen Industrie.

Von der Weiterverarbeitung ausgehend, werden die Ni-Legierungen in schmiedbare Legierungen und Feingußlegierungen unterteilt.

Die *schmiedbaren Ni-Legierungen* haben einen Cr-Gehalt zwischen 15 und 20 %, wegen der Heißgaskorrosion.
Al-, Ti-Gehalte betragen bis ca. 4 % jeweils und sind erforderlich, um eine Aushärtung durch die γ-Phase $Ni_3 \cdot (Al, Ti)$ mit höheren Zeitstandsfestigkeiten zu erzielen.

Die *Feingußlegierungen* sind als hochfeste Ni-Legierungen bekannt und lassen sich nur durch Gießen formen. Eine weitere Bearbeitung erfolgt dann nur noch abtragend, z. B. durch spangebende Formgebung. Al-, Ti-Anteile haben Gehalte bis zu insgesamt 10 %. Weitere Mo-, Ta- und W-Zusätze steigern zusätzlich die Zeitstandfestigkeiten.

Bei Flugtriebwerken ist zur Festigkeit noch die Dichte maßgebend. Der entsprechende Werkstoffkennwert wird mit der Reißlänge bezeichnet:

$$\text{Reißlänge} \; \frac{\sigma}{\rho \cdot g} \cdot$$

Die Warmfestigkeit und die Leichtbauweise werden im Flugbetrieb durch die spezifische 1000 h-Zeitstandfestigkeit, z. B. in „km" beschrieben.

Die Zeit-Reißlänge beträgt:

$$\frac{R_m \text{ bei 1000 h}}{\rho \cdot g} \cdot$$

Eine entsprechend Werkstoffübersicht zeigt Bild 7.13.
Das Werkstoffpotential reicht in dieser Zusammenstellung von faserverstärkten Kunststoffen über Al-Legierungen, Titanlegierungen, hochlegierten Stählen, Nikkellegierungen bis zur Keramik.
In diesen Ausführungen werden nur hochlegierte Stähle, Titanlegierungen (Abschnitt 7.3.4) und Ni-Legierungen beschrieben.
Die im Bild 7.13 verwendeten Werkstoff-Kurzbezeichnungen haben folgende Zusammensetzungen:

Inco 718: 0,10 C; 19 Cr; *52,5 Ni*; 1 Co; 3 Mo; 5,1 Nb/Ta; 0,9 Ti; 0,6 Al; 0,004 B; Rest Fe;

Waspaloy: 0,06 C; 3 Ti; 1,4 Al; 19,5 Cr; 13,5 Co; 4,25 Mo; 0,006 B; 0,05 Zr; *Rest Ni*;

MAR-M246: 0,15 C; 9 Cr; 2,5 Mo; 10 Co; 10 W; 1,5 Ta; 1,5 Ti; 5,5 Al; 0,015 B 0,03 Zr; *Rest Ni*

IN 100:   0,18 C; 9,5 Cr; 15 Co; 4,75 Ti; 5,5 Al; 3 Mo; 0,95 V; 0,06 Zr; 0,015 B; 1,0 Fe; *Rest Ni;*

A 286:   0,08 C; 1,5 Mn; 14,75 Cr; 1,25 Mo; 25,5 Ni; 2,1 Ti; 0,3 V; 0,006 B; *Rest Fe;*

TiAl6V4:   6 Al; 4 V; *Rest Ti;*.

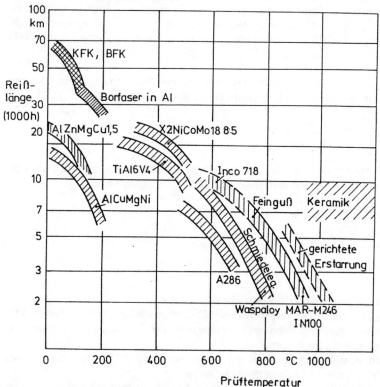

Bild 7.13: Spezifische Zeitstandfestigkeit als Reißlänge in Abhängigkeit von der Temperatur

7.3.4 Titan und Titanlegierungen

7.3.4.1 Titan

Die mechanischen Eigenschaften von Reintitan als Sondermetall werden entscheidend mit dem Sauerstoffgehalt eingestellt, der zwischen 0,1 und 0,3 % liegt. Die Standardqualität (3.7035) hat einen O-Gehalt von ca. 0,2 %. Die entsprechenden mechanischen Eigenschaften betragen:

Streckgrenze $R_{p0,2}$ $\geqslant$ 250 N/mm^2
Zugfestigkeit R_m = 400 bis 550 N/mm^2
Bruchdehnung A $\geqslant$ 22 %.

Reintitan wird vor allem wegen seiner chemischen Beständigkeit angewendet. Sie beruht auf einer dichten, festen und sich selbst regenerierenden Oxidschicht. Besonders hervorzuheben ist die Beständigkeit in oxidierenden Medien auch mit Chloriden.

Die Anwendungen von Reintitan ergeben sich:
— in der chemischen Industrie, z. B. bei der Chlorgas-Herstellung und Düngemittelproduktion
— bei der Meerwasserentsalzung und
— bei der Papierherstellung.

Der Anteil von Reintitan an der Gesamtproduktion von Titan und Titanlegierungen beträgt ca. 40 %, der überwiegende Anteil von 60 % bezieht sich auf Titanlegierungen.

7.3.4.2 Titanlegierungen

Die meist verbreitete Legierung ist TiAl6V4. Sie besteht aus einer 2-Phasenlegierung mit α- und β-Anteilen ($\alpha \,\hat{=}\,$ hexagonaler Gitterstruktur, $\beta \,\hat{=}\,$ kubischraumzentrierter Gitterstruktur). Die hohe Festigkeit wird durch Mischkristallbildung und Aushärtung erzielt:

Streckgrenze $R_{p0,2}$ = 840 N/mm^2
Zugfestigkeit R_m = 910 N/mm^2
Bruchdehnung A = 10 %.

Zu erwähnen sind noch die geringe Dichte von 4,6 kg/dm^3 und die ausreichende Festigkeit bis ca. 400°C.

Hohe Festigkeit und niedrige Dichte haben das Anwendungsfeld in den Bereichen
— Triebwerkbau (Verdichter)
— Flugzellenbau (Landeklappen, Fahrwerk)
— Raumfahrt
— Medizin (Hüftgelenk)

erschlossen.

7.3.5 Tantal

Die Vorzugseigenschaften von Tantal liegen vor allem in der chemischen Beständigkeit. Dabei zeigt sich die hervorragende Korrosionsbeständigkeit in oxidierenden und reduzierenden Säuren ohne und mit Chloridionen, Bild 7.14. Tantal weist im Hochtemperaturbereich über 1000°C noch eine ausreichende Festigkeit auf, allerdings nur unter der Voraussetzung, daß Schutzgas oder Vakuum vorliegt.

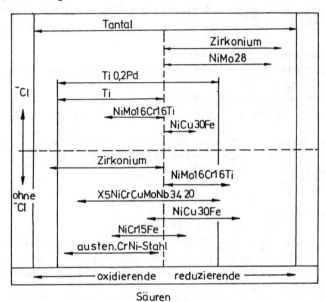

Bild 7.14: Korrosionsbeständigkeit von Tantal und anderen Metallen

Die Anwendungen von Tantal sind durch die spezifischen Eigenschaften vorgegeben. Bedingt durch die hervorragende chemische Beständigkeit wird der Werkstoff in speziellen Bereichen der chemischen Verfahrrenstechnik eingesetzt. Ein weiteres Anwendungsgebiet ergibt sich aufgrund der Hochtemperaturfestigkeit im Bereich der Hochtemperatur-Vakuumtechnik. Hervorzuheben ist noch der Einatz von Tantal in elektrischen Kondensatoren als Anodenmaterial.

Die Anwendung von Tantal wird wirtschaftlich begrenzt durch die realtiv hohen Materialkosten, Bild 7.15. Der Tantaleinsatz erfolgt deshalb nur in den Bereichen, wo andere Werkstoffe nicht mehr geeignet sind. Aus Bild 7.15 erkennt man, daß Tantal im Preis 100mal teurer ist als austenitischer Edelstahl. Dieser Preisvergleich bezieht sich auf ca. 1 mm Blech und ist auf kg bezogen. Auf

Volumen bezogen, beträgt der Faktor sogar 200. Bei Reintitan liegt der Preis um den Faktor 10 höher gegenüber Edelstahl. In etwa gleicher Größenordnung sind die Preise für Nickel; bei Nickellegierungen dürfte der Faktor ca. 20 betragen.

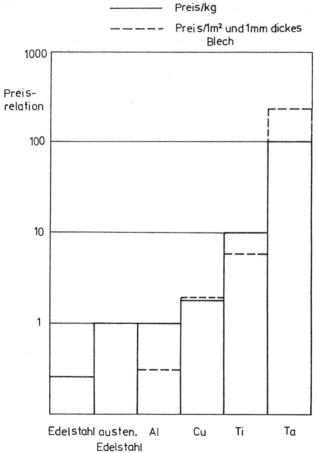

Bild 7.15: Relativer Preisvergleich von Metallen normiert auf den austen. Edelstahl

7.4 Zusammenfassung

In einer Übersicht werden hochwertige Stähle, Nickellegierungen, Titan- und Titanlegierungen sowie Tantal beschrieben.
Die gezielte Werkstoffanwendung setzt voraus, daß die erläuterten Einsatzbe-

dingungen, Verarbeitungseigenschaften, Werkstoffdaten und Vorgehensweisen zur Werkstoffauswahl bekannt sind. Die Vorzugseigenschaften der hochwertigen Feinkornstähle beziehen sich auf das mechanische Verhalten, die der nichtrostenden Stähle auf das Korrosionsverhalten, die der Nickellegierungen auf den Hochtemperatureinsatz, die von Titan und Tantal auf die speziellen Korrosionsbelastungen und die der Titanlegierungen auf die Luftfahrtrechnik.

In einer abschließenden Übersicht werden die relativen Preise der Werkstoffe verglichen.

8 Sondermetalle – Eigenschaften und Anwendung im Chemischen Apparatebau

M. Mayr

8.1 Zusammenfassung

Die Sondermetalle Tantal, Zirkonium und Titan werden aufgrund ihrer außergewöhnlichen Beständigkeit gegenüber korrosiven Medien in zunehmendem Maß als Konstruktionswerkstoffe im chemischen Apparatebau verwendet. Sie werden zu Reaktionsbehältern, Kolonnen, Rührern und Rohrleitungen verarbeitet, zum Aufheizen oder Kühlen korrosiver Medien werden Wärmetauscher hergestellt, die als Heizschlangen, Heizkerzen oder Rohrbündelwärmetauscher ausgebildet sind.

Die Einsatzmöglichkeiten der Sondermetalle in der chemischen Industrie in bezug auf ihre Korrosionsbeständigkeit und Besonderheiten, die bei Konstruktion und Fertigung zu berücksichtigen sind, werden erörtert.

8.2 Einleitung

Der Begriff SONDERMETALLE ist weitgehend historisch bedingt aus der Zeit der Grundlagenforschung, als die Elemente der IV. bis VI. Nebengruppe des periodischen Systems als Exoten angesehen wurden (Bild 8.1).

Herausragende Eigenschaften für den chemischen Apparatebau sind:
- Die Beständigkeit des Titans unter oxidierenden Bedingungen
- Die Beständigkeit des Zirkoniums unter reduzierenden und alkalischen Bedingungen
- Die Beständigkeit des Tantals unter oxidierenden und reduzierenden Bedingungen

Ihre außergewöhnliche Korrosionsbeständigkeit gegenüber vielen aggressiven Medien – auch bei hohen Temperaturen und Drücken – verdanken die Sondermetalle nicht einer natürlichen Immunität, sondern der Ausbildung einer schützenden oxidischen Passiv-Schicht auf der Metalloberfläche.

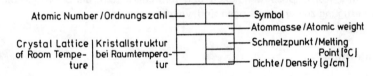

Bild 8.1:   Stellung der Sondermetalle im periodischen System der Elemente

8.3 Vorkommen, Herstellung und Verarbeitung Sondermetalle

Zirkonium und Titan sind in der Erdkruste weit verbreitet, erscheinen jedoch nur selten in konzentrierten Vorkommen:

    Zr - Hf: ZrO_2 - HfO_2 Baddelyt-Erde
                $ZrSiO_4$ Zirkon

    Ti   : $FeTiO_3$ Ilmenit
                TiO_2 Rutil

Infolge der besonders hohen Affinität zum Sauerstoff werden i. a. die flüchtigen Tetrachloride des Titan und Zirkoniums zu metallischem Schwamm reduziert.

Die Reinheit dieses Schwamms kann durch Schmelzen allein kaum verbessert werden, er wird daher im Vakuum-Lichtbogenofen zu einem „Ingot" erschmolzen. Das Verfahren ist in Bild 8.2 schematisch dargestellt.

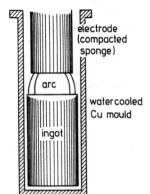

Bild 8.2:
Lichtbogenschmelzen im Vakuum

Das flüssige Metall tropft ab und sammelt sich in einer wassergekühlten Kupferkokille, wo es zu einem Schmelzblock (Ingot) erstarrt. Bei diesem Verfahren lassen sich hohe Abschmelzgeschwindigkeiten erreichen, allerdings nur die flüchtigsten Bestandteile (z. B. Mg, Na, Cl) entfernen. Der Prozeß dient hauptsächlich dem Homogenisieren des Materials.

Um technologisch brauchbare Produkte zu erzeugen müssen die rohen Metalle weiter gereinigt werden, in der Regel durch Elektronenstrahlschmelzen. Im Elektronenstrahlofen wird eine gepreßte oder vorgeschmolzene Elektrode mit Elektronen hoher kinetischer Energie beschossen (Bild 8.3).

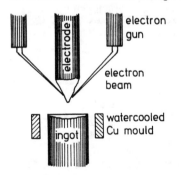

Bild 8.3: Elektronenstrahlschmelzen

Das Ende der Elektrode schmilzt dabei ab und das flüssige Metall tropft in eine wassergekühlte Kupfer-Ringkokille, in der es langsam erstarrt. Bei diesem Verfahren ist die Zuführgeschwindigkeit der Elektrode unabhängig von der Schmelzleistung, und das geschmolzene Metall läßt sich daher bei niedriger Schmelzgeschwindigkeit stark überhitzen. Dies ermöglicht eine sehr wirksame Entfernung aller flüchtigen Verunreinigungen (z. B. Al, Fe, Alkalimetalle und Sauerstoff in Form flüchtiger Oxide).

In der Erdrinde kommt Niob etwa 10 − 12mal so häufig vor wie Tantal.
Diese Vertreter der Vb Metalle werden aus Mineralien der Columbit/Tantalit-Reihe gewonnen (Fe/Mn) (Nb/Ta)$_2$O$_6$ (mit stetig wechselnden Fe/Mn und Nb/Ta Anteilen).

Abtrennung voneinander und Reduktion erfolgt aus Kaliumfluorid-Komplexen, Pentchloriden, Pentoxiden durch Reduktion (Na/Al, C) oder durch Hochtemperaturschmelzflußelektrolyse der Doppelfluoride.

8.4 Herstellung der Halbzeuge

Die metallischen Rohlinge werden zu einer Reihe von Halbzeugprodukten weiterverarbeitet.

Titan und Zirkonium werden zunächst warm geschmiedet und gewalzt (Bild 8.4 (1)). In kleineren Abmessungen könne sie auch kalt verarbeitet werden, wenn mehrere Zwischenglühungen eingeschoben werden.

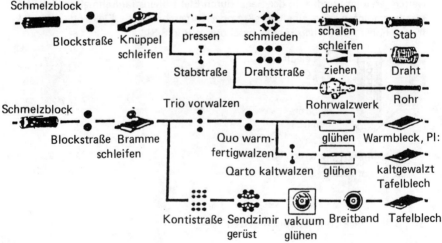

Bild 8.4:   Fertigung von Halbzeug aus Titan

Tantal und Niob zeigen nur eine schwache Kaltverfestigung und können deshalb nach einem ersten Schmieden bei Raumtemperatur problemlos weiterverarbeitet werden. Meist wird das Material nach einer Verformung von 70 % bis 90 % erholungsgeglüht, um ein gleichmäßiges, polykristallines Gefüge zu erreichen. Wegen der starken Oxidationsempfindlichkeit der beiden Metalle müssen alle Glühungen im Hochvakuum durchgeführt werden.

8.5 Korrosionseigenschaften der Sondermetalle

Die Eigenschaften der Sondermetalle, vor allem ihre zum Teil außerordentliche Korrosionsbeständigkeit beruhen auf der Bildung oxidischer Passivierungsschichten, die sich im allgemeinen durch einen hohen Anteil an Elektronenleitung auszeichnen. Die Mechanismen der Oxidbildung der Sondermetalle unter verschiedenen Bedingungen sind sehr komplex und trotz zahlreicher Untersuchungen auch heute noch nicht vollständig geklärt.

Eine detaillierte Betrachtung für alle 3 genannten Sondermetalle würde den zur Verfügung stehenden Rahmen bei weitem sprengen. Im Folgenden wird daher lediglich für den Fall Titans das korrosionsschemische Verhalten — teilweise in vereinfachter Form — erklärt.

Titan steht in der Spannungsreihe der Elemente zwischen Be und Mg, so daß sein gutes korrosionschemisches Verhalten nicht ohne weiteres verständlich ist. Durch Elektronenbeugungsaufnahmen an Ti-Proben, die dem Angriff verschiedener Agentien ausgesetzt waren, konnte nachgewiesen werden, daß sich charakteristische Deckschichten auf der Metalloberfläche bilden, die das Titan vor weiterem Angriff schützen (2, 3) (Bild 8.5).

Korrosionsschichten auf Titan. Vorbehandlung der Titanbleche: abgeschmirgelt und mit Trichloräthylen entfettet

Behandlung	Art der Deckschicht	Aussehen der Deckschicht
10 Sek. 40 % HF 20°	TiH_2	metallisch matt
2 Stdn. HNO_3 Sdp.	Anatas (TiO_2)	goldfarben
15 Stdn. 10 % CrO_2 Sdp.	Rutil u. Anatas (TiO_2)	schwach goldfarben
$1/2$ Std. Königswasser Sdp.	Anatas (TiO_2)	schwach goldfarben
$1/2$ Std. 10 % $FeCl_3$ Sdp.	nicht identifiziert	gelblich

Bild 8.5:

Nimmt man als schützende Deckschicht TiO_x, mit $0 \leqslant x \leqslant 2$ an, gilt für den Angriff durch nichtoxidierende Säuren vereinfacht:

$$TiO_x + 2x\,H^+ \underset{\longleftarrow}{\longrightarrow} Ti^{2x+} + x\,H_2O \qquad (1)$$

Wenn das Metall passiv ist, verlaufen Bildung und Auflösung der Deckschicht im stationären Zustand gleich schnell.

Durch Erhöhung der H^+-Konzentration verschiebt sich nach dem Massenwirkungsgesetz das Gleichgewicht der Reaktion (1) nach rechts im Sinne einer schnelleren Auflösung der Oxidschicht (ebenso bei Temperaturerhöhung).

Verläuft die Nachbildung der Oxidschicht langsamer als die Auflösung, so wird das Metall nach kurzer Zeit nach der folgenden Reaktion angegriffen:

$$Ti + 2xH^+ \underset{\longleftarrow}{\longrightarrow} Ti^{2x+} + 2x(H) \qquad (2)$$

Es ist dabei zunächst von untergeordneter Bedeutung, mit welcher Wertigkeit das Metall in Lösung geht. Ist in dem angreifenden Agens ein Oxidationsmittel enthalten, wird der nach Gleichung (2) entstehende Wasserstoff sofort zu Wasser oxidiert.

Die Verlagerung des Gleichgewichts nach rechts führt zunächst zu einem verstärktem Angriff auf das Metall. Durch den starken Anstieg der $Ti^{2x\pm}$-Ionenkonzentration erfolgt aber eine Rückverschiebung des Gleichgewichts nach links. Es kommt zur Ausbildung einer TiO_x-Deckschicht und Stillstand des Angriffs. Gegenwart oxidierender Stoffe erhöht also auch die Korrosionsbeständigkeit gegenüber nicht oxidierenden Säuren. Diese Inhibierung durch Oxidationsmittel läßt sich bei manchen Säuren wie z. B. Flußsäure oder Oxalsäure unter bestimmten Bedingungen nicht erreichen, da durch die Bildung von Titankomplexen die Gleichgewichte der Reaktionen (1) und (2) stark nach rechts verschoben werden.
Trockene Halogene wie z. B. Cl_2 greifen Titan selbst bei Raumtemperatur stark an, da die an Luft gebildete schützende Oxidschicht nie porenfrei ist und unterwandert und abgestoßen wird, sobald der Angriff irgendwo begonnen hat. Eine Neubildung der Oxidschicht kann infolge des Fehlens von O_2 nicht erfolgen. Sobald jedoch mehr als 0,013 % H_2O vorhanden ist, kann die Oxidschicht ausheilen:

$$xH_2O \longrightarrow x\,OH^- + xH^+$$
$$\longleftarrow$$

$$Ti + xOH^- + xH^+ \longrightarrow TiO_x + 2x(H)$$
$$\longleftarrow$$

Stationäre potentiostatische Stromspannungskurven von Titan in Schwefelsäure z. B. ergeben das typische Bild passivierbarer Metalle (6). Genauere Untersuchungen nach der Methode der intermittierten Ladekurven geschabter Elektroden (7) zeigen für verschiedene Potentialbereiche U (gegen Normalwasserstoffelektrode) verschiedenen Schichtaufbau (s. Bild 8.6).

Bereits diese vereinfachenden Ausführungen zeigen die Komplexität des Problems. Um eine vollständige Übersicht über alle thermodynamisch möglichen Phasengrenzreaktionen in Abhängikeit vom pH-Wert zu gewinnen, bedient man sich der Gleichgewichtszustände der in wäßrigen Medien möglichen Oxidationsstufen.

In den von Pourbaix (8) eingeführten Potential-pH-Diagrammen wird das für gegebene Temperatur und gegebenen Druck auf die Normal-Wasserstoff-Elektrode bezogene reversible Potential einer Metallelektrode als Funktion des pH-Wertes der Lösung dargestellt. Ein solches Diagramm gibt die thermodynamischen Stabilitätsgrenzen des Metalls gegenüber seinen Ionen, den Ionen des Wassers und ihren Reaktionsprodukten (Hydroxiden, Oxiden, usw.) in Abhängigkeit vom pH-Wert an.

Korrosion findet grundsätzlich statt, wenn das Metall mit den umgehenden Medien ein thermodynamisch instabiles System bildet, das die Tendenz hat, seine Energie durch Bildung einer chemischen Verbindung (z. B. eines Oxids) zu reduzieren.

Korrosionsreaktionen in wäßrigen Systemen sind oft von der Form:

$$b.B + c \cdot H_2O = aA + mH^+ + n \cdot e^-$$

A: oxidierte Form des Elements
B: reduzierte Form des Elements

Aus thermodynamischen Daten und der Nernst'schen Gleichung kann in bekannter Weise (8) die Gleichgewichtsspannung E_0, bei der sich die Zusammensetzung des Systems unter dem Einfluß dieser Reaktion nicht ändert, berechnet werden. Für T = 25°C ergibt sich zum Beispiel:

$$E_0 = E_0^0 - \frac{0{,}0591}{n} \cdot m\, pH + \frac{0{,}0591}{n} \log \frac{[A]^a}{[B]^b}$$

Betrachtet man generell Elektrodenspannungen E und pH-Wert als unabhängige Parameter und zeichnet die Kurven $E_0 = E_0(pH)$ in ein E, pH-Diagramm ein, erhält man:
— Für gelöste Teilchen die Zonen ihrer überwiegenden Existenzbereiche E,pH
— Für Festkörperteilchen die E/pH Zonen relativer Stabilität

Die Überlagerung der Diagramme für *alle* Reaktionen liefert dann:

> **Bereiche gleichzeitiger Stabilität von Festkörper- und gelösten Teilchen**

Daraus lassen sich dann die vereinfachten Potential E/pH-Diagramme konstruieren, welche die Zonen von Korrosion, Passivierung und Immunität anzeigen. Für Titan sind die folgenden Reaktionen zu beachten (8):

I) 2 gelöste Spezies:

1. $TiO^{++} + 2H_2O$	$= HTiO_3^- + 3H^+$	
2. Ti^{++}	$= Ti^{+++}$	$+ e^-$
3. $Ti^{++} + H_2O$	$= TiO^{++} + 2H^+$	$+ 2e^-$
4. $Ti^{++} + 3H_2O$	$= HTiO_3^- + 5H^+$	$+ 2e^-$
5. $Ti^{+++} + H_2O$	$= TiO^{++} + 2H^+$	$+ e^-$
6. $TiO^{++} + H_2O$	$= TiO_2^{++} + 2H^+$	$+ 2e^-$
7. $HTiO_3^- - H_2O$	$= TiO_2^{++} - H^+$	$+ 2e^-$

Beispiel Reaktion 6: b = 1, c = 1, a = 1, m = 2, n = 2

d. h.

$$E_0 = 1{,}8 - 0{,}0591\, pH + 0{,}0295 \log \frac{[TiO_2^{++}]}{[TiO^{++}]}$$

II) 2 feste Spezies:

8.	Ti	+ H_2O	= TiO + $2H^+$	+ $2e^-$
9.	2TiO	+ H_2O	= Ti_2O_3 + $2H^+$	+ $2e^-$
10.	$3Ti_2O_3$	+ H_2O	= $2Ti_3O_5$ + $2H^+$	+ $2e^-$
11.	Ti_2O_3	+ H_2O	= $2TiO_2$ + $2H^+$	+ $2e^-$
12.	Ti_3O_5	+ H_2O	= $3TiO_2$ + $2H^+$	+ $2e^-$

III) 1 feste und 1 gelöste Spezies (Löslichkeit)

13.	Ti^{++}	+ H_2O	= TiO + $2H^+$	
14.	$2Ti^{+++}$	+ $3H_2O$	= Ti_2O_3 + $6H^+$	
15.	TiO^{++}	+ H_2O	= TiO_2 + $2H^+$	
16.	$HTiO_3^-$	- H_2O	= TiO_2 - H^+	
17.	Ti		= Ti^{++}	+ $2e^-$
18.	$2Ti^{++}$	+ $3H_2O$	= Ti_2O_3 + $6H^+$	+ $2e^-$
19.	Ti^{++}	+ $2H_2O$	= TiO_2 + $4H^+$	+ $2e^-$
20.	Ti^{+++}	+ $2H_2O$	= TiO_2 + $4H^+$	+ $2e^-$
21.	Ti_2O_3	+ $3H_2O$	= $2HTiO_3^-$ + $4H^+$	+ $2e^-$
22.	TiO_2		= TiO_2^{++}	+ $2e^-$

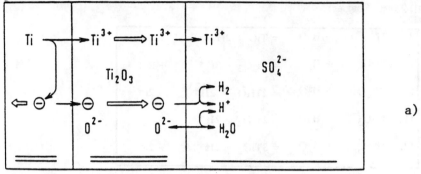

a) Bereich der aktiven Korrosions: $-0{,}4\ V \leqslant U \leqslant -0{,}1\ V$
Nichtschützende Schicht von Ti_2O_3 mit metallischer Auflösung zu Ti^{3+}

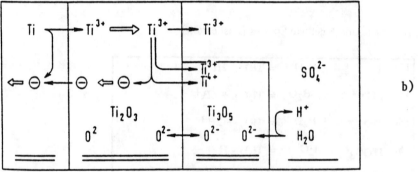

b) Bereich der beginnenden Passivierung: $-0{,}1\ V \leqslant U \leqslant +0{,}4\ V$
Entstehung einer noch ungenügend schützenden Ti_3O_5-Schicht mit Poren.

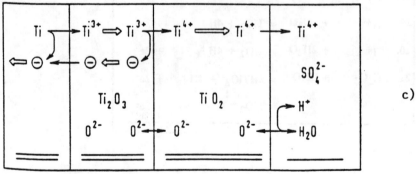

c) Bereich der vollständigen Passivität: $U > +0{,}4\ V$
Porenfreis Passivoxid TiO_2

Bild 8.6: Phasenschemata von Titan in saurer Lösung

Bild 8.7 zeigt das vereinfachte Potential/pH-Diagramm des Systems Ti/H$_2$O bei 25°C.

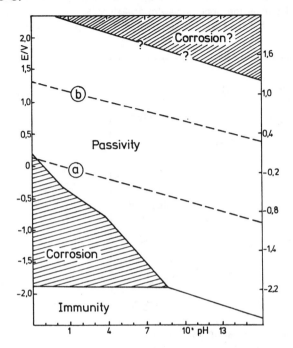

Bild 8.7:   Potential/pH-Diagramm Ti/H$_2$O bei 25°C

Aus diesen Diagrammen erhält man ein grundsätzliches Verständnis des Korrosionsverhaltens. Die Frage, ob ein Metall durch eine passivierende Schicht (z. B. TiO$_2$) unter bestimmten Medienbedingungen geschützt wird, kann nicht aus thermodynamischen Überlegungen allein beantwortet werden. Die Kinetik der beteiligten Reaktionen ist sehr kompliziert und die Entscheidung über den Einsatz eines speziellen Metalls unter definierten Medienbedingungen muß auf der Basis empirischer Resultate getroffen werden.

Das thermodynamische Passivitätsverhalten von Ta ist wesentlich günstiger, wie Bild 8.8 zeigt: Das System Ta-Ta_2O_5/H_2O geht bei $25°C$ z. B. direkt von der Immunität in die Passivierung über, eine Zone aktiver Korrosion ist nicht zu erwarten, solange nicht zusätzlich medienbedingte Komplexbildner wirksam werden.

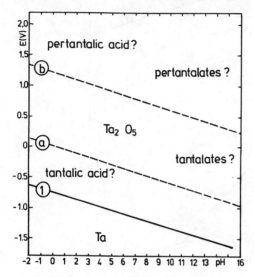

Bild 8.8: Potential/pH-Diagramm Ta/H_2O bei $25°C$

Zr zeigt kleinere Zonen der Passivität als die beiden anderen Sondermetalle, aber die Werte E/pH der stabilen Zonen machen es für eine Reihe von Anwendungen zu einem interessanten Material.

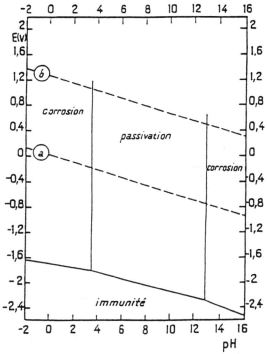

Bild 8.9:   Potential/pH-Diagramm Zr/H_2O bei $25°C$

8.6 Passiv-Verhalten der Sondermetalle

Titan ist im allgemeinen gegen saure und neutrale wäßrige Lösungen unter oxidierenden Bedingungen und insbesondere in Anwesenheit von Chloriden beständig. In der Regel wird Titan auch von kalten Laugen und von vielen organischen Säuren nicht angegriffen, jedoch sehr schnell von Flußsäuren und heißen Laugen. Unzureichend ist das Korrosionsverhalten auch in reduzierend wirkenden Mineralsäuren, wie Salzsäure und Schwefelsäure, insbesondere bei erhöhter Temperatur. Es findet bei niedrigen pH-Werten Korrosion über einen sehr breiten Potentialbereich statt (vgl. Bild 8.7).

Interessant und verfahrenstechnisch wichtig ist die Möglichkeit, das Passivierungsverhalten zu verändern und so die Korrosionsbeständigkeit zu verbessern.

Oxidierende Zusätze, wie sie in den Bildern 8.10 und 8.11 für Schwefelsäure und Salzsäure aufgezeigt werden, beeinflussen die Lage der Redox-Potentiale und sorgen für die Ausbildung der schützenden Passivschicht (9).

Zusatz	H_2SO_4 %	Temperatur °C	Abtragungsrate mm/a
ohne	5	95	25
ohne	30	95	> 25
0,25 % $CuSO_4$	5	95	null
0,5 % $CuSO_4$	5	95	0,01
0,25 % $CuSO_4$	30	95	0,09
0,5 % CrO_3	5	95	null
0,5 % CrO_3	30	95	null

Bild 8.10: Korrosion von unlegiertem Titan in Oxidationsmittel enthaltenen Schwefelsäure

Zusatz	HCl %	Temperatur °C	Abtragungsrate mm/a
ohne	5	95	23
0,05 % $CuSO_4$	5	95	0,09
1,0 % $CuSO_4$	5	95	0,09
0,5 % CrO_3	5	95	0,025
1,0 % CrO_3	5	95	0,025
1,0 g/l Ti^{4+}	10	95	null
1,0 % HNO_3	5	95	0,09

Bild 8.11: Korrosion von unlegiertem Titan in Oxidationsmittel enthaltenden Salzsäuren

Einen ähnlichen Effekt bewirkt das Anlegen eines anodischen Potentials. Diese Potentialerhöhung kann durch folgende Verfahrensmethoden bewirkt werden:

- Anlegen eines externen anodischen Potentials.
- Elektrische Kopplung mit edleren Elementen und/oder
- Legieren mit edleren Elementen.

Am elegantesten ist wohl die letztere Methode, die sich z. B. in Form der Legierung TiPd 0,2 bereits großtechnisch bewährt hat: vgl. Bild 8.12 (10).

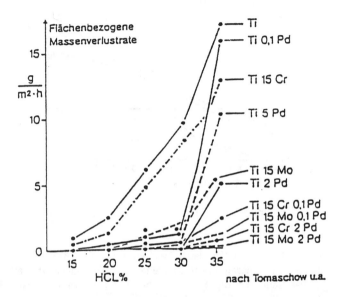

Bild 8.12: Korrosion von Titan und Titan-Legierungen in Salzsäure bei 18°C in Abhängigkeit von Pd-Gehalt nach (10)

Unter stark oxidierenden Bedingungen, wie in roter rauchender Salpetersäure (11) oder in trockenen Halogenen (12), kann Titan pyrophor reagieren. In Chromsäure und Chromsäuregemischen zeigt Titan eine von der Temperatur abhängige Korrosionsrate, Bild 8.13.

Zirkonium ist unter oxidierenden Bedingungen oft weniger resistent als Titan. Seine Beständigkeit gegenüber nichtoxidierenden Medien übertrifft jedoch bei weitem die des Titans. So verhält sich Zirkonium in heißer, fluoridfreier Schwefelsäure praktisch passiv. Ähnlich wie Titan ist Zirkonium gegenüber vielen organischen Säuren beständig. Flußsäure greift auch Zr stark an. Im Gegensatz zu den anderen IVB/VB-Sondermetallen besitzt Zirkonium eine interessante Beständigkeit gegenüber heißen Laugen und ist daher für diese Medien oft der geeignete Werkstoff.

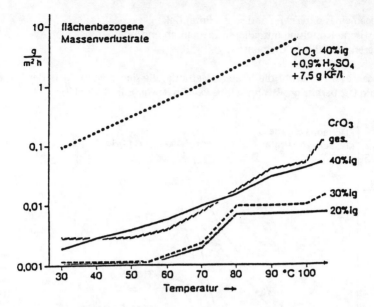

Bild 8.13: Korrosion von unlegiertem Titan in Chromsäure-Lösungen

Tantal zeigt unter den Sondermetallen das bei weitem beste Korrosionsverhalten in heißen, konzentrierten Mineralsäuren, abgesehen von Flußsäure. In heißer, konzentrierter Schwefelsäure ist die Korrosionsbeständigkeit vergleichbar mit der von Glas oder des Silicium-Eisen-Gußwerkstoffs und wird nur noch von Edelmetallen wie Gold und Platin übertroffen. Es ist auch gegen Salzsäure und Phosphorsäure sehr beständig und zeigt keine pyrophore Tendenz in roter, rauchender Salpetersäure. Von Oleum wird Tantal allerdings selbst bei Raumtemperatur angegriffen, ebenso von heißen Laugen. Tantal ist ein Werkstoff hoher Duktiltität. Durch Zulegieren von 2 bis 10 % W kann jedoch die Festigkeit ohne wesentliche Veränderung der Korrosionsbeständigkeit deutlich erhöht werden. Die Korrosionsbeständigkeit von Tantal zeigt Bild 8.14 (13).

ausgezeichnet beständig gegen:	nicht beständig gegen:
Luft (bis 210°C)	Luft (über 210°C)
Brom, trocken (bis 260°C)	Ätz-Alkalien
Brom, feucht	Fluor-Verbindungen
Chlor, trocken (bis 200°C)	Flußsäure
Chlor, feucht	Oleum
Chromsäure	Kaliumhydroxyd
Salzsäure, kochend	Natronlauge, konzentriert
Chlor-Verbindungen	SO_3
Salpetersäure	
Phosphorsäure	
Schwefelsäure	
Natronlauge, Ätznatron (bis 5 %)	

Bild 8.14: Korrosionsbeständigkeit von Tantal

8.7 Sondermetalle in Schwefelsäure

Bild 8.15 zeigt die Abtragungsraten verschiedener Sondermetalle in siedenden Schwefelsäuren bei Konzentrationen zwischen 1 % und 96 %. Im Diagramm ist die Siedelinie (gestrichelt) eingetragen (14).

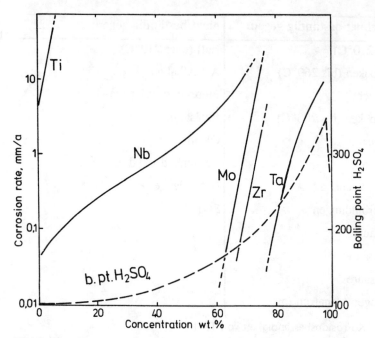

Bild 8.15: Abtragungsraten in siedender Schwefelsäure nach (14)

8.8 Titan

Titan ist für die Anwendung in heißen Schwefelsäuren völlig ungeeignet.

8.9 Zirkonium

Zirkonium wird — auch wegen seiner günstigen Verarbeitbarkeit und Schweißbarkeit — vorteilhaft dann verwendet, wenn verdünnte Schwefelsäuren bei höheren Temperaturen oder aber 40- bis 60%ige Schwefelsäuren zu handhaben sind. Unter diesen Bedingungen ist Zirkonium den bekannten Eisen- und Nickelbasislegierungen — auch den hochlegierten Sorten — deutlich überlegen.

Während an heißer Luft Schichten aus monoklinem ZrO_2 entstehen, werden in Schwefelsäure niederer und mittlerer Konzentration Oxidschichten gebildet, die im wesentlichen aus kubischem ZrO_2 bestehen. In z. B. 30 %iger Schwefelsäure, wo Zirkonium nicht beständig ist, wurden schlecht haftende Beläge aus $Zr(SO_4)_2 \cdot 4 H_2O$ beobachtet (15).

In 65 %iger Säure können gewisse Anteile an Oxidationsmitteln in der Säure toleriert werden. Dagegen kann Zirkonium in $\leq$ 20 %iger Schwefelsäure auch bei hohen Konzentrationen an Oxidationsmitteln, wie Nitraten, Fe(III)- oder Cu(II)-Verbindungen, verwendet werden; deshalb werden in schwefelhaltigen Beizbädern der Stahlindustrie häufig Heizschlangen aus Zirkonium eingesetzt (15).

Chloride beeinflussen die Korrosionsbeständigkeit des Zirkoniums in Schwefelsäure im allgemeinen nicht. Im Gegensatz dazu können nur sehr geringe Fluorid-Konzentrationen in der Schwefelsäure toleriert werden; Fluoride müssen durch Zugabe von Silicaten, Phosphororpentoxid, Al- oder Zr-Nitrat oder auch Zirkonium-Schwamm in stabile Komplexe überführt werden (15).

Bei Grenzbeanspruchungen, wie in siedender 65 %iger Schwefelsäure, empfehlen sich beispielsweise Wärmebehandlungen sowohl des Grundwerkstoffs als auch der Schweißverbindungen bei 750°C/3 h (16); andere Autoren nennen einen Temperaturbereich von 775 bis 790°C/3 h (17, 18).

Wenn die Resistenzgrenze überschritten wird, können sich auf dem Zirkonium pyrophor reagierende Beläge ausbilden. So wurden nach Beanspruchung in 77,5 %iger Schwefelsäure mit 100 ppm Fe^{3+} bei 30°C derartige Schichten gefunden, die aus γ-Zr-hydrid, Zr-Oxid, Zr-Sulfat und feinteiligen metallischen Partikeln bestanden. Es wird angenommen, daß für das pyrophore Verhalten das Gemisch aus γ-Hydrid und Metallpartikeln verantwortlich zeichnet. Der pyrophore Charakter kann durch Behandlung des Beiteils mit heißer Luft oder Wasserdampf eliminiert werden (14, 19, 20).

8.10 Tantal und Tantal-Wolfram-Legierungen in Schwefelsäure

Zur Handhabung heißer konzentrierter Schwefelsäure ist Tantal der Werkstoff der Wahl. Bild 8.16 verdeutlicht die möglichen Anwendungsbereiche der verschiedenen Werkstoffe (21). Allerdings wird hier eine für die Sonderwerkstoffe serh hohe Abtragungsrate von 0,5 mm/a zugrundegelegt.

Die Unterschiede im Korrosionsverhalten werden durch die REM-Aufnahmen belegt, die nach einer Beanspruchungsdauer von 30 h in siedender 75 %iger Schwefelsäure (135°C) angefertigt wurden, vgl. Bild 8.17 (22). An Tantal ist kein Korrosionsangriff zu erkennen, obwohl die Oberfläche sehr schnell „angelaufen" war. Die Oberflächen der Zirkonium-Proben waren rauh und stark oxidiert.

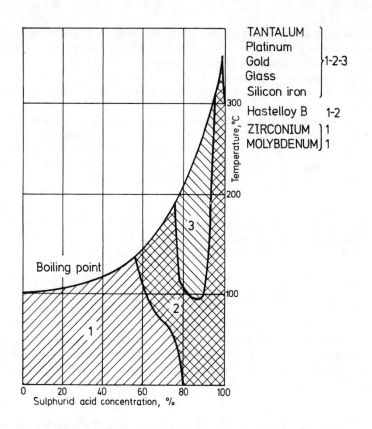

Bild 8.16: Korrosion in Schwefelsäure: Bereiche mit Abtragungsraten < 0,5 mm/a nach (20)

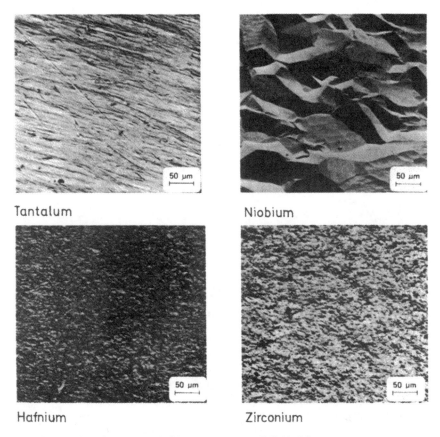

Bild 8.17: Oberflächen nach 30 h in siedender 5 % H_2SO_4

Die überragende Bedeutung des Tantals für die Schwefelsäure-Industrie war Anlaß, das Passivierungsverhalten dieses Sondermetalls in Schwefelsäure näher zu untersuchen. Bild 8.18 zeigt die mittlere Abtragungsrate während einer Auslagerung von 100h in 96 %iger Schwefelsäure bei Temperaturen um 200°C (23).

Eine Abtragungsrate von 0,05 mm/a wird erst bei ca. 210°C erreicht (im Vergleich zu ca. 150°C bei Zirkonium). Selbst bei 230°C ist das Passivverhalten noch gut ausgeprägt.

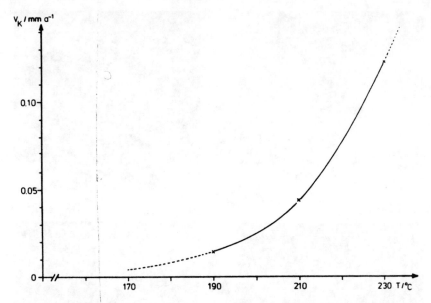

Bild 8.18: Abtragungsraten von Tantal in 96 %iger Schwefelsäure in Abhängigkeit von der Temperatur

Gegenüber Oleum ist Tantal nicht beständig; die Abtragungsrate in Oleum mit 15 % SO_3 beträgt bei 70°C 2,1 mm/a (24, 25).

Tantal-Wolfram-Legierungen zeichnen bei erhöhter Festigkeit ebenfalls durch eine gute Schwefelsäure-Beständigkeit aus, Bilder 8.19 und 8.20 (26, 27).

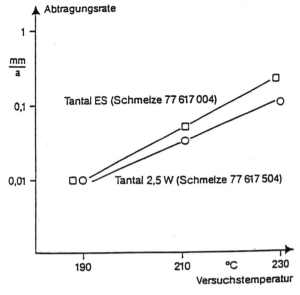

Bild 8.19: Unlegiertes Tantal und die Tantal-2,5 % Wolfram-Legierung in technisch reiner 96 %iger Schwefelsäure

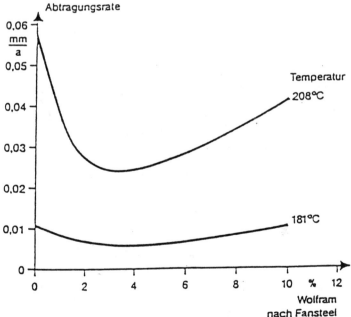

Bild 8.20: Abtragungsraten von Tantal-Wolfram-Legierungen in 98 %iger Schwefelsäure

8.11 Sondermetalle in Salzsäure

Die Korrosionseigenschaften der Sondermetalle in Salzsäure sind denen in Schwefelsäure ähnlich. Bild 8.21 zeigt die Abtragungsraten in Salzsäure unterschiedlicher Konzentration bei 190°C.

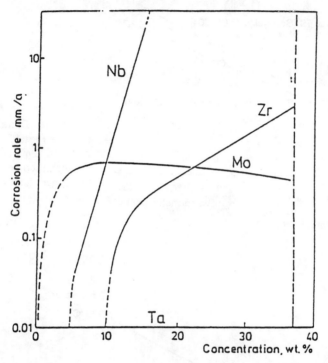

Bild 8.21: Abtragungsraten in Salzsäure bei 190°C

Zirkonium (Bild 8.22) besitzt interessante Korrosionseigenschaften in Salzsäure, wobei unbedingt darauf zu achten ist, daß keine Oxidationsmittel, wie Fe(III)- oder Cu(II)-Verbindungen anwesend sind (18, 28, 29).
Bereits bei 5 ppm, Fe(III)-chlorid erhöht sich bei 30°C in 32 %iger Salzsäure die Abtragungsrate um den Faktor 10 von $7,6 \cdot 10^{-4}$ auf $7,6 \cdot 10^{-3}$ mm/a; bei 50 ppm Fe(III)-chlorid wurden ausgeprägte Lochkorrosion sowie Risse im Bereich von Schlagzahlen beobachtet (21). In 20 %iger Salzsäure können max. 30 ppm Fe(III)-chlorid toleriert werden, oberhalb dieser Grenzkonzentration ist mit Lochkorrosion zu rechnen (21).

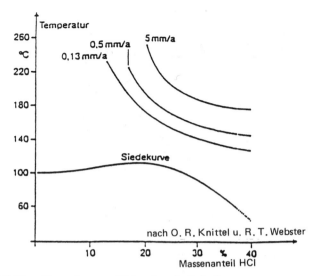

Bild 8.22: Korrosion von Zirkonium in Salzsäure

Werden Salzsäure dagegen in Tantal-Apparaten unter Druck gehandhabt, ist eine Schädigung durch Wasserstoffaufnahme, schließlich durch Wasserstoffversprödung möglich. In Bild 8.23 ist in der infolge Wasserstoffversprödung gefährdete Bereich für Tantal angegeben (13).

Den vielen ausgezeichneten Eigenschaften der Sondermetalle v. a. des Tantals durch die spontane Bildung der oxidischen Schutzschichten und deren unverzügliche Wiederausheilung bei Verletzung in Gegenwart kleinster Gehalte an Oxidationsmitteln im umgebenden Medium steht eine große Anfälligkeit dieser Werkstoffe gegenüber Versprödung durch Aufnahme von Gasen, wie H_2, O_2, N_2 gegenüber.

Insbesondere bei höheren Drücken und Temperaturen diffundieren diese Gase in die Metalle, lagern sich im Metallgitter auf Zwischengitterplätzen ein und bilden Metalloide, die im Prinzip wie Legierungselemte wirken.

Sämtliche Übergangsmetalle sind daruch gekennzeichnet, daß sie neben 2 S^2-Elektronen auf der äußeren Schale noch auf der nächst inneren Schale freie Elektronenplätze besitzen. Die Übergangsmetalle sind sehr aktiv und können zum Teil sehr stabile Hydride, Oxide und Nitride bilden. Kleine Mengen auf Zwischengitterplätzen eingelagerter Metalloide können zu einer Erhöhung mechanischer Kennwerte führen, größere Mengen führen zu einer massiven Versprödung des Materials.

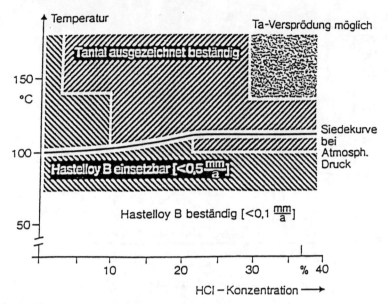

Bild 8.23: Korrosionsbeständigkeit in Salzsäure

Betriebserfahrungen und ausgedehnte Korrosionsprüfungen belegen, daß Tantal und seine Legierung mit 2,5 % Wolfram bei Normaldruck in Salzsäure aller Konzentrationen und Temperaturen vollkommen beständig ist.

8.12 Sondermetalle in Salpetersäure

8.12.1 Titan

Bei niedrigen Temperaturen ist Titan in Salpetersäure in einem weiten Konzentrationsbereich beständig. In siedenden, oxidationsmittelfreien Salpetersäure-Lösungen ist jedoch mit teils nicht zu vernachlässigenden Abtragungsraten, Bild 8.24 (30), zu rechnen, was mit anderen Literaturangaben (30 bis 33) übereinstimmt; vgl. Bild 8.25.

Während bei den üblichen austenitischen, nichtrostenden Chrom-Nickelstählen Oxidationsmittel, wie z. B. Cr(VI)-Verbindungen in der Salpetersäure korrosionsfördernd (34, 35) wirken, werden die Abtragungsraten des unlegierten Titans durch Zugabe von Oxidationsmitteln aus den zuvor genannten Gründen herabgesetzt; Bild 8.26.

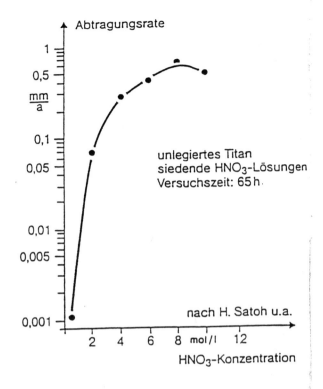

Bild 8.24: Korrosion von unlegiertem Titan in siedenden Salpetersäuren

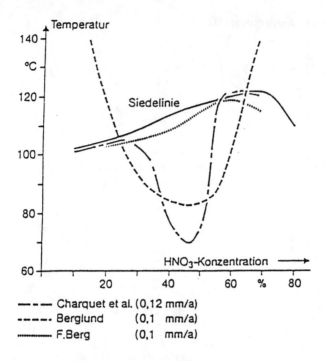

Bild 8.25: Beständigkeit von Titan in Salpetersäure

Bild 8.27 zeigt ebenfalls den günstigen Einfluß von Oxidationsmitteln auf die Korrosion des unlegierten Titans in siedender 6 N-Salpetersäure (30).

Titan ist somit in verdünnten, oxidierend wirkenden Beimengungen enthaltenden Salpetersäure völlig beständig. Da bei diesen Säurekonzentrationen keine pyrophoren Reaktionen zu befürchten sind, ist unlegiertes Titan hier ohne Einschränkungen einsetzbar.

Zu beachten ist, daß Titan mit hochkonzentrierter — insbesondere roter, rauchender — Salpetersäure nicht beaufschlagt werden darf. Titan kann sich unter diesen Bedingungen nicht nur spontan entzünden, sondern sogar explosionsartig reagieren (36 bis 42).

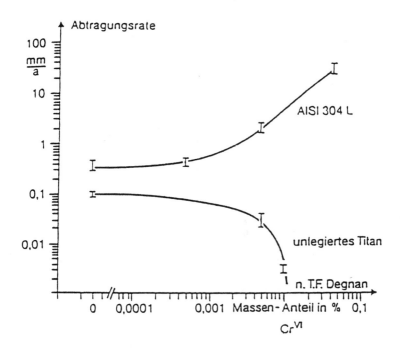

Bild 8.26: Korrosion von Werkst.-Nr. 1.4306 und unlegiertem Titan in siedender azeotroper Salpetersäure in Abhängigkeit vom Chromgehalt

Oxidationsmittel*	Abtragungsrate mm/a
–	0,43
Fe^{2+}	0,44
Cr^{3+}	0,45
Cu^{2+}	0,38
Fe^{3+}	0,14
VO^{2+}	< 0,01
$Cr_2O_7^{2-}$	< 0,01
Ce^{4+}	< 0,01

Prüfdauer: 65 h
*Konzentration: 0,1 Massen-%

Bild 8.27: Einfluß von Oxidationsmitteln auf die Korrosion von unlegiertem Titan in siedender 6 N-Salpetersäure

8.12.2 Zirkonium

Die Abtragungsraten von unlegiertem Zirkonium sind in bis zu 70 %igen Salpetersäuren, auch bei Temperaturen von 200 bis 250°C, mit rd. 0,03 mm/a sehr gering (14, 18, 40, 43, 46). Dies gilt auch für mit Fe(III)- oder Cu(VI)- Verbindungen verunreinigte Salpetersäuren (47, 48). Fluoride in Salpetersäure steigern die Korrosionsgeschwindigkeit des Zirkoniums mit zunehmender Fluorid-Konzentration beträchtlich (47).

Das Spannungsrißkorrosionsverhalten des handelsüblichen Zirkoniums wurde in einem weiten Salpetersäure-Konzentrationsbereich, auch in roter, rauchender Salpetersäure, untersucht. Die Versuche erfolgten mit vorgespannten Proben sowie nach der CERT-Methode (30, 45 bis 47, 48, 49).

Die teils bei hohen Temperaturen erzielten Ergebnisse zeigen, daß der Grundwerkstoff in bis zu ca. 70 %iger, die Schweißverbindungen in bis zu etwa 65 %iger Salpetersäure durchaus verwendet werden können. Bestätigt werden diese Befunde durch mehrjährige positive Betriebserfahrungen mit einer aus handelsüblichen Zikronium gefertigten Aufkonzentrierkolonne und einem mit 1965 nahtlosen Rohren bestückten Wärmetauscher (46).

Das Maximum der Rißfortpflanzungsgeschwindigkeit wurde in 70- bis 90 %iger Salpetersäure gefunden (49). Der Rißverlauf ist transkrsitallin (47, 49, 50). Zirkonium-Bauteile können dann mit überazeotroper Salpetersäure beaufschlagt werden, wenn es gelingt, Zugspannungen weitgehend abzubauen. Dies belegt ein U-Rohr-Wärmetauscher aus Zirkonium, in dem gebleichte, 98,5 - bis 99 %ige Salpetersäure von ca. 75 auf 35 bis 40°C gekühlt wird; der Wärmetauscher wird seit Jahren problemlos betrieben (51).

Zirkonium und Zr-reiche Legierungen können unter bestimmten Bedingungen mit Salpetersäure explosionsartig reagieren (40, 52), was durch Zugabe von Flußsäure unterdrückt werden kann (40). Nach (20) entzündet sich Zirkonium bei Kontakt mit roter rauchender, mit NO_2 gesättigter Salpetersäure; Einzelheiten vgl. (53).

8.12.3 Tantal

Tantal ist in allen Salpetersäure-Konzentrationen, auch in der rauchenden Salpetersäure, bis zu 150°C hervorragend beständig (48, 49); (54, 55); dies gilt auch in Gegenwart von Chloriden (55). Bei 190°C wurden in bis zu 70 %igen Salpetersäure Abtragungsraten < 0,03 mm/a festgestellt. In Gemischen aus 8- bis 70 %igen Salpetersäure, 0,2 % Ameisensäure und 6 % Terephthalsäure zeigt Tantal bei 200°C ebenfalls Abtragungsraten < 0,03 mm/a (55).

In rauchender Salpetersäure wird Tantal bis zu Temperaturen von 315°C mit Erfolg verwendet (55).

An einem mit einem Gemisch aus hochkonzentrierter Salpetersäure und Stickoxiden beaufschlagten, mit Dampf von 150°C geheizten Tantal-Rohr 28 x 0,4 mm war nach einer Betriebszeit von 15 Jahren keine meßbare abtragende Korrosion festzustellen (56).

Tantal-Titan-Legierungen mit 10 bis 90 Massenanteilen Titan werden in bei Normaldruck siedenden 10- bis 70 %igen Salpetersäure sowie bei 190°C < 0,03 mm/a abgetragen (58).

Tantal und die 2,5 Massenanteile Wolfram sowie 0,15 Massenanteile Niob enthaltene Tantal-Legierung ließen in 70 %iger Salpetersäure bei 198°C keine Massenverluste erkennen; nach weiteren, in Autoklaven durchgeführten Messungen betragen die Abtragungsraten dieser Ta-W-Nb-Legierung unter den o. e. Bedingunen 1×10^{-3} mm/a (Anlieferungszustand) bzw. 4×10^{-5} mm/a (Spa-; nungsarm bzw. rekristallisierend geglüht (59).

8.13 Sondermetalle in Flußsäure

Von den Sondermetallen ist nur Molybdän gegenüber Flußsäure beständig.

Undissoziierter Fluorwasserstoff und Fluorid-Ionen setzen die Korrosionsbeständigkeit von Titan, Zirkonium, Tantal und Niob in anderen Abgriffsmitteln herab — über die Einsatzgrenzen der Sondermetalle liegen meist noch keine ausreichenden Erfahrungen vor.

Hinsichtlich der Verwendung von PTFE-Dichtungen in mit Salpetersäuren beschickten Tantal-Apparaten sei auf Bild 8.28 verwiesen. Erst bei relativ hohen Fluorid-Anteilen steigt die Abtragungsrate in azeotroper Salpetersäure (100°C) markant an.

Tantal-Wolfram-Legierungen mit einem Massenanteil > 18 % Wolfram sind gegenüber 20 %iger Flußsäure bei Raumtemperaturen beständig (60).

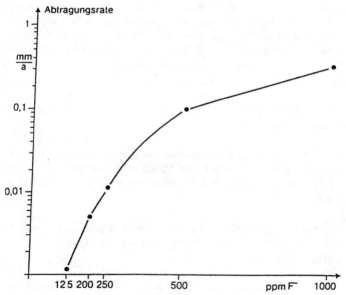

Bild 8.28: Abtragungsraten von Tantal in azeotroper Salpetersäure 100°C in Abhängigkeit vom F-Gehalt, Versuchsdauer: 1 h

8.14 Verwendung in der chemischen Verfahrenstechnik

Die Einsatzmöglichkeiten für Sondermetalle in der chemischen Industrie sind vielfältig: Die Werkstoffe dienen beispielsweise zum Bau von Reaktoren, Kolonnen, Rührwerken, Rohrleitungen, Armaturen, Faltenbälgen und Pumpen. Meßköpfe, wie Thermofühler, Magnetschwimmer oder Membranen, die auch unter aggressiven Bedingungen zuverlässig arbeiten sollen, werden durch Sondermetallverkleidung geschützt. Zum Kühlen oder Erwärmen korrosiver Medien dienen Wärmeaustauscher aus Sondermetallen, die als Heizschlangen, Heizstäbe, Heizkerzen oder Rohrbündel ausgebildet sind.

Sondermetall-Bauteile können massiv oder aus entsprechenden Verbundwerkstoffen gefertigt werden. In vielen Fällen reicht ein loses Auskleiden des Trägerwerkstoffes aus; wo hohe Belastungen auftreten, ein guter Wärmedurchgang gefordert und/oder unter Unterdruck gearbeitet wird, kann plattiert werden. Sondermetalle, die bei hohen Temperaturen (1.000°C) zur Bildung intermetallischer Phasen mit Stahl neigen (wie Tantal, Niob, Zirkonium) lassen sich − ggf. mit Zwischenschichten (z. B. Kupfer) − durch Explosivplattieren aufbringen (62).

Tabelle 8.1: Physikalische Eigenschaften verschiedener Werkstoffe

Werkstoff	Dichte [g/cm^3]	Schmelzpunkt [°C]	Ausdehn.-koeff. [/°C]	Wärmeleitfähigk. [W/m°C]	E-Modul [kN/mm^2]	Rp0.2 [N/mm^2]	Spez. Widerstand [μΩcm]
Ta-ES					172	140	
	16,6	2997	6.5×10^{-6}	54			12,5
Ta-GS					180	200	
Nb	8.5	2460	7.2×10^{-6}	52	107	105-140	16
Zr 702	6.5	1845	5.9×10^{-6}	52	108	207	44
Ti Gr.II	4.5	1670	8×10^{-6}	17	105	225	57
Mo	10.2	2610	5.3×10^{-6}	142	325	600	5.2
Steel (HII)	7.9	1530	12×10^{-6}	62	205	255	9.7
Edelstahl	7.9	-1400	17×10^{-6}	16	200	265	72
Nickel (LC)	8.9	1450	15×10^{-6}	91	205	80	9.5
Hastelloy C4	8.6	-1350	11×10^{-6}	12	195	305	130
Kupfer	8.9	1080	17×10^{-6}	381	108	-	1.7

Der Kilopreis hängt sehr stark von der Halbzeugart ab; z. B. liegt der Blechpreis bei Tantal zwischen 650 und 1.000 DM/kg. Wegen der hohen Materialkosten der Sondermetalle wird das Einsatzgewicht so gering wie möglich gehalten (Bild 8.29).

Erforderliche Dicke eines zylindrischen Mantels mit D_a=1000 mm und h — 1000 mm für Berechnungstemperatur 200°C und -druck 6 bar nach AD-Merkblatt B0 bei

X 10 CrNiMoTi 18 10	3,0 mm
Ti III	4,0 mm
Ta	7,5 mm
Zr	8,5 mm

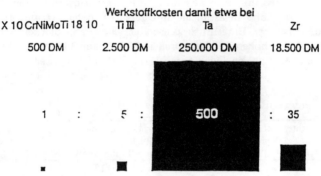

Werkstoffkosten damit etwa bei

X 10 CrNiMoTi 18 10	Ti III	Ta	Zr
500 DM	2.500 DM	250.000 DM	18.500 DM
1 :	5 :	500	: 35

Bild 8.29: Werkstoffkosten für zylindrischen Mantel

Erfahrungen über den Einsatz von Sondermetallen liegen in einem weitem Spektrum vor:

Titan,
beispielweise bei Bauteilen, z. B. Wärmetauschern, die mit Meerwasser, Brackwasser, Salpetersäure, Essigsäure, Chromsäure, feuchtem Chlor, Chlordioxid, Bleichlaugen, Natriumchlorid beaufschlagt werden.

Zirkonium,
dem Sondermetall mit interessanten Korrosionseigenschaften in sauren, alkalischen, reduzierend oder auch oxidierend wirkenden Angriffsmitteln, Anwendungsbeispiele betreffen die Herstellung von Harnstoff, Ammoniumsulfat, Acrylaten und Cellulose oder die Aufarbeitung von Essigsäure, Schwefelsäure, Natronlauge und Wasserstoffperoxid.

Tantal,
dem Sondermetall mit hoher Wärmeleitfähigkeit und günstigen Korrosionseigenschaften. Von den zahlreichen Anwendungsgebieten seien Heizkerzen und Rohrbündelwärmetauscher in Salpeter- und Schwefelsäure-Anlagen genannt.

8.15 Verarbeitung der Sondermetalle

8.15.1 Schweißen

Normalerweise werden Sondermetalle nach dem Wolfram-Inertgas-Verfahren mit oder ohne Schweißzusatzwerkstoff geschweißt (Bild 8.30). Da diese Metalle beim Schweißen bereitwillig mit atmosphärischen Gasen reagieren, müssen die Schweißungen in einer inerten Atmosphäre, entweder in einer Schutzgaskammer oder mit ausreichender Schutzgasabdeckung ausgeführt werden. Das üblicherweise benutzte Argon sollte eine Reinheit von mindestens 99,95 % aufweisen.

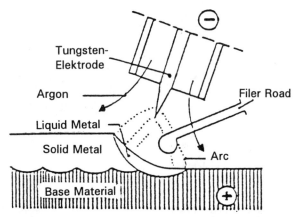

Bild 8.30: Vorgang des WIG-Schweißens (Wolfram-Inert-Gas)

8.15.2 Röhrenwärmeaustauscher

Wie bereits erwähnt, ermöglicht die hohe Korrosionsbeständigkeit der Sondermetalle eine Reduzierung der Wandstärke im Vergleich zu den Eisenwerkstoffe. Die gute Resistenz gegenüber Ablagerungen verbessert zusätzlich die Wärmeübertragungseigenschaften.

Röhrenwärmeaustauscher setzen sich aus Rohrböden, Rohren, Mantelrohr, Umlenkblechen und den entsprechenden Stutzen zusammen.

In den meisten Fällen ist nur eines der Medien korrosiv. Es ist deshalb am wirtschaftlichsten, das Rohrinnere als „korrosive Seite" zu wählen und nur die Rohre und die Rohrböden aus Sondermetall zu fertigen.

Die Rohrenden werden durch Einwalzen in der Rohrbodenplatte befestigt (Bild 8.31). Der Spielraum zwischen dem Loch im Rohrboden und dem Rohr sollte sich in einer Größenordnung von 0,1 bis 0,5 mm bewegen.

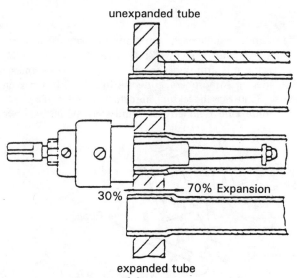

Bild 8.31: Vorgang des Rohreinwalzens

Zur Erzielung einer besseren Haftung können zusätzlich Nuten in die Rohrwand gestochen werden. Beim Einwalzen werden die Rohre üblicherweise 8 bis 10 % aufgeweitet.

Wenn erhöhte Anforderungen an die Dichtheit gestellt sind, werden die Rohre zusätzlich mit den Rohrböden verschweißt.

Die Rohrböden werden im Normalfall lose verkleidet. Sie werden jedoch je nach Beanspruchung auch häufig aus mit Sondermetall explosionsplattiertem Stahl gefertigt.

8.16 Sprengplattieren

Aus Gründen der Kostenersparnis werden Behälter und Kolonnen häufig mit Sondermetallen ausgekleidet. In den meisten Fällen ist eine lose Auskleidung ausreichend.

Die Entscheidung, ob ein Apparat lose ausgekleidet oder aus plattiertem Material gefertigt wird, wird durch die verschiedenen Betriebsbedingungen beeinflußt.

— *Temperatur*
Aufgrund von stark unterschiedlichen Wärmeausdehnungskoeffizienten (z. B. Edelstahl und Tantal) kann es bei einer losen Ausführung zu einem Abscheren der Auskleidung kommen.

— *Vakuum*
Bei Vakuum kann ein Zusammenfalten der losen Auskleidung erfolgen, die bei den Sondermetallen besonders dünn gewählt ist (z. B. 0,8 — 1mm) bie Tantal).

— *Druck*
Bei sehr hohen Drücken werden die Wärmeausdehnungssicken flach gedrückt und können nicht mehr arbeiten.

— *Wärmeübergang*
Der Wärmeübergang ist bei plattierten Werkstoffen wesentlich günstiger als bei einer losen Auskleidung.

Da die Sondermetalle mit Eisen bei hohen Temperaturen spröde, intermetallische Phasen bilden, werden die Verbundwerkstoffe via Explosionsplattieren hergestellt.

Beim Explosionsplattieren wird die Flugplatte mittels Distanzhaltern in einem definierten Abstand parallel über die Grundplatte gelegt (Bild 8.32).

Die Fluplatte wird mit Sprengstoff beschichtet. Bei der Zündung wird die Flugplatte durch die Detonation des Sprengstoffes auf hohe Geschwindigkeit (ca. 500 m/s) beschleunigt. Die Flugplatte trifft in einem bestimmten Winkel (Kollisionswinkel) auf die Grundplatte auf, wobei der hohe Kollisionsdruck (10 bis 50 kbar) zur Verschweißung der beiden Platten führt. Die Verbindungszone zeigt das äußere Erscheinungsbild eines Wellenzuges (Bild 8.33).

Normalerweise werden Titan- und Zirkoniumbleche mit einer Dicke von 2 — 4 mm sprengplattiert. Beim Tantal wird zwischen Stahl (z. B. 15 mm) und Tantal (ca. 1 mm) eine 3 — 4 mm dicke Kupferschicht plattiert. Das Kupfer verhindert durch Ableitung der Wärme, daß der Stahl während des Tantalschweißens schmilzt und beugt somit der Bildung spröder intermetallischer Eisen/Tantal-Phasen vor.

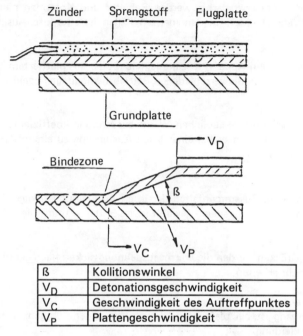

Bild 8.32: Anordnung und Vorgang des Explosionsschweißens

Bei der Auslegung der Apparate werden die Festigkeitsdaten nur auf der Grundlage des Trägerwerkstoffes (Stahl) berechnet. Da sich Sondermetalle nicht mit anderen Werkstoffen verschweißen lassen, wird beim Verarbeiten explosionsplattierter Bleche eine besondere Fügetechnik angewendet. Die Sondermetallplattierung wird in der Nähe der Schweißnaht abgearbeitet. Nach dem Verschweißen des Stahls wird die Stoßstelle nach dem Einlegen eines Füllbleches mit einem überlappenden Sondermetallstreifen verschlossen, der auf der Sondermetallplattierung festgeschweißt wird. Stutzen können sowohl in lose ausgekleideter als auch in massiver Bauform ausgeführt werden.

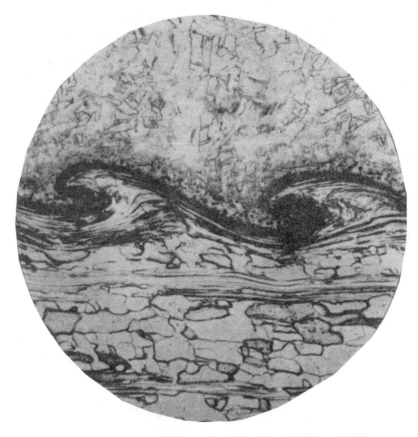

Bild 8.33: Bindungszone explosiv-verschweißter Metalle (Querschliff)

8.17 Titan in der Elektrochemie

Neben seiner Anwendung als Konstruktionswerkstoff hat sich Titan als Elektrodenmaterial in einer Reihe elektrochemischer Prozesse bewährt.

Das klassische Einsatzgebiet des Titans — aktiviert mit Edelmetallen oder Edelmetalloxiden — in der industriellen Elektrochemie ist die Chlor-Alkali-Elektrolyse. Die sog. dimensionsstabilen (DSA) mit Titan als Substratwerkstoff, haben die früher benutzten Graphit-Anoden fast vollständig verdrängt. Die Strukturen der DSA-Anoden variieren je nach Zellentyp.

Darüber hinaus werden Titan-Anoden in einer Reihe elektrochemischer Prozesse eingesetzt, wie z. B. bei der Erzeugung von Chlorat und Hypochlorid aus NaCl-Lösungen. Membranzellen mit Titananoden werden bei elektroorganischen Synthesen verwendet. In der Galvanotechnik verdrängt Titan immer mehr lösliche Anodenmaterialen, wie Blei oder Graphit. Titananoden werden außerdem im kathodischen Korrossionsschutz z. B. beim Innenschutz von Behältern und Rohrleitungen eingesetzt. Immer mehr Titan geht auch in den Zellenbau, wo Zellkomponenten wie Zellendeckel, Rahmen und Rohrleitung in Titan ausgeführt oder mit diesem Werkstoff verkleidet werden.

Beim Konstruieren von stromführenden Zellteilen aus Titan muß seinem relativ hohen elektrischen Widerstand Rechnung getragen werden. So wird die Leitfähigkeit des Titans häufig zum bestimmenden Faktor bei der Auslegung der Querschnitte der Stromzuleitungen. Aus diesem Grunde wird häufig mit Titan verkleidetes oder plattiertes Kupfer verwendet, wenn hohe elektrische Leitfähigkeit verlangt ist.

Bild 8.34: Tantal Röhrenwärmeaustauscher
Austauschfläche 82 m², 382 nahtlose Tantalrohre

Werkphoto Heraeus Elektrochemie

Bild 8.35: 240-fach Tantal-Heizkerze
Austauschfläche 30 m²

Werkphoto Heraeus Elektrochemie

Bild 8.36: 5-fach Tantal-Heizschlange
Austauschfläche 19 m^2

Werkphoto Heraeus Elektrochemie

Bild 8.37: Tantal-Autoklav,
Inhalt 300 l, Kesselblech HII (15 MM),
explosionsplattiert mit Kupfer (3 mm) und Tantal (1 mm)

Werkphoto Heraeus Elektrochemie

Bild 8.38: Titan-Röhrenwärmeaustauscher
Austauschfläche 101 m²
Rohrböden explosionsplattiert mit Ti 0.2 Pd

Werkphoto Heraeus Elektrochemie

Bild 8.39: Elektrolyttank aus Titan

Werkphoto Heraeus Elektrochemie

Bild 8.40: ClO_2-Generator aus Titan

Werkphoto Heraeus Elektrochemie

Bild 8.41: Zirkonium-Behälter mit innenliegender Heizschlange, Inhalt 4000 l

Werkphoto Heraeus Elektrochemie

Bild 8.42: Zirkonium-Röhrenwärmeaustauscher
Austauschfläche 60 m²
Rphrböden explosionsplattiert mit Zirkonium

Werkphoto Heraeus Elektrochemie

9 Metallische Gläser

B. Predel

9.1 Einführung

Noch vor 100 Jahren standen für den Fahrzeug- und Maschinenbau dieselben Werkstoffe zur Verfügung wie vor zwei Jahrtausenden. Neben Holz waren dies im wesentlichen die metallischen Werkstoffe Kupfer, Bronze, Messing und Stahl. Seitdem hat ein ungewöhnlicher Fortschritt im Materialbereich stattgefunden. Vor allem waren in früheren Zeiten die Ingenieure an vorgegebene Werkstoffe gebunden, während heute neue technische Projekte die Entwicklung der dazu erforderlichen, bis dahin nicht üblichen speziellen Werkstoffe bedingen. Die inzwischen gewonnenen Vorstellungen von der Verknüpfung des Gefügeaufbaus mit den Eigenschaften von Materialien ermöglichen es, rasch die erforderlichen Werkstoffe gezielt zu entwickeln. In das reiche Spektrum der Erschließung neuer Materialien reiht sich die Erforschung der metallischen Gläser ein.

Diese zunächst sonderbar anmutende Art von Legierungen, die zwar die Konsistenz eines Festkörpers haben, aber nicht die Fernordnung der konstituierenden Atomsorten aufweisen, wie sie in üblichen festen Legierungen vorliegt, ist zuerst von Klement, Willens und Duvez (1) im Jahre 1960 beschrieben worden.

Vertreter dieser neuen Stoffklasse weisen besonders interessante Eigenschaften und Eigenschaftskombinationen auf. Darauf soll weiter unten kurz eingegangen werden. Da metallische Gläser zudem, wie noch dargelegt werden soll, in relativ einfacher Weise darstellbar sind und aus Elementen bestehen, die relativ leicht zugänglich sind, erscheinen diese Materialien für einen technischen Einsatz außerordentlich nützlich. Sehr rasch setzte weltweit eine rege Forschungstätigkeit ein, die inzwischen zahlreiche Probleme der Herstellung, der Einsatzfähigkeit, der Lebensdauer usw. klären half. Inzwischen werden metallische Gläser verschiedentlich technisch eingesetzt. Die im folgenden geschilderten Zusammenhänge zwischen Struktur, Bindungsverhältnis, Energetik und Kinetik von Kristallkeimbildungsprozessen einerseits und der Glasbildungsfähigkeit von Legierungen andererseits sind einigen früheren zusammenfassenden Darstellungen entnommen (2) – (5).

9.2 Zum Prinzip der Glasbildung

Die am weitesten verbreiteten und genutzten Gläser sind bekanntlich silikatischer Natur. Sie werden dadurch gewonnen, daß geeignete Silikatschmelzen abgekühlt werden, wobei darauf zu achten ist, daß beim Unterkühlen unter die Liquidustemperatur keine Kristallisation eintritt. Da die atomare Struktur von Silikatschmelzen recht komplex ist — sie besteht aus SiO_4^{4-}-Tetraedern mit dazwischengelagerten Kationen (z. B. Ca^{2+}, Na^+ usw.) —, kann die Kristallkeimbildung, die den Beginn einer strengen Fernordnung dieser Struktureinheiten darstellt, nach Unterschreiten der Liquiduslinie nur mit geringer Wahrscheinlichkeit erfolgen. Zwar nimmt die Triebkraft der Keimbildung mit steigender Unterkühlung zu, gleichzeitig sinkt aber die Beweglichkeit der zu ordnenden Struktureinheiten. Es ist daher relativ einfach — auch bei geringen Abkühlungsgeschwindigkeiten —, ohne Einsetzen der Kristallisation so niedrige Temperaturen zu erreichen, daß die Schmelze die Konsistenz eines Festkörpers annimmt, ohne daß die Fernordnung der kristallinen Gleichgewichtsphase zustandekommt: Die Schmelze ist als Glas erstarrt.

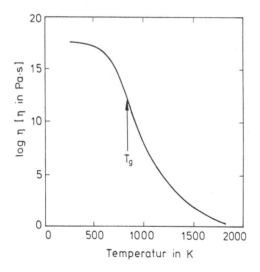

Bild 9.1: Logarithmus der Viskosität einer Natron-Kalk-Silikatschmelze als Funktion der Temperatur (nach (6))

Als Maß für die Beweglichkeit der Struktureinheiten einer Schmelze kann ihre Viskosität genommen werden. In Bild 9.1 ist der Logarithmus der Viskosität eines Natron-Kalk-Silikats als Funktion der Temperatur aufgetragen. Eingezeichnet ist die Temperatur T_g, die sogenannte Glastemperatur oder Glastransformationstemperatur, bei der die log η-T-Kurve einen Wendepunkt hat. Die Viskosität weist hier einen Wert von 10^{-12} Pa · s auf. Ein Material dieser Viskosität hat die Konsistenz eines Festkörpers. Oberhalb der Glastemperatur liegt eine (unterkühlte) Schmelze vor, unterhalb T_g ein Glas. Der Übergang in den Glaszustand erfolgt nicht diskontinuierlich, wie bei einem Phasenübergang erster Ordnung (z. B. am Schmelzpunkt, am Siedepunkt usw.). Vielmehr geht die Schmelze in das Glas kontinuierlich über. Es handelt sich nicht um eine Phasenumwandlung im thermodynamischen Sinne. Die Glastransformation ist durch kinetische Gegebenheiten der Schmelze festgelegt.

T_g ist daher keine „Gleichgewichtstemperatur". Sie ist abhängig von der Abkühlungsgeschwindigkeit. Bei großen Abkühlungsgeschwindigkeiten ist T_g höher als bei niedrigen.

Im Glas ist die jeweilige Anordnung der Struktureinheiten der Schmelze „eingefroren", wie sie am Glaspunkt T_g vorliegt. Sowohl die unterkühlte Schmelze als auch das Glas sind metastabil im Vergleich zum kristallinen Festkörper, wie er unterhalb der Liquidustemperatur als Gleichgewichtsphase vorliegt. Dennoch unterscheidet sich die nichtkristalline Phase oberhalb von T_g von derjenigen unterhalb von T_g. Oberhalb der Glastemperatur ist die atomare Beweglichkeit hinreichend groß, um in angemessenen Zeiten eine Anordnung der Struktureinheiten zu erhalten, die bei der vorgegebenen Temperatur einem Minimum der freien Enthalpie des Systems entspricht. Unterhalb der Glastransformationstemperatur ist das nicht mehr der Fall. Die Beweglichkeit der Strukturelemente ist so gering, daß eine Einstellung der minimalen freien Enthalpie nicht mehr gelingt. Die unterkühlte Schmelze ist in einem inneren thermodynamischen Gleichgewicht, das Glas indessen nicht.

Diese Zusammenhänge sind keine Eigenart von Silikatschmelzen, die einen besonders sperrigen atomaren Aufbau aufweisen. Analoge Verhältnisse treten auch bei Gläsern in anderen Stoffklassen auf, so z. B. bei Salzen, Polymeren und auch bei Metallen. Hier sei die Auswirkung vom internen Gleichgewicht bzw. Ungleichgewicht anhand der Molwärme einer zur Glasbildung befähigten Legierung dargestellt.

In Bild 9.2 ist die Molwärme C_p der Gleichgewichtsphasen und der metastabilen Phasen einer $Au_{77}Ge_{14}Si_9$-Legierung als Funktion der Temperatur dargestellt. In Annäherung an die Schmelztemperatur T_m nimmt die Molwärme der kristallinen Gleichgewichtsphase nur geringfügig zu. Am Schmelzpunkt ist die Molwärme C_p^L der flüssigen Phase etwas höher als die der kristallinen, C_p^S; mit steigender Temperatur nimmt C_p^L geringfügig ab. Das ist typisch für Systeme, in denen in der homogenen flüssigen Legierung ein Assoziationsgleichgewicht vorliegt. Für eine binäre Legierung aus den Komponenten A und B kann im einfachsten Falle geschrieben werden:

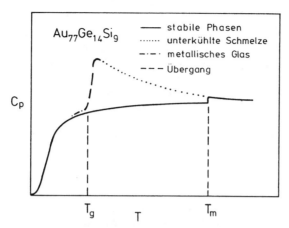

Bild 9.2: Molwärme einer Au-Ge-Si-Legierung mit 77 At.-% Au, 14 At.-% Ge und 9 At.-% Si für Gleichgewichtsphasen und Phasen im metastabilen Zustand (nach (7))

$$a \cdot A + b \cdot B \rightleftharpoons A_a B_b \qquad (1)$$

Dabei bedeuten a und b die betreffenden stöchiometrischen Koeffizienten der molekelartigen Spezies $A_a B_b$, die mit monoatomaren Spezies A und B im Gleichgewicht stehen. Der Anteil der einzelnen Spezies am Gesamtvolumen der Legierung ist durch das Massenwirkungsgesetz festgelegt. Die Konzentration an Assoziaten ist damit temperaturabhängig. Mit steigender Temperatur nimmt der Assoziationsgrad in der flüssigen Legierung ab. Das hat einen Anstieg von C_p^L mit sinkender Temperatur zur Folge, was sich auch im Unterkühlungsbereich fortsetzt, und zwar so lange, bis die Beweglichkeit der einzelnen Spezies so gering wird, daß in angemessener Zeit eine Adjustierung des Assoziationsgleichgewichtes entsprechend einem Minimum der freien Enthalpie des Systems nicht mehr möglich ist. Dieses „Einfrieren" des Assoziationsgleichgewichts erfolgt, wie bereits angedeutet, bei T_g. Bei dieser Temperatur sinkt, wie Bild 9.2 zeigt, der Wert von C_p annähernd auf den Wert von C_p^S. Definitionsgemäß stellt die Molwärme eines Stoffes diejenige Wärmemenge dar, die erforderlich ist, ein Mol dieses Stoffes um 1 K zu erwärmen. Sofern bei dieser Erwärmung auch eine Verschiebung des Dissoziationsgleichgewichts zu einem geringeren Assoziationsgrad hin erfolgt, ist, neben allen anderen Faktoren, die in den Wert C_p eingehen, auch noch die entsprechende „Dissoziationsenthalpie" einzubringen. Dieser Anteil entfällt, wenn das Gleichgewicht einfriert, was bei T_g erfolgt und was somit den starken Abfall von C_p bei T_g erklärt.

Obwohl diese prinzipiellen Gegebenheiten bei allen glasbildenden Stoffen analog sind, kann die erforderliche Technik zur Gewinnung der Gläser sehr unterschiedlich sein. Bei den handelsüblichen silikatischen Gläsern ist die Keimbildung in den Silikatschmelzen infolge der extrem komplexen atomaren Struktur außerordentlich unwahrscheinlich. Es genügen relativ geringe Abkühlgeschwindigkeiten, um T_g zu erreichen, bevor Kristallkeimbildung eintritt. Im Falle metallischer Legierungen liegt eine einfachere Anordnung vor. Die Kristallkeimbildung erfolgt nach mehr oder weniger starker Unterkühlung und in relativ kurzer Zeit. Um ein metallisches Glas zu erhalten, muß daher extrem rasch abgekühlt werden. Zudem kann mit den bisher erreichbaren Abkühlungsgeschwindigkeiten nicht in jedem beliebigen System Glasbildung erzielt werden. Ferner kann in einem System, in dem Glasbildung möglich ist, ein metallischer/glasartiger Festkörper lediglich in engbegrenzten Konzentrationsbereiche gewonnen werden. Eingehende Untersuchungen haben gezeigt, daß dies sowohl auf energetische als auch auf kinetische Ursachen zurückzuführen ist.

9.3 Thermodynamische Voraussetzungen der Glasbildung

Eine notwendige, wenn auch nicht hinreichende Bedingung für die Bildung von Gläsern in metallischen Systemen ist die Tendenz zur Verbindungsbildung. Sie ist nicht in allen metallischen Mehrstoffsystemen gegeben. Erinnert sei an Systeme — hier seien zur Vereinfachung lediglich binäre Systeme betrachtet — in denen die Wechselwirkung zwischen den verschiedenartigen Atomsorten gering sind. Die thermodynamischen Mischungsfunktionen können dann bekanntlich mit dem Modell der regulären Lösung beschrieben werden. Als Beispiel sind in Bild 9.3 die Mischungsenthalpien flüssiger Cd-Zn-Legierungen als Funktion des Atombruchs (x_{Cd}) wiedergegeben. Wie es das Modell der regulären Lösung fordert, folgt die Konzentrationsabhängigkeit einem parabolischen Gesetz:

$$\Delta H = \Delta H_o \cdot x_{Cd} \cdot (1 - x_{Cd}), \quad \Delta H_o = \text{const.} \qquad (2)$$

Entsprechend diesem Modell ist eine völlig regellose Verteilung der Atomarten in der Legierung anzunehmen. Es ist daher nicht verwunderlich, daß keine Cd-Zn-Gläser gefunden werden können.

Es sei bemerkt, daß die Gültigkeit des Modells der regulären Lösung auf Systeme begrenzt ist, die geringe positive oder negative Werte der maximalen Mischungsenthalpie, ΔH_{max}, aufweisen. Solche Systeme enthalten in der Regel keine intermetallischen Verbindungen und entsprechend auch keine Assoziate im flüssigen Zustand. Lediglich dann, wenn starke Attraktionskräfte zwischen den ungleichartigen Atomsorten auftreten, kann im allgemeinen Verbindungs- und Assoziationsbildung erwartet werden. In solchen Systemen ist auch Glasbildung möglich. Als Beispiel sind in Bild 9.4 die Mischungsenthalpien flüssiger

Ag-Te-Legierungen wiedergegeben. Das Modell der regulären Lösung ist hier offensichtlich nicht gültig. Es liegt keine parabolische Abhängigkeit der ΔH-Werte vom Atombruch vor. Vielmehr tritt eine annähernd dreieckförmige Konzentrationsabhängigkeit auf. Die Spitze dieses „Dreiecks" liegt bei der Konzentration, die der Stöchiometrie der Assoziate entspricht. Im vorliegenden Falle ist dies Ag_2Te. Bei dieser Konzentration existiert im festen Zustand eine intermetallische Verbindung, nämlich Ag_2Te.

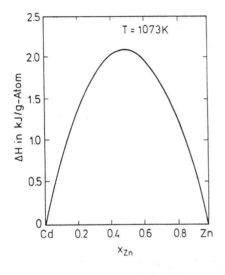

Bild 9.3:
Mischungsenthalpien flüssiger Cd-Zn-Legierungen (8)

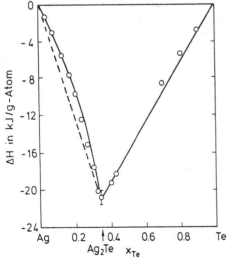

Bild 9.4:
Mischungsenthalpien flüssiger Ag-Te-Legierungen (9) (10)

Für eine Beschreibung der Konzentrationsabhängigkeit der Mischungsenthalpie bei Vorliegen eines Assoziationsgleichgewichts, das offensichtlich von der Bruttokonzentration der Legierung abhängt, kann ΔH als von zwei Anteilen herrührend angesehen werden:

$$\Delta H = \Delta H^{reg} + \Delta H^{ass} \quad (3)$$

ΔH^{reg} ist gegeben durch die Summe der Wechselwirkungen zwischen den nicht in Assoziaten gebundenen, monoatomaren Spezies A und B. Für diesen Anteil kann die Gültigkeit des Modells der regulären Lösung angenommen werden. Nach Abzug der in Assoziaten festgelegten Menge der Komponenten gilt damit:

$$\Delta H^{reg} = K^{reg} \cdot (1 - x_B - an)(x_B - bn) \quad (4)$$

Der auf die Wechselwirkung zwischen den beiden unterschiedlichen Atomen in den Assoziaten zurückzuführende Anteil ist proportional dem Molenbruch n der Assoziate:

$$\Delta H^{ass} = K^{ass} \cdot n \quad (5)$$

In den Gl. (4) und Gl. (5) bedeuten:

x_A, x_B die Atombrüche der Komponenten A und B; a,b die stöchiometrischen Koeffizienten der Assoziate $A_a B_b$; K^{reg}, K^{ass} sind entsprechende Konstanten.

Für den Fall, daß keine Assoziation in der Schmelze vorliegt, also n = 0 ist, gilt das Modell der regulären Lösung. Wenn indessen die maximale Anzahl der Atome einer flüssigen Legierung bei der vorgegebenen Bruttokonzentration in Assoziaten gebunden ist, wird

$$\Delta H^{reg} = 0 \quad (6)$$

und ferner

$$n = \frac{x_B}{b} \quad \text{oder} \quad n = \frac{x_A}{a} \quad (7)$$

Es ist dann

$$\Delta H = \Delta H^{ass} = K^{ass} \cdot \frac{x_B}{b} \quad \text{für} \quad \frac{x_A}{x_B} \geqslant \frac{a}{b} \quad (8)$$

und

$$\Delta H = \Delta H^{ass} = K^{ass} \cdot \frac{x_A}{a} \quad \text{für} \quad \frac{x_A}{x_B} \leqslant \frac{a}{b} \quad (9)$$

Gemäß Gl. (8) und Gl. (9) weist die ΔH-x-Kurve in diesem Fall die Form eines Dreiecks mit der Spitze bei der Stöchiometrie der Assoziate auf. Wie ein Blick auf Bild 9.4 lehrt, ist dies im System Ag-Te annähernd gegeben. Daß der auf der Ag-Seite liegende Schenkel des Dreiecks im ΔH-x-Diagramm nicht völlig geradlinig, sondern zu geringen ΔH-Beträgen durchgebogen ist, hängt damit zusammen, daß zwischen den monoatomaren Ag-Spezies und den Ag_2-Te-Assoziaten, eine Wechselwirkung stattfindet, die zu einer Entmischungstendenz führt, was sich im Auftreten einer Mischungslücke im flüssigen Zustand in diesem Konzentrationsbereich auswirkt (siehe Zustandsdiagramm Ag-Te in Bild 9.5).

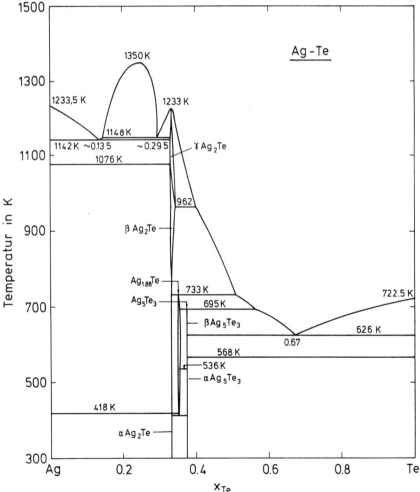

Bild 9.5: Zustandsdiagramm Ag-Te (9)

Es sei bemerkt, daß diese Parallelität von Assoziatkonzentration in der Schmelze und Stöchiometrie einer stabilen Verbindung im festen Zustand nicht immer erfüllt ist, was damit zusammenhängt, daß die Existenz einer ferngeordneten Phase im kristallinen Zustand zum Teil durch andere Bedingungen festgelegt wird, als das Auftreten lediglich nahegeordneter, molekelartiger Assoziate in der nicht ferngeordneten Schmelze gleicher Konzentration.

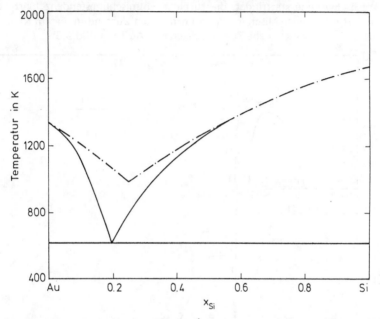

Bild 9.6: Zustandsdiagramm Au-Si (11)

Als Beispiel für einen solchen Fall sei das System Au-Si erwähnt. Gemäß der allgemeinen Vorstellung von Elektronenverbindungen sollten in diesem System Hume-Rothery-Phasen auftreten. Wie Bild 9.6 zeigt, ist dies nicht der Fall. Vielmehr liegt in dem fraglichen Konzentrationsbereich ein tief einschneidendes Eutektikum vor, das auf die Existenz von Assoziaten zurückgeführt werden kann, die der Konzentration der zu erwartenden Hume-Rothery-Verbindungen entsprechen (11). Wäre keine Assoziatbildung vorhanden, dann wäre auf der Basis des Modells der regulären Lösungen im „Hume-Rothe-Bereich" bei etwa x_{Si} = 0,7 ein Liquidusverlauf zu erwarten, der bis zu 400 K höher liegt als die Liquidustemperatur im Gleichgewicht (vgl. Bild 9.6). Obwohl die Tendenz zur Verbindungsbildung in der Schmelze dadurch klar dokumentiert ist, tritt im festen Zustand keine stabile Verbindung auf. Das ist auf die Diamantstruktur des Siliciums zurückzuführen. Hume-Rothe-Verbindungen weisen in der Regel relativ geringe Bildungsenthalpien auf. Sie werden bekanntlich in Systemen gefunden, in denen die Komponenten einerseits ein Edelmetall und andererseits ein höherwertiges Element sind. Maximale Bildungsenthalpien werden gefunden, wenn das höherwertige Element eine dichteste Kugelpackung aufweist. Ist das nicht der Fall, dann ist bei der Bildung der Hume-Rothery-Phasen der Betrag an Enthalpie von der „hypothetischen maximalen" Bildungsenthalpie der Hume-Rothery-Verbindung zu subtrahieren, der zur Überführung der betreffenden höherwertigen Elemente von ihrer natürlichen Elementstruktur in die dichteste Kugelpackung erforderlich ist. Für die hypothetische Phasenumwandlung des Siliciums von seiner Diamantstruktur in eine Struktur mit dichtester Kugelpackung ist ein Enthalpieaufwand von > 54 kJ/g-Atom erforderlich (12). Dieser Aufwand bedingt, daß im Au-Si-System keine stabile Hume-Rothery-Phase zustande kommt.

Daß diese Vorstellungen der Wirklichkeit entsprechen, zeigt das Faktum, daß durch rasche Abkühlung der Schmelze eine metastabile Hume-Rothery-Phase in diesem System gewonnen werden kann (13). Es sei noch erwähnt, daß von den möglichen Hume-Rothery-Phasen diejenigen mit Kupfer als Edelmetallkomponente die größten Bildungsenthalpien aufweisen. Im System Cu-Si reicht der von den Bindungsgegebenheiten herrührende Anteil an der Bildungsenthalpie aus, um den Aufwand an „Umwandlungsenthalpie des Siliciums" zu kompensieren. In diesem System treten in der Tat stabile Hume-Rothery-Phasen auf, nicht aber, wie schon gesagt, im System Au-Si und ebenfalls nicht im System Ag-Si (14).

In der Schmelze entfällt ein solcher Aufwand an Umwandlungsenthalpie. Daher können Assoziate ungehindert entstehen. Es sei erwähnt, daß es das System Au-Si war, in dem erstmalig metallische Gläser gefunden worden sind.

9.4 Zur Struktur metallischer Gläser

Nach Entdeckung des Prinzips der Herstellung metallischer Gläser durch extrem rasche Abkühlung geeigneter flüssiger Legierungen waren vor allem binäre Mischungen von Übergangsmetallen (z. B. T = Fe, Co, Pd usw.) einerseits und von Metalloiden (z. B. M = B, Si, P usw.) andererseits in den Glaszustand überführt worden.

Insbesondere bei der Stöchiometrie $T_{80}M_{20}$ gelang es leicht, d. h. bei relativ geringen Abkühlungsgeschwindigkeiten, Gläser zu gewinnen. Diese Gegebenheit wurde zunächst auf der Basis des von Bernal (15) (16) (17) entwickelten Strukturmodells flüssiger Legierungen gedeutet. Nach Bernal entspricht die Atomanordnung flüssiger reiner Metalle einer dichtesten Zufallspackung gleich großer starrer kugelförmiger Atome. Er hat empirisch nachgewiesen, daß in einer solchen Packung Lücken unterschiedlicher Größe auftreten. Bei Zusatz einer zweiten Komponente mit geringerem Atomradius wird diese in den „Gitterlücken" untergebracht. Beim Abkühlen solcher Mischphasen bleibt die interstitielle Natur der flüssigen Legierung auch unterhalb von T_g erhalten. Nach Polk (18) entspricht das Verhältnis der Anzahl der größeren dieser Gitterlücken, die mit kleinen Metalloidatomen besetzt sind, zur Gesamtzahl der großen T-Atome, die die dichteste Zufallspackung konstituieren, der Stöchiometrie $T_{80}M_{20}$.

Diese Lücken und damit auch die M-Atome sollten dabei statistisch in der Grundmatrix verteilt sein. Das ist indessen nicht der Fall, wie Röntgen- und Neutronen-Beugungsuntersuchungen gezeigt haben. Lamparter, Steeb und Mitarb. (19) haben nachgewiesen, daß im metallischen Glas $Ni_{81}B_{19}$ die beiden Atomsorten nicht statistisch, wie für die Gitterlücken zu erwarten wäre, sondern geordnet verteilt sind. Die Anordnung ist so, daß sie einem molekelartigen Aufbau des Glases entspricht, wie dies aufgrund der individuellen chemischen Wechselwirkungen zu erwarten ist.

Analoge molekelartige Nahordnungsphänomene sind auch in anderen metallischen Gläsern gefunden worden. Fukunaga et al. (20) haben durch Röntgenbeugungsexperimente an Pd-Si-Gläsern nachgewiesen, daß die Anordnung der Atome annähernd derjenigen entspricht, wie sie in der kristallinen Verbindung Pd_3Si vorliegt. Ferner haben Vincze et al. (21) durch Messung der kernmagnetischen Resonanz in Fe-B-Gläsern gezeigt, daß die Atomanordnung hier derjenigen in der metastabilen kristallinen Phase Fe_3B entspricht.

Die Existenz fremdkoordinierter molekelartiger Assoziate entspricht dem atomaren Aufbau der jeweiligen unterkühlten Schmelze bei T_g und, allerdings mit geringerem Assoziationsgrad, auch der Atomanordnung in der unterkühlten Schmelze oberhalb T_g und entsprechend auch oberhalb der Liquidustemperatur, wie die bereits oben dargelegten thermodynamischen Befunde zeigen.

9.5 Glasbildung und Kristallisation als Konkurrenzreaktionen

Die Bildung metallischer Gläser ist dann zu erwarten, wenn die Kristallkeimbildung beim Abkühlen unter die Liquidustemperatur unterbleibt, bis die Schmelze die Glastemperatur T_g erreicht hat und dann aus kinetischen Gründen praktisch keine Kristallisation mehr eintreten kann. Das ist der Fall, wenn die Triebkraft, also das Ausmaß der Reduzierung der freien Enthalpie des Systems, bei der Keimbildung gering ist. Diese Gegebenheit liegt in Systemen vor, in denen eine starke Erniedrigung der freien Enthalpie der Schmelze durch Ausbildung von Assoziationsgleichgewichten erfolgt und in denen zudem keine nennenswerte Mischkristallbildung vorliegt, so daß bei der Bildung der festen Gleichgewichtsphasen aus den reinen Komponenten keine wesentliche Reduzierung der freien Enthalpie eintritt.

Es ist daher nicht verwunderlich, daß im System Au-Si, das diesen Bedingungen weitgehend entspricht, wie bereits bemerkt, die ersten metallischen Gläser gefunden worden sind.

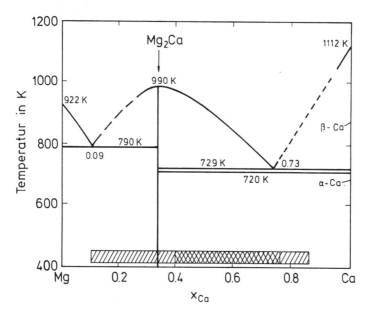

Bild 9.7: Zustandsdiagramm Mg-Ca (14) (22)
▨▨▨▨ Konzentrationsbereich kompletter Glasbildung
▨▨▨▨ Konzentrationsbereich partieller Glasbildung

Im folgenden seien diese Zusammenhänge am Beispiel des Systems Mg-Ca dargelegt. Das Zustandsdiagramm ist in Bild 9.7 wiedergegeben. Die Tendenz zur Verbindungsbildung ist durch die auftretende intermediäre Phase Mg_2Ca dokumentiert. Sie läßt in der Schmelze die Existenz fremdkoordinierter Assoziate erwarten. Anders als entsprechend der oben angedeuteten und noch weitverbreiteten Ansicht über die Voraussetzungen leichter Glasbildung, ist in diesem System nicht ein Übergangsmetall mit einem Metalloid (mit kleinem Atomradius) kombiniert. Die beiden Komponenten sind vielmehr chemisch nah verwandt und weisen ähnliche Atomgrößen auf. Dennoch erfolgt Verbindungsbildung im festen Zustand und somit auch eine Assoziatbildung in der Schmelze. Die Assoziatbildung bedingt, daß flüssige Mg-Ca-Legierungen eine geringere freie Enthalpie aufweisen, als dies der Fall wäre, wenn keine Assoziation vorliegen würde. Diese Abnahme der freien Enthalpie G^L des Systems wird dem Betrag nach größer mit zunehmendem Assoziationsgrad. Mit sinkender Temperatur nimmt der Assoziationsgrad zu und G^L ab. Bei vorgegebener energetischer Situation im festen Zustand, gekennzeichnet durch die freie Enthalpie G^S, nimmt auch die Differenz $\Delta G = G^S - G^L$ ab. Das heißt, daß die Reduzierung der freien Enthalpie für die Kristallisation verringert wird. Die freien Enthalpien flüssiger und fester Mg-Ca-Legierungen bei der Glastemperatur $T_g = 400$ K sind in Bild 9.8 wiedergegeben. Glasbildung wird in dem Konzentrationsbereich gefunden, in dem ΔG besonders niedrig ist.

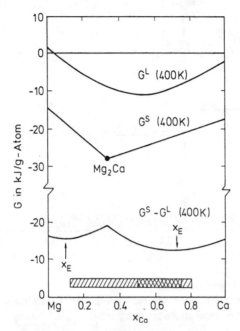

Bild 9.8: Freie Enthalpien flüssiger und kristalliner Mg-Ca-Legierungen als Funktion des Atombruchs x_{Ca} bei $T_g = 400$ K (nach (22))
▨▨▨▨ Konzentrationsbereich kompletter Glasbildung
▨▨▨▨ Konzentrationsbereich partieller Glasbildung

Das Faktum, daß Glasbildung in einem System nur in einem bestimmten, eng begrenzten Konzentrationsbereich leicht möglich ist, kann nicht durch die bisherigen Betrachtungen allein gedeutet werden. Zur vollständigen Klärung dieses Phänomens ist es erforderlich, die Konzentrationsabhängigkeit von G^L und G^S und deren Auswirkung auf die Kristallkeimbildung zu berücksichtigen. Dabei sollen die folgenden Überlegungen für die Glastemperatur T_g vorgenommen werden, bei der die thermodynamische Triebkraft für eine praktisch mögliche Kristallkeimbildung maximal ist.

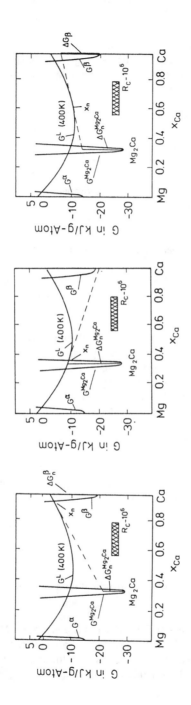

Bild 9.9: Zur Energetik der Kristallkeimbildung im System Mg-Ca bei T_g = 400 K (23)

Für die Kristallkeimbildung im System Mg-Ca sind die freien Enthalpien der Phasen zu betrachten, die dafür von Bedeutung sind; es sind dies die flüssige Phase, der Mg-reiche und der Ca-reiche α- bzw. β-Mischkristall sowie die intermediäre Phase Mg_2Ca. In Bild 9.9 sind diese Größen als Funktion des Atombruchs x_{Ca} aufgetragen. Unser Augenmerk richten wir auf den Konzentrationsbereich um x_{Ca} = 0,7, in dem Glasbildung gefunden wird. Um die Triebkraft der Kristallkeimbildung zu erschließen, ist an die G^L-x_{Ca}-Kurve eine Tangente zu ziehen, deren Berührungspunkt bei der gewählten Ausgangskonzentration liegt. Diese Tangente ist bis zu der Konzentration zu ziehen, bei der die Zusammensetzung der zu erwartenden Kristallkeime liegt. Die Triebkraft für die Kristallkeimbildung ist dann die Differenz zwischen den G-Werten, den einerseits die Tangente und andererseits die G-x_{Ca}-Kurve bei der Keimkonzentration hat. Es sollen hier drei extreme Fälle betrachtet werden.

1. Die Ausgangsschmelzen haben eine hohe Ca-Konzentration x_n;

    a) Wenn Kristallkeime des Ca-reichen Mischkristalls gebildet werden, steht eine Triebkraft ΔG_n^β zur Verfügung.
    b) Für eine Keimbildung der Phase Mg_2Ca beträgt die Triebkraft $\Delta G_n^{Mg_2Ca}$

    Ein Vergleich der Triebkräfte für die Kristallkeimbildung der einzelnen Phasen läßt erwarten, daß eine Kristallisation des Ca-Mischkristalls mit großer Wahrscheinlichkeit erfolgen wird, da $\Delta G_n^\beta > \Delta G_n^{Mg_2Ca}$ ist. Zudem ist die Keimbildung dieser kristallinen Phase auch kinetisch begünstigt, da nur wenige Diffusionsschritte erforderlich sind, um von der Nahordnung der Schmelze zum ferngeordneten Zustand des Ca-Mischkristalls zu gelangen.

2. Die Ausgangsschmelze habe eine Zusammensetzung x_n, die annähernd der Stöchiometrie Mg_2Ca entspricht;

    a) Die treibende Kraft für die Bildung von Mg_2Ca-Kristallkeimen ist groß. Zudem ist zu erwarten, daß die Nahordnung in der Schmelze bei x_n annähernd der Fernordnung in der Mg_2Ca-Phase entspricht. Damit ist auch kinetisch die Bildung dieses kristallinen Festkörpers begünstigt.

    b) Die Triebkraft $\Delta G_{x_n}^\beta$ ist positiv. Eine Keimbildung dieser festen Phase ist nicht möglich.
    Für diesen Fall ist mit hoher Wahrscheinlichkeit eine Kristallisation von Mg_2Ca zu erwarten.

3. Die Ausgangskonzentration der Schmelze möge etwa in der Mitte der Stöchiometrie Mg_2Ca und x_{Ca} = 1 liegen. Für diesen Fall sind zwar, wie aus Bild 9.9 ersichtlich, endliche Triebkräfte für die Keimbildung sowohl von Mg_2Ca als auch vom Ca-Mischkristall vorhanden, der Betrag von $\Delta G_n^{Mg_2Ca}$ ist indessen

geringer als im Falle 2, und der Betrag von ΔG_n^β ist kleiner als im Falle 1. Die thermodynamische Triebkraft für eine Kristallkeimbildung ist also geringer als bei den beiden oben diskutierten extremen Fällen $x_n \approx 1$ und $x_n \approx 0{,}33$. Hinzu kommt noch, daß hier die Schmelze bei $x_n \approx 0{,}7$ eine Nahordnung besitzt, die sowohl von der der Fernordnung im festen Mg_2Ca als auch von der im festen Ca-Mischkristall relativ weit entfernt ist. Auch in kinetischer Hinsicht ist also die Wahrscheinlichkeit einer Kristallkeimbildung gegenüber den beiden ersten erörterten Fällen herabgesetzt. Es ist daher nicht verwunderlich, daß in diesem Konzentrationsbereich die Kristallkeimbildung völlig unterbleiben kann, wenn die Abkühlungsgeschwindigkeit groß ist. In der Tat liegt, wie aus Bild 9.9 ersichtlich, hier der Konzentrationsbereich, in dem Glasbildung möglich ist.

Wie bereits angedeutet, sind neben den energetischen Gegebenheiten auch strukturelle und kinetische Einflüsse für die Glasbildung von Bedeutung. In diesem Zusammenhang sei darauf hingewiesen, daß die Kristallkeimbildung und das Kristallwachstum stets dann erheblich behindert sein können, wenn im Gleichgewicht aus der Schmelze mehrere Phasen gleichzeitig auskristallisieren. Dieses gelegentlich als ,,Konfusionsprinzip" bezeichnete Phänomen hängt mit dem kinetischen Problem zusammen, die Atome aus der homogenen Schmelze auf zwei oder mehr lokal voneinander entfernte kristalline Phasen zu verteilen. Das ,,Konfusionsprinzip" hat auch zur Folge, daß die Glasbildungsfähigkeit einer binären Legierung durch geringe Zusätze einer dritten oder gar vierten Komponente erheblich gesteigert wird, da dadurch noch komplexere Diffusionswege geschaffen werden können.

Eine große Glasbildungsfähigkeit ist in Legierungen gegeben, in denen die Nahordnung in der Schmelze keine Ähnlichkeit mit der Fernordnung in der kristallinen Gleichgewichtsphase hat. Das kann dann der Fall sein, wenn die betreffende kristalline Phase einen komplexen atomaren Aufbau aufweist.

Schließlich sei darauf hingewiesen, daß die Differenz zwischen der Liquidustemperatur T_L und der Glastemperatur T_g der Legierung für die Glasbildungsfähigkeit von Bedeutung ist. Das sei am Beispiel des Systems Pd-Si kurz dargelegt. Wie aus Bild 9.10 ersichtlich, hängt die Liquidustemperatur T_L sehr erheblich vom Atombruch ab. Die Glastemperatur T_g variiert indessen nicht wesentlich mit der Konzentration. In Bild 9.10 ist auch die Differenz $T_L - T_g$ als Funktion des Atombruchs aufgetragen. Bei der eutektischen Konzentration hat die $(T_L - T_g)$-x_{Si}-Kurve ein Minimum. Wird die Zeit betrachtet, die bei einer bestimmten Abkühlungsgeschwindigkeit erforderlich ist, den Temperaturbereich $T_L - T_g$ zu durchlaufen, in dem Keimbildung möglich ist, so ist sie naturgemäß bei der Konzentration des Minimums der $(T_L - T_g)$-x_{Si}-Kurve minimal. Dementsprechend kann hier eine Kristallkeimbildung mit maximaler Wahrscheinlichkeit vermieden werden. Die Glasbildungsfähigkeit ist aus diesem Grunde in Systemen mit tiefeinschneidenden Eutektika, und zwar etwa bei der jeweiligen eutektischen Konzentration, besonders hoch.

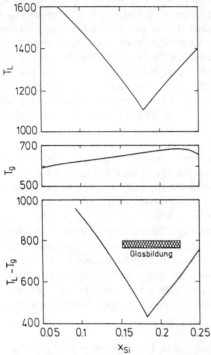

Bild 9.10: Zum Einfluß der Differenz zwischen Liquidustemperatur T_L und Glastemperatur T_g auf die Glasbildungsfähigkeit von Pd-Si-Legierungen

Allgemein ist dann eine hohe Glasbildungsfähigkeit zu erwarten, wenn die Liquidustemperatur möglichst niedrig und die Glastemperatur möglichst hoch ist. Die Liquidustemperatur ist in der Regel bekannt. Weniger Informationen gibt es über die Glastemperaturen. T_g hängt mit den zwischenatomaren Wechselwirkungen zusammen: Je stärker sie sind, um so höher ist die Temperatur, bei der die Beweglichkeit der Struktureinheiten denen in einem Festkörper ähnlich wird (vgl. C_p-T-Diagramm in Bild 9.2). In der Tat gibt es einen einfachen Zusammenhang zwischen der aus den Verdampfungsenthalpien der Komponenten errechenbaren idealen Verdampfungsenthalpie, ΔH_i^V der Legierung und der Glastemperatur T_g, wie aus Bild 9.11 ersichtlich. In diesem Bild ist ferner zu erkennen, daß die metallischen Gläser in drei Gruppen eingeteilt werden können:

1. Gläser mit Erdalkalimetallen als Komponenten weisen einen besonders starken Anstieg von T_g mit der Verdampfungsenthalpie auf.
2. Für Gläser aus einem Edelmetall und einem vierwertigen Element ist der Anstieg von T_g mit ΔH_i^V am geringsten.
3. Gläser, die Übergangsmetalle als Komponenten enthalten, liegen in ihrem T_g-ΔH_i^V-Verhalten zwischen den Extremfällen 1 und 2.

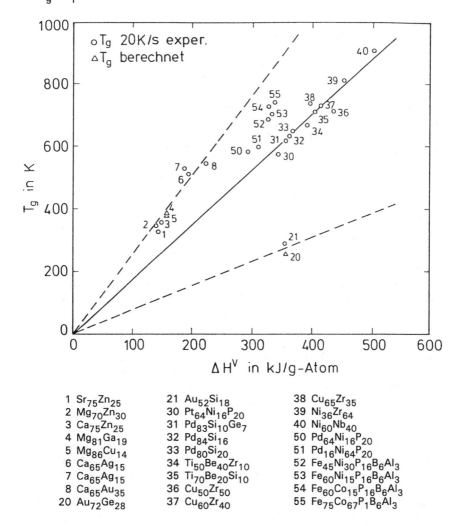

1	$Sr_{75}Zn_{25}$	21	$Au_{52}Si_{18}$	38	$Cu_{65}Zr_{35}$
2	$Mg_{70}Zn_{30}$	30	$Pt_{64}Ni_{16}P_{20}$	39	$Ni_{36}Zr_{64}$
3	$Ca_{75}Zn_{25}$	31	$Pd_{83}Si_{10}Ge_{7}$	40	$Ni_{60}Nb_{40}$
4	$Mg_{81}Ga_{19}$	32	$Pd_{84}Si_{16}$	50	$Pd_{64}Ni_{16}P_{20}$
5	$Mg_{86}Cu_{14}$	33	$Pd_{80}Si_{20}$	51	$Pd_{16}Ni_{64}P_{20}$
6	$Ca_{65}Ag_{15}$	34	$Ti_{50}Be_{40}Zr_{10}$	52	$Fe_{45}Ni_{30}P_{16}B_{6}Al_{3}$
7	$Ca_{65}Ag_{15}$	35	$Ti_{70}Be_{20}Si_{10}$	53	$Fe_{60}Ni_{15}P_{16}B_{6}Al_{3}$
8	$Ca_{65}Au_{35}$	36	$Cu_{50}Zr_{50}$	54	$Fe_{60}Co_{15}P_{16}B_{6}Al_{3}$
20	$Au_{72}Ge_{28}$	37	$Cu_{60}Zr_{40}$	55	$Fe_{75}Co_{67}P_{1}B_{6}Al_{3}$

Bild 9.11: Glastemperatur T_g als Funktion der idealen Verdampfungsenthalpie ΔH_i^V der Legierung (27)

Zweifellos hängt das unterschiedliche Verhalten von Vertretern der einzelnen Gruppen mit bestimmten Bindungsgegebenheiten zusammen. Bei unter 1 zu subsummierenden Legierungen ist die stärkste und bei Legierungen der Gruppe 2 die schwächste atomare Wechselwirkung vorhanden. Wie in Bild 9.11 angedeutet, stellen Legierungen aus diesen Gruppen offensichtlich Grenzfälle dar, zwischen denen alle anderen glasbildenden Legierungen (Gruppe 3) eingeordnet sind.

9.6 Zur Herstellung metallischer Gläser

Wie bereits oben erwähnt, sind zur Herstellung metallischer Gläser hohe Abkühlungsgeschwindigkeiten erforderlich, um in sehr kurzer Zeit nach Unterkühlung unter die Liquidustemperatur die Glastemperatur zu erreichen. Eine einfache Abkühlung durch Einwerfen der flüssigen Legierung in Wasser, wobei Abkühlungsgeschwindigkeiten von etwa 10^4 K/s erzielt werden können, ist in der Regel nicht hinreichend. Um höhere Abkühlungsgeschwindigkeiten zu erzielen, kann die Schmelze als dünner Film auf ein Substrat hoher Wärmeleitfähigkeit aufgebracht werden. Dabei können Abkühlungsgeschwindigkeiten von 10^6 bis 10^{10} K/s erreicht werden. Zur Realisierung dieses Prinzips sind zahlreiche Methoden entwickelt worden, von denen einige in den Bildern 9.12 und 9.13 schematisch dargestellt sind.

Bild 9.12 gibt diskontinuierliche Verfahren wieder, bei denen zwar nur geringe Mengen eines metallischen Glases gewonnen werden können, mit denen aber besonders hohe Abkühlungsgeschwindigkeiten erzielbar sind. In Bild 9.12a ist die Hammer- und Amboß-Methode skizziert, bei der ein beweglicher Metallblock (Hammer) auf einen unbeweglichen Metallblock (Amboß) in dem Moment geschossen wird, in dem sich ein Tropfen der zu untersuchenden Schmelze in der Höhe dieser Blöcke befindet.

Das in Bild 9.12b skizzierte Schleuderverfahren nutzt die Gegebenheit, die Schmelze durch Zentrifugalkraft aus einem auf einem rotierenden Arm befestigten Tiegel gegen ein ruhendes Substrat aus Kupfer zu schleudern. Der Schmelztropfen breitet sich auf dem Substrat schnell zu einem dünnen Film aus und erstarrt extrem schnell.

Bild 9.12c stellt das von Duwez und Mitarbeitern (30) benutzte Stoßwellenrohr dar. Ein Schmelztropfen ist über einem Loch im Boden eines Tiegels positioniert. Dieser Tiegel ist von einem darüberliegenden Teil durch eine dünne Aluminium-Folie abgedichtet. Wird im oberen Tiegelteil ein Inertgas eingebracht bis zu einem Druck, bei dem die Aluminiumfolie birst, dann schleudert die entstehende Stoßwelle den Schmelztropfen mit Überschallgeschwindigkeit auf ein gekrümmtes Kupfersubstrat, auf dem die Schmelze zu einem dünnen Film ausgeschmiert wird und erstarrt.

Bild 9.12d schließlich stellt eine Drehflügelmethode dar, bei der ein fallender Legierungstropfen von einem schnell rotierenden Kupferflügel als Substrat aufgefangen und zu einer dünnen Folie ausgebreitet wird.

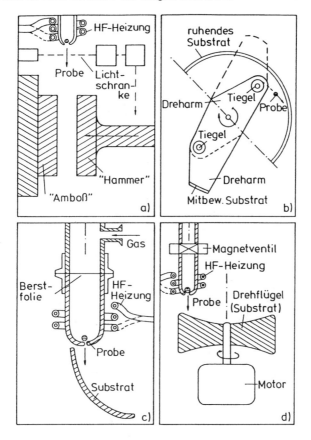

Bild 9.12: Schematische Darstellung diskontinuierlicher Verfahren zur Herstellung metallischer Gläser;
a) Hammer- und Amboß-Methode (28);
b) Schleuderverfahren (29);
c) Stoßwellenrohr (30);
d) Drehflügelmethode (31)

Zur technischen Erzeugung metallischer Gläser werden kontinuierliche Verfahren eingesetzt (vgl. Bild 9.13). Dabei fällt ein Gießstrahl zwischen zwei gekühlte Walzenräder oder die Schmelze wird auf die Außenseite (oder Innenseite) einer als Substrat dienenden rasch rotierenden Trommel gebracht. In beiden Fällen entstehen Endlosbänder. Drähte aus metallischem Glas sind nach dem Taylorverfahren herstellbar (Bild 9.13c). Schließlich kann durch Plasmasprühen auf einem Substrat ein Überzug aus metallischem Glas hergestellt werden (Bild 9.13d).

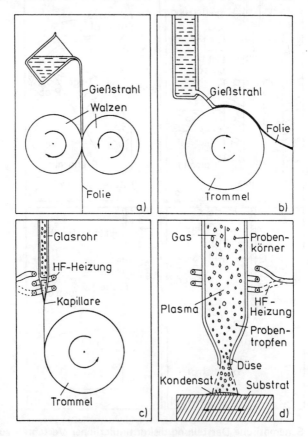

Bild 9.13: Schematische Darstellung kontinuierlicher Verfahren zur Herstellung metallischer Gläser;
a) Walzenmethode (32) (33) (34);
b) Methode der rotierenden Trommel (35);
c) Taylorverfahren (36) (37);
d) Plasmaspritzen (38)

9.7 Relaxation metallischer Gläser

Weiter oben ist bereits darauf hingewiesen worden, daß die Glastemperatur T_g von der Abkühlungsgeschwindigkeit abhängt. Gläser gleicher chemischer Zusammensetzung, die bei unterschiedlichen Abkühlungsgeschwindigkeiten gewonnen worden sind, weisen daher eine unterschiedliche atomare Struktur auf. Sie stellen bei unterschiedlichen Temperaturen ,,eingefrorene" Flüssigkeitsstrukturen dar. Entsprechend weisen sie unterschiedliche freie Enthalpien auf.

Sobald die Beweglichkeit der Struktureinheiten groß genug ist, was bei Annäherung an T_g eintritt, erfolgt durch Diffusion eine Strukturänderung in Richtung auf eine Atomanordnung mit geringerer freier Enthalpie. Damit können erhebliche Eigenschaftsänderungen verbunden sein. Elastische Gläser können spröde werden, die Molwärme oder die magnetischen Eigenschaften können sich ändern. Grundsätzlich erfahren bei der Relaxation alle strukturempfindlichen Eigenschaften eine mehr oder weniger große Änderung.

Sogar eine Ausscheidung einer zweiten glasartigen Phase kann erfolgen, ohne daß Kristallisation eintritt. Eine Mischungslücke im glasförmigen Zustand ist beispielsweise im System Ni-Pd-P nachgewiesen worden. Es sei hier bemerkt, daß Entmischung in zwei Phasen gleichen Aggregatzustandes, anders als in dem vereinfachenden Modell der regulären Lösung behandelt, nicht nur in sogenannten Entmischungssystemen (mit positiver Mischungsenthalpie) eintreten kann, sondern auch in Verbindungsbildungssystemen, wie wir dies weiter oben am Beispiel der flüssigen Ag-Te-Legierungen gesehen haben.

9.8 Kristallisation metallischer Gläser

Wird ein metallisches Glas für eine gewisse Zeit bis in die Nähe der Glastemperatur erhitzt, so kann im Anschluß an die Relaxation eine Kristallisation eintreten. Dabei erfolgt eine sehr erhebliche Änderung der Eigenschaften des Materials. Diese Kristallisation kann, je nach der gegebenen Triebkraft und je nach den kinetischen Möglichkeiten, in einem vorgegebenen System bei verschiedenen Konzentrationen des Ausgangsglases in unterschiedlicher Weise erfolgen. Das sei anhand der Kristallisation metallischer Fe-B-Gläser erläutert, die von Köster und Herold (39) eingehend untersucht worden sind.

In Bild 9.14 ist die freie Enthalpie als Funktion der Konzentration für solche Phasen schematisch dargestellt, die am Kristallisationsprozeß von Fe-B-Gläsern beteiligt sind. Es sei daran erinnert, daß gemäß der Ostwaldschen Stufenregel bei einer Reaktion ein System von einem metastabilen Anfangszustand verschiedentlich nicht unmittelbar in einen stabilen Endzustand übergeht, sondern aus kinetischen Gründen zunächst in metastabilen Zuständen verharren kann und erst in weiteren Schritten den Endzustand mit der minimalen freien Enthalpie erreicht. Das kann auch bei der Kristallisation von Fe-B-Gläsern eintreten.

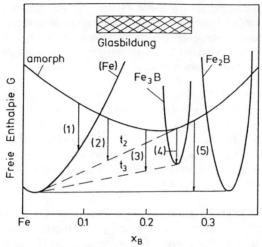

Bild 9.14: Schematische Darstellung der freien Enthalpie als Funktion des Atombruchs x_B für Phasen im System Fe-B, die bei der Kristallisation metallischer Gläser beteiligt sind (39); Erläuterungen im Text

Bei geringen B-Gehalten kann das metallische Glas, wie in Bild 9.14 durch Pfeil 1 angedeutet, ohne Konzentrationsänderung in einen metastabilen Fe-B-Mischkristall übergehen. Mit steigendem B-Gehalt nimmt indessen die Triebkraft dieser Reaktion, dargestellt durch die Länge des Pfeiles 1, ab. Die durch Pfeil 2 angedeutete Reaktion wird schließlich energetisch effektiver. Bei dieser Kristallisationsmöglichkeit wird ein α-Fe-B-Mischkristall ausgeschieden, und zwar mit einer Konzentration, die durch die Berührungspunkte der Tangente t_2 an die G-x_B-Kurve des α-Fe-B-Mischkristalls und an diejenige des Glases festgelegt ist. Dieser Mischkristall ist B-ärmer als die Ausgangsmatrix. Die B-Konzentration der glasartigen Matrix nimmt daher zu bis zur Konzentration des Berührungspunktes der Tangente t_2 an die G-x_B-Kurve des Glases.

Mit weiter steigender B-Konzentration des Ausgangsglases nimmt die Triebkraft auch dieser Reaktion ab. Eine Kristallisationsmöglichkeit mit stärkerer Erniedrigung der freien Enthalpie des Systems ist schließlich die gleichzeitige Kristallisation von α-Fe-B-Mischkristall und der metastabilen intermediären Phase Fe_3B. Die Konzentrationen der ausgeschiedenen Phasen sind durch die Berührungspunkte der Tangente t_3 an die betreffenden G-x_B-Kurven gegeben.

Hat das metallische Glas die Zusammensetzung, die der Stöchiometrie Fe_3B entspricht, so tritt eine polymorphe Umwandlung ohne Konzentrationsänderung ein gemäß Pfeil 4.

Bei Glaskonzentrationen, die merklich oberhalb der Stöchiometrie Fe_3B liegen, entstehen bei der Kristallisation unmittelbar die kristallinen Gleichgewichtsphasen Fe_2B und α-Fe-B-Mischkristall der Gleichgewichtskonzentration. Auch alle genannten metastabilen Zwischenstufen gehen in Folgereaktionen in ein Gemenge dieser Gleichgewichtsphasen über.

Welcher von möglichen Kristallisationsvorgängen in einem bestimmten Konzentrationsbereich realisiert wird, ist durch eine energetische und kinetische Optimierung festgelegt. Eine polymorphe Umwandlung geht ohne lokale Konzentrationsverschiebung vor sich. Beträchtliche Diffusionsvorgänge sind indessen erforderlich bei Ausscheidungsreaktionen oder einer eutektischen Kristallisation. Demzufolge ist die Reaktionsgeschwindigkeit der polymorphen Umwandlung deutlich höher als die der mit diffusionsbedingten Konzentrationsänderungen verbundenen Kristallisationsabläufe. Grundsätzlich tritt derjenige Kristallisationsprozeß ein, der in der vorgegebenen Glasmatrix mit der höchsten Geschwindigkeit ablaufen kann. Das Auswahlprinzip hinsichtlich des Reaktionsweges besteht also darin, daß derjenige Kristallisationsvorgang aktiv wird, mit dessen Hilfe das System am schnellsten die freie Enthalpie erniedrigen kann. Dieser Kristallisationsprozeß legt naturgemäß die tiefste Temperatur T_K fest, bei der die Kristallisation beim Erwärmen des metallischen Glases einsetzt. Tabelle 9.1 gibt eine Übersicht über T_K-Werte einiger diesbezüglich untersuchter metallischer Gläser. Die Kenntnis solcher Daten von praktisch zu nutzenden metallischen Gläsern ist naturgemäß von erheblicher Bedeutung, da sie die obere Grenze des Temperaturbereichs kennzeichnen, für den die Materialien technisch einsetzbar sind.

Tabelle 9.1: Kristallisationstemperatur T_K metallischer Gläser nach (40)

Metallisches Glas	T_K in K	Literatur
$Ta_{55,5} Ir_{44,5}$	> 1223	(41)
$Ni_{60} Nb_{40}$	923	(42)
$(Fe_{40} Ni_{60})_{75} P_{16} B_6 Al_3$	714	(43)
$Pd_{82,4} Si_{17,6}$	639	(44)
$Mg_{86} Cu_{14}$	380	(45)

9.9 Eigenschaften und Anwendung metallischer Gläser

Obwohl sie nicht kristallin sind, können metallische Gläser ferromagnetisch sein. Bemerkenswert sind ferner mechanische, tribologische und elektrische Eigenschaften einiger metallischer Gläser und ihre bemerkenswerte Beständigkeit gegenüber korrosiven Medien. Es ist allerdings möglich, auch kristalline Werkstoffe entsprechender Eigenschaften herzustellen. Der Vorteil metallischer Gläser besteht in manchen Fällen in besonders interessanten Eigenschaftskombinationen, die bei kristallinen Materialien nicht in gleichem Maße erreicht werden können. Diese Gegebenheit läßt einige metallische Gläser als interessante Werkstoffe für spezielle technische Anwendungen erscheinen. Eine Übersicht über einige Eigenschaftskombinationen bei metallischen Gläsern im Vergleich zu kristallinen Metallen und silikatischen Gläsern gibt Tabelle 9.2.

Tabelle 9.2: Eigenschaften metallischer Gläser im Vergleich mit Eigenschaften kristalliner Werkstoffe und silikatischer Gläser nach Güntherodt (46)

Eigenschaft	Kristalliner metallischer Werkstoff	Metallisches Glas	Silikatisches Glas
Plastizität	gut, duktil	gut, duktil	schlecht; brüchig
Härte	gering	hoch	hoch
Steckgrenze	hoch	hoch	niedrig
Optische Eigenschaften	opak	opak	transparent
Elektr. und therm. Eigenschaften	gut	gut	schlecht
Korrosionsbeständigkeit	gering	hoch	hoch
Magnetismus	verschiedene Phänomene	verschiedene Phänomene	nicht magnetisch

Hervorzuheben ist die hohe Streckgrenze metallischer Gläser. Diese Stoffe können gleichzeitig duktil und hart sein, während harte kristalline metallische Werkstoffe bekanntlich im allgemeinen spröde sind. Metallische Gläser sind außerordentlich verschleißfest. Das Verhältnis von Gewicht zu Festigkeit ist außerordentlich günstig, so daß ein Einsatz von metallischen Gläsern im Flugzeugbau und bei der Raumfahrt nützlich erscheint.

Metallische Gläser auf Fe-Basis können ferromagnetisch sein, und zwar können sie eine extrem geringe Koerzitivfeldstärke aufweisen. Diese bemerkenswerten weichmagnetischen Eigenschaften sind darauf zurückzuführen, daß in kristallinen Metallen üblicherweise vorhandene Gitterdefekte in metallischen Gläsern infolge fehlender Fernordnung nicht existent sind. Hervorzuheben ist die Kombination von extrem weichmagnetischem Verhalten und hoher Härte in einigen metallischen Gläsern. Bild 9.15 gibt eine Übersicht über einige weichmagnetische kristalline Werkstoffe im Vergleich mit dem magnetischen Verhalten metallischer Gläser.

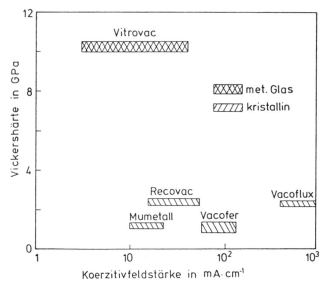

Bild 9.15: Zum Vergleich mechanischer und magnetischer Eigenschaften einiger kommerzieller weichmagnetischer Materialien (Vakuumschmelze, Hanau (47))

Metallische Gläser haben einen spezifischen elektrischen Widerstand, der etwa um den Faktor 2 bis 3 größer sein kann als der von kristallinen Festkörpern gleicher chemischer Zusammensetzung. Bei einem Einsatz metallischer Gläser als Ferromagnetikum in Transformatoren sind daher die Wirbelstromverluste erheblich geringer als bei kristallinen Materialien. Die Energieverluste beim Ummagnetisieren betragen nur etwa 30 % derjenigen bei Verwendung von bestem Trafoblech. Metallische Gläser werden bereits zum Bau von Überlandtransformatoren eingesetzt.

Als metastabile Phasen sollten metallische Gläser weniger korrosionsbeständig sein als entsprechend zusammengesetzte kristalline Gleichgewichtsphasen. Das entspricht indessen nicht dem experimentellen Befund. Erklärt werden kann diese Gegebenheit durch das Faktum, daß ein korrosiver Angriff eines Agens an einem zur Metalloberfläche durchstoßenden Gitterbaufehler startet. Dies können Durchstoßpunkte von Versetzungen oder zur Oberfläche durchstoßende Korngrenzen sein. Da ein metallisches Glas keinen ferngeordneten atomaren Aufbau besitzt, kommen solche Defekte nicht vor. Die Korrosionsbeständigkeit ist offensichtlich auf eine Behinderung des Keimbildungsprozesses der Korrosionsreaktion zurückzuführen (47).

10 Der Einfluß der Strahlenschädigung durch schnelle Neutronen auf die Spannungskorrosion (SRK) von Eisen-Chrom-Nickel-Stählen[*]

Von F. Schreiber[***] und H.-J. Engell[**]

10.1 Einleitung

Metallkundige Vorgänge in Legierungen, die die Abgleitung auf wenige Gleitebenen konzentrieren, sollen die SKR-Anfälligkeit erhöhen (1). In Kfz-Strukturen erhöht sich die Gleitstufenhöhe z. B. durch Neutronenbestrahlung. Wegen dieses grundsätzlichen Zusammenhangs und wegen der technischen Bedeutung wurde der Einfluß einer Bestrahlung mit schnellen Neutronen auf die Standzeit von Fe-Cr-Ni-Legierungen bei Spannungsrißkorrosion untersucht.

10.2 Korrosionssystem

Die nachfolgende Übersicht des gewählten Korrosionssystem soll zeigen, welche Versuchspartner konstant gehalten oder variiert wurden:

Als Versuchswerkstoffe wurden eine Fe-19Cr-10Ni-Legierung mit 18,5 % Cr, 10,45 % Ni, C und P < 0,003 %, S < 0,01 % und N < 0,014 % sowie der Stahl X10CrNiTi 18 9 mit 17,98 % Cr; 10,74 % Ni; 1,48 % Mn; 0,53 % Mo; 0,30 % Ti; 0,0007 % B; 0,06 % C; 0,02 % N; 0,034 % P; 0,008 % S und 0,53 % Si verwendet.

Die Strahlenschädigung der Werkstoffe erfolgte durch schnelle Neutronen mit Energien größer 0,1 MeV bei einem integrierten Neutronenfluß von $1,2 \cdot 10^{19}/cm^2$ und $2,5 \cdot 10^{19} n/cm^2$. Eine Vergleichsprobe aus Eisen zeigt unter etwa gleichen Bestrahlungsbedingungen im Reaktor Anlauffarben, wie sie zwischen 160 und 200°C auftreten. Eine Originalprobe wurde zusätzlich mit einem temperaturabhängigen Lack bestrichen. Nach der Farbskala lag die Bestrahlungstemperatur zwischen 160 und 180°C.

---

[*] Auszug aus der Dissertation von F. Schreiber, Universität Stuttgart, 1970.
[**] Max-Planck-Institut für Eisenforschung in Düsseldorf.
[***] mtu, München.

mechanische Belastung auf Zug:
Nennspannung zu Versuchsbeginn
$$\sigma_n = 460 N/mm^2$$
↓

Chemische Einflußgrößen:
33 Gew.-% $MgCl_2$, 100 °C.
↓

Gekerbte Proben mit $\alpha_K = 3{,}1$ und Kerbdurchmesser 2 mm, aus Werkstoff Fe-19 Cr-10 Ni X10CrNiTi189

↑

Elektrochemische Einflußgrößen:
anodische Polarisation mit
$$R_P = \frac{\Delta E}{\Delta i} = konstant$$
im Bereich $i_{anod} \approx i_{ges}$
ist $R_p \approx 50$ bis $100\ \Omega\ cm^2$
Elektrodenpotential
$E_H = -160$ bis $+40$ mV.

↑

Gefügeeinflüsse:
Gitterfehler bzw. Fehlstellenagglomerate durch Neutronenbestrahlung
$\Phi_s t = 1{,}2 \cdot 10^{19}$ n/cm²
$\Phi_s t = 2{,}5 \cdot 10^{19}$ n/cm²
($E_n > 0{,}1$ MeV).

Die Zugversuche und SRK-Versuche bestrahlter Proben wurden wegen der radioaktiven Strahlung der Proben in den Heißen Zellen des Kernforschungszentrums Karlsruhe durchgeführt. Die verwendete SRK-Zelle bestand im wesentlichen aus einer mechanischen Spannvorrichtung und einer elektrochemischen Zelle, die fernbedient wurden.

Die Zugbelastungen wurden mit einer zylindrischen Schraubenfeder aufgebracht. Vor dem Einfüllen des Elektrolyten wurden die Isolationswiderstände der Elektroden der elektrochemischen Zelle geprüft und die Bezugselektroden geeicht. Die Elektrolytkonzentration war an Hand der Siedepunktskurve nach Perschke und Kalinin auf 33 Gew.-% $MgCl_2$ eingestellt. Die elektrochemischen Messungen wurden mit potentiostatischen Meßverfahren durchgeführt. Potentiostatische Einschaltkurven dienten zur Ermittlung einer Meßgröße

$$R_P = \left(\frac{\Delta E}{\Delta i}\right)_{i \neq o}$$

mit R_P = Polarisationswiderstand,
ΔE = Potentialdifferenz,
Δi = Stromdichtedifferenz.

Der Polarisationswiderstand R_P gibt hierbei die Neigung der Stromdichte-Potentialkurve an; sein Wert ist dementsprechend vom jeweiligen Elektrodenpotential abhängig. Die Bedeutung dieses Polarisationswiderstandes ist bereits diskutiert worden (2). Bei Polarisationswiderständen unterhalb 100 Ωcm^2 ändern sich die SKR-Standzeiten mit abnehmendem Polarisationswiderstand und zunehmender anodischer Polarisation nur noch gering. Die Inkubationszeit wird durch diese anodische Polarisation bis auf etwa 10 % der Gesamtstandzeit verkürzt. Es wurde der Einfluß der Strahlenschädigung auf die Rißausbreitungsgeschwindigkeit auch bei konstantem $R_P < 100$ Ωcm^2 bestimmt. Dieser Wert wurde durch einen entsprechenden Polarisationsstrom bzw. durch eine Einstellung des Elektrodenpotentials konstant gehalten.

10.3 Die Änderung der mechanischen Eigenschaften durch die Strahlenschädigung

Der Einfluß der Neutronenbestrahlung auf das mechanische Verhalten von reinen Metallen und von technischen Legierungen ist bereits mehrfach untersucht worden. An Kupfer als Vertreter der Kfz-Metalle und an α-Eisen mit Kfz-Struktur konnte der Bestrahlungseinfluß durch Neutronen metallphysikalisch gedeutet wurden (3, 4). Auch an Fe-Cr-Ni-Legierungen wurde der Einfluß der Strahlenschädigung auf das mechanische Verhalten bereits geprüft (5, 6) und die wirksamen Fehlstellen elektronenmikroskopisch nachgewiesen (7, 8, 9, 10). Die Art der entstehenden Gitterfehler ist abhängig von den Bestrahlungsbedingungen. Bei einem integrierten Neutronenfluß von 10^{19} n/cm^2 scheint der Bestrahlungseffekt auf einer Bildung von Punktfehlern in Agglomeraten mit einem Durchmesser von weniger als 100 Å zu beruhen (7). Die Wechselwirkung der Versetzungen mit diesen Leerstellen-Agglomeraten ist die Ursache der beobachteten starken Verfestigung der bestrahlten Proben. Beim Verformen nach der Bestrahlung entstehen Versetzungsschleifen (7). Durch eine Bestrahlung von 10^{20} n/cm^2 bei Temperaturen zwischen 93 und 300°C werden Fehlstellenagglomerate hoher Dichte mit einem Durchmesser von etwa 100 Å erzeugt, die eine Streckgrenzenerhöhung der Fe-19Cr-9Ni-Proben bewirken (8). Bei anschließenden Verformungen von etwa 10 % konzentriert sich die Abgleitung in diesen strahlengeschädigten Proben auf schmale Gleitbänder (8). Diese Bänder liegen in den (111)-Ebenen. Nach den Bestrahlungen mit 10^{20} n/cm^2 bei 371°C fehlten die vorher beschriebenen Fehlstellenagglomerate (8); jedoch entstehen bei ieinem integrierten Neutronenfluß von 10^{22} n/cm^2 wieder Fehlstellenagglomerate mit einer Dichte von etwa 10^{15}/cm^2 und einer Größe von 100 Å (9). In etwa gleicher Dichte sind Versetzungsschleifen bzw. Versetzungsringe mit einem Durchmesser meist zwischen 200 und 600 Å vorhanden. Eine Erhöhung der Bestrahlungstemperatur auf über 370°C bei 10^{22} n/cm^2 führt zu einer Vergrößerung der Durchmesser und zu einer Abnahme der Zahl der Fehlstellenagglomerate (9, 10).

Die Spannungs-Dehnungs-Kurven bestrahlter und unbestrahlter Proben sind in den Bildern 10.1 und 10.2, die üblichen Werkstoffkennwerte in Tabelle 10.1 zusammengestellt. Beim technischen Werkstoff ist die Streckgrenzenerhöhung durch Bestrahlung stärker als bei der Legierung Fe-19Cr-10Ni, Bild 10.3. Während beim technischen Werkstoff durch die Neutronenbestrahlung die Zugfestigkeit R_m etwas zunimmt, bleibt die bei der reinen Legierung nahezu unverändert. Sowohl bei dem Stahl X10CrNiTi 18 9 als auch bei der Legierung Fe-19Cr-10Ni findet man als wahre Zerreißfestigkeit unbestrahlter Proben σ_R = 2000 N/mm^2. Der Bereich der Gleichmaßdehnung wird durch Bestrahlung verkürzt (Bild 10.1 und 10.2). Durch Neutronenbestrahlung kann sich der Ferritgehalt in einer Fe-20Cr-10Ni-Legierung um etwa 0,1 % ändern (11).

Die bestrahlungsbedingten Fehlstellen ergeben beim Verformen eine Wechselwirkung mit den Versetzungen (7, 8). Bei einer Neutronendosis von 10^{19} n/cm^2 konnte mit dem Elektronenmikroskop in verformten Proben eines Stahl Fe-18,7 Cr-9,8Ni eine regellose Anordnung der Versetzungen nachgewiesen werden (7). Eigene Untersuchungen haben bei einer Neutronendosis von 10^{19} n/cm^2 eine höhere Streckgrenze ohne Fließbereich ergeben. Dies steht in Beziehung zu der regellosen Anordnung der Versetzungen nach dem Verformen (7). Wird jedoch die Neutronendosis auf 10^{20} n/cm^2 erhöht, so tritt durch Verformen der Fe-19Cr-9Ni-Probe eine coplanare Versetzungsanordnung in Form von Gleitbändern auf (8). Im Zugversuch erkennt man dieses Verhalten an dem ausgedehnten Fließbereich (8). Eigene Untersuchungen zeigen bereits bei 2,5 · 10^{19} n/cm^2 den Beginn dieses ausgeprägten Fließbereich (Bild 10.1 und 10.2).

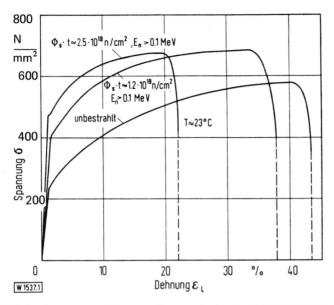

Bild 10.1: Spannungs-Dehnungs-Kurven des Stahls X10CrNiTi18 9

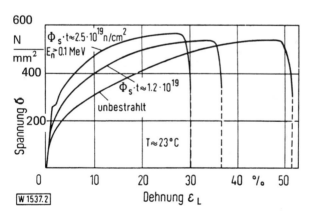

Bild 10.2: Spannungs-Dehnungs-Kurven der Legierung Fe-19Cr-10Ni

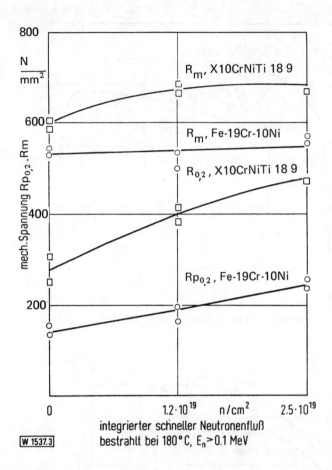

Bild 10.3: Einfluß des integrierten Neutronenflusses auf das mechanische Verhalten der untersuchten Werkstoffe

Tabelle 10.1: Mechanische Werkstoffkennwerte der bestrahlten und unbestrahlten Legierungen

Werkstoff	Wärmebehandlung vor der Neutronenbestr.	Korngröße μm	integr. Neutronenfluß $\Phi_s \cdot t$ (n/cm^2) $E_n < 0{,}1$ MeV	0,2 %-Dehngrenze $R_{p_{0,2}}$	Festigkeitswerte in N/mm^2 bzw. % bei Raumtemperatur Zugfestigkeit R_m	Bruchdehnung $\epsilon_{10}d$	Bruch-Einschn. ψ
X10CrNiTi18 9	30 Minuten 1050°C, abgeschreckt	31 – 34	0	247	583	43	85
			$1{,}2 \cdot 10^{19}$	382	665	39	83
			$1{,}2 \cdot 10^{19}$	413	685	37,7	82
			$2{,}5 \cdot 10^{19}$	475	670	22,5	84
Fe-19Cr-10Ni	Vakuum-gegl. 100 h/1050°C Vakuumabkühlung	60 – 66	0	135	540	51,2	87
			$1{,}2 \cdot 10^{19}$	160	486	36,6	84
			$1{,}2 \cdot 10^{19}$	196	536	36,1	80,7
			$2{,}5 \cdot 10^{19}$	256	558	31	84
			$2{,}5 \cdot 10^{19}$	241	563	36	84

10.4 Der Einfluß der Strahlenschädigung auf die Spannungsrißkorrosion

Über SRK-Untersuchungen an neutronenbestrahlten Werkstoffen liegen nur wenige Arbeiten vor (12, 13, 14). Cupp (12) konnte in siedender 42 %iger $MgCl_2$-Lösung mit 320 N/mm^2 keinen nennenswerten Unterschied in der SRK-Standzeit von unbestrahlten und neutronenbestrahlten Proben mit $2,5 \cdot 10^{19}$ n/cm^2 feststellen. Landsmann et al. (13) fanden bei SRK-Versuchen an bestrahlten Fe-17Cr-11Ni-Proben mit zunehmender Neutronendosis etwas kleinere SRK-Standzeiten. Zusätzlich wird durch die Neutronenbestrahlung die mechanische Grenzspannung für die SRK zu niedrigen Werten verschoben (13, 14). Diese höhere SRK-Empfindlichkeit ist von Landsmann et al. (13) als Oxidschichtschädigung gedeutet worden, die eine Verkürzung der Inkubationszeit zur Folge hat. Knights (14) dagegen sieht die Ursache in den erzeugten Fehlstellen. Kritische Experimente, die die eine oder andere Behauptung widerlegen, fehlen.

Die SRK-Untersuchungen an bestrahlten Proben aus dem Stahl X10CrNiTi18 9 und der Legierung Fe-!9Cr-10Ni wurden in 33 %iger $MgCl_2$-Lösung bei einer Belastung von etwa 460 N/mm^2 durchgeführt. Die Bilder 10.4, 10.5 und 10.6 zeigen die Ergebnisse. Beim Ruhepotential sind die bestrahlten Proben SRK-empfindlicher, Bild 10.4, 10.5. Bei anodischer Polarisation haben dagegen die bestrahlten Proben bei einem integrierten Neutronenfluß von 10^{19} n/cm^2 eher etwas höhere Standzeiten. Im Potentialbereich, in dem die SRK-Standzeit nahezu unabhängig vom Potential ist, ist der Einfluß der Bestrahlungsrate auf die SRK-Standzeit bei konstant gehaltenem Polarisationswiderstand in Bild 10.6 wiedergegeben. Bis zu einem integrierten Neutronenfluß von $1,2 \cdot 10^{19}$ n/cm^2 ändert sich die SRK-Standzeit der Fe-19Cr-10Ni-Probe nicht nennenswert. Dagegen nimmt die SRK-Standzeit der X10CrNiTi18 9-Probe um etwa 20 % zu. Mit doppelter Neutronendosis $2,5 \cdot 10^{19}$ n/cm^2 werden beide Legierungen SRK-empfindlicher. Dabei wird die SRK-Standzeit des technischen Werkstoffes um 20 %, die der reinen Legierung um ca. 40 % verringert. Der Rißverlauf in neutronenbestrahlten X10CrNiTi18 9- und Fe-19Cr-10Ni-Proben (Bild 10.7), ist bei einem integrierten Neutronenfluß von $1,2 \cdot 10^{19}$ n/cm^2 transkristallin. Verglichen mit der reinen Legierung (Bild 10.7b) hat der technische Werkstoff vor allem bei anodischer Polarisation eine höhere Rißdichte (Bild 10.7a). Bei der technischen Legierung ist auch bei doppelter Neutronenbestrahlung der Rißverlauf transkristallin (Bild 10.8a). In Fe-10Cr-10Ni-Proben treten dagegen bei diese Neutronendichte von $2,5 \cdot 10^{19}$ n/cm^2 Ansätze von interkristallinen Rissen auf (Bild 10.8b).

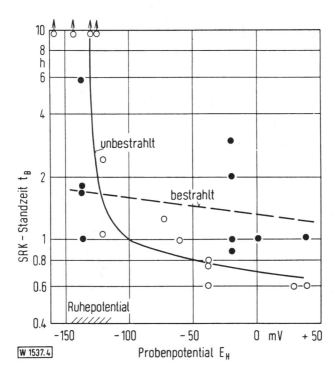

Bild 10.4: Einfluß der Neutronenbestrahlung auf die SRK-Standzeit in Abhängigkeit vom Probenpotential
X10CrNiTi18 9, bestrahlt bei etwa $180°C, \Phi_s \cdot t \approx 1,2 \cdot 10^{19}$ n/cm², $E_n > 0,1$ MeV, gekerbte Probe $\sigma_n = 460$ N/mm², 33 Gew.-% $MgCl_2$ $100°C$

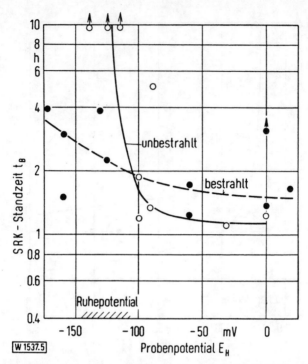

Bild 10.5: Einfluß der Neutronenbestrahlung auf die SRK-Standzeit in Abhängigkeit vom Probenpotential
Fe-19Cr-10Ni, bestrahlt bei etwa $180°C$, $\Phi_s \cdot t \approx 1{,}2 \cdot 10^{19}$ n/cm², $E_n > 0{,}1$ MeV, gekerbte Probe $\sigma_n = 460$ N/mm², 33 Gew.-% $MgCl_2$ $100°C$

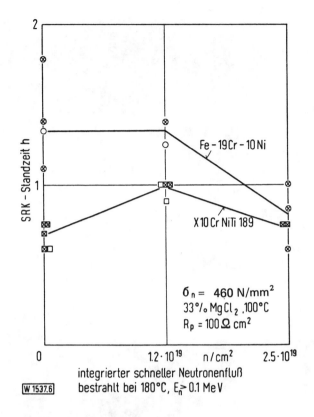

Bild 10.6: Einfluß des integrierten Neutronenflusses auf die SRK-Standzeit bei konstantem Polarisationswiderstand; Elektrodenpotential -60 mV $< E_H <$ OmV

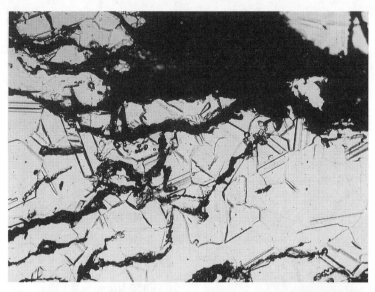

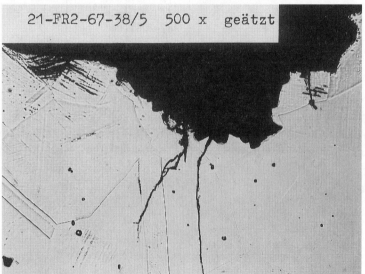

Bild 10.7: SRK-Risse in bestrahlten Proben in 33 Gew.-/ MgCl$_2$, 100°C integrierter Neutronenfluß, $\Phi_s \cdot t \approx 1,2 \cdot 10^{19}$ n/cm^2 (E > 0,1 Mev) Bestrahlungstemperatur $\approx$ 180°C, σ_n = 460 N/mm^2
a) technischer Werkstoff X10CrNiTi18 9; 500 X geätzt
b) reine Legierung Fe-19Cr-10Ni; 500 X geätzt

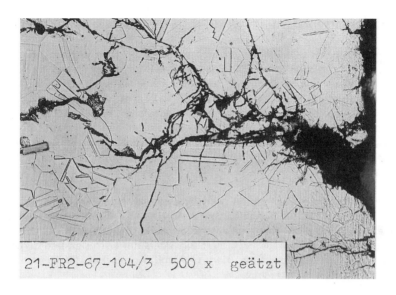

21-FR2-67-104/3 500 x geätzt

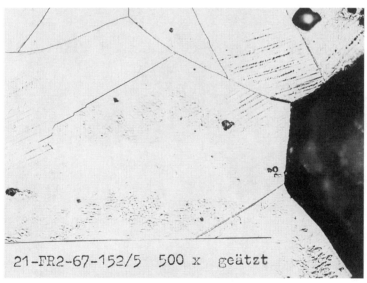

21-FR2-67-152/5 500 x geätzt

Bild 10.8: SRK-Risse in bestrahlten Proben in 33 Gew.-/ $MgCl_2$, 100°C integrierter Neutronenfluß, $\Phi_s \cdot t \approx 2{,}5 \cdot 10^{19}$ n/cm² (E > 0,1 Mev) Bestrahlungstemperatur ≈ 180°C, σ_n = 460 N/mm²
   a) technischer Werkstoff X10CrNiTi18 9; 500 X geätzt
   b) reine Legierung Fe-19Cr-10Ni; 500 X geätzt

10.5 Zusammenfassung

Eine Neutronenbestrahlung ändert die mechanischen Eigenschaften der untersuchten Chrom-Nickel-Stähle. Die Fließgrenze wird erhöht, während der Bereich der Gleichmaßdehnung abnimmt. Bei einem schnellen integrierten Neutronenfluß von etwa $2,5 \cdot 10^{19}$ n/cm^2 (E $>$ 0,1 MeV) tritt eine ausgeprägte Streckgrenze auf, die die SRK-Empfindlichkeit erhöht. In der Fe-19Cr-10Ni-Legierung treten bei $2,5 \cdot 10^{19}$ n/cm^2 Ansätze von interkristallinen Rissen auf. Die technische Legierung hat auch nach der Neutronenbestrahlung ausschließlich transkristalline Risse, die im Vergleich zur reinen Legierung in größerer Dichte auftreten.

Diese Untersuchung wurde am Kernforschungszentrum Karlsruhe und am Max-Planck-Institut für Metallforschung, Institut für Metallkunde, Stuttgart, ausgeführt. Sie wurde finanziell unterstützt durch das Bundeswirtschaftsministerium mit den Mittel aus IV. Forschungsprogramm Korrosion und durch die Gesellschaft für Kernforschung, Karlsruhe, mit Kostenerlaß für Bestrahlungsversuche und Nachuntersuchungen.

Literaturverzeichnis

Kapitel 1

(1) Lohmeyer, S. und acht Mitautoren: Edelstahl I, Expert-Verlag, Ehningen, 2. Auflage 1989.
(2) Predel, B.: In diesem Buch.
(3) Lohmeyer, S.: In (1).
(4) N.N.: Galvanotech. **78** (1987) Nr. 4, 1012 – 1013.
(5) N.N.: Auch Edelstahl rostet, Firmenschrift der Deutschen Derustit GmbH, Dietzenbach.
(6) Schweiger, S.: Poligrat-Verfahren zur Erzeugung hochwertiger funktioneller Oberflächen auf Edelstahl Rostfrei, 11/83, Firmenschrift der Poligrat GmbH, München.
(7) Xiaoxia Jiang u. Yulin Zhoh: Die Rolle von oberflächenaktiven Stoffen bei der Ätzung von Korngrenzen in Stählen, Pract. Met. **24** (1987), 521.
(8) Arlt, N.; Fleischer, H.-J.; Gebel, W.; Grundmann, R.; Gümpel, P.: Stand und Entwicklungstendenzen auf dem Gebiet der nichtrostenden Stähle, Thyssen Edelst. Tech. Ber. **15** (1989) H. 1.
(9) Zeller, R.: In (1).
(10) Schütz, W.: Kugelstrahlen zur Verbesserung der Schwingfestigkeit von Bauteilen, Z. Werkstofftech. **17** (1986), 53 – 61.
(11) N.N.: Airbus-Tragflügel mit Kugeln beschossen, Tech. Rundsch. 26/86, S. 29.
(12) Kaiser, B.: Tagungsbericht über die 3. Internationale Kugelstrahl-Konferenz, Mat.-wiss. u. Werkstofftech. **19** (1989), 74 – 79.
(13) Peiter, A.: Hämmern vorteilhafter als Strahlen, DK 3 – 4/86, 3 – 6.
(14) Horn, E.-M.; Kuron, D.; Gräfen, H.: Z. Werkstofftech. **8** (1977), 37 – 55.
(15) Engele; Klingele: Metallschäden, Carl-Hanser-Verlag München, Wien, mit freundlicher Genehmigung.
(16) Fischer; Siedlareck, H.: Z. Metalloberfl. **40** (1986) H. 4, 154.
(17) Predel, B.: Max-Planck-Institut für Metallforschung, Institut für Werkstoffwissenschaften und Institut für Metallkunde der Universität Stuttgart, 1975.
(18) Küppers, W.: TAE, Lehrgang Edelstahl 1986.
(19) Informationsschrift der Fa. Deutsche Derustit GmbH.
(20) Prießlinger-Schweiger, S.: Chem.-Tech. **12** (1983) H. 4, mit freundlicher telephonischer Genehmigung von Herrn Gesch.-Führer Stückel der Fa. Polygrad GmbH München, vom 03.6.87.
(21) Küppers, W.: Thyssen Edelstahlwerke AG, Krefeld, Freundliche persönliche Information.
(22) Bauer, C.-O.: Verbindungstechnik 9 (1977) H. 1/2, 13 – 14, sowie freundliche telephonische Genehmigung vom 04.6.87 der Fa. Verbindungstechnik, Wuppertal-Cronenberg, Herr Bauer.
(23) Werksinterne Vorschriften der Fa. Buss AG, Pratteln/Schweiz, von Herrn Prokurist Emil Fels freundlichst zur Verfügung gestellt.
(24) Rückert, J.: Werkst. u. Korr. **37** (1986), 336 – 339.
(25) Herrmann, V.: Konditionieren von Kühlwässern, in S. Lohmeyer und Mitautoren, Wassernutzung und Abwasserreinigung in Betrieb und Kommune, Expert-Verlag, Ehningen, 1992.

(26) Römps, Chemie-Lexikon, Franckh'sche Verlagshandlung Stuttgart.
(27) Freundl. teleph. Auskunft von Herrn Zirn, Landratsamt Heidenheim vom 20.3.86.
(28) Hütte: 1967, S. 199.
(29) Hütte: 1967, S. 155.
(30) D'Ans-Lax: 1967, Bd. I, S. 1 – 1443.
(31) Freundl. teleph. Auskunft von Herrn Dr. Kiesheyer, Fa. Krupp, Düsseldorf, 3/1984.
(32) Facsko, G.: Galvanotechn. **76** (1985) Nr. 9, 1159 – 1164.
(33) Ulich-Jost: Kurzes Lehrbuch der Physikalischen Chemie, Dr. Dietrich-Steinkopff-Verlag, Darmstadt, 8. Aufl. 1955, Anhang II.
(34) Herrmann, V.: Werkstoffe für Anlagen und Rohrleitungen, in S. Lohmeyer und Mitautoren, Wassernutzung und Abwasserreinigung in Betrieb und Kommune, Expert-Verlag, Ehningen, 1992.
(35) Unterlagen, welche die BASF AG liebenswürdigerweise zur Verfügung gestellt hat.
(36) Röhrig, K.: Konstruieren und Gießen **9** (1984) Nr. 2, 8 – 20.
(37) Freundl. telephon. Information von Herrn Dr.-Ing. Werner Huppatz, VAW, Bonn vom 15.5.87.
(38) v. Franqué, O.; Stichel, W.: Werkstoffe u. Korr. **37** (1986), 340 – 343.
(39) Schmitt-Thomas, Kh.G.; Meisel, H.; Seßler, W.: Werkstoffe u. Korr. **37** (1986), 36 – 44.
(40) Lohmeyer, S.: Metalloberfl. **39** (1985) H. 8, 293 – 300 und H. 9, 325 – 328.
(41) Pircher, H.; Großterlinden, R.: Werkstoffe u. Korr. **38** (1987), 57 – 64.
(42) Von der BSHG, Abt. WT freundlichst zur Verfügung gestellt.
(43) Vom Wasserwirtschaftsamt Ellwangen freundlichst zur Verfügung gestellt.
(44) Reitz, K., Dipl.-Ing.: BSHG Abt. WT.
(45) Risch, K.: Werkstoffe u. Korr. **38** (1987), 590 – 596.
(46) Faerber, M.-G.; Langenbahn, H.-W.: Technische Rundsch. 44/87, Seite 13.
(47) Von Herrn Dr.-Ing. R. Zeller, Robert-Bosch GmbH, freundlichst zur Verfügung gestellt.

Kapitel 2

(1) Stahlguß – Herstellung, Eigenschaften, Anwendungen. Konstruieren + Gießen 13 (1988) Nr. 4.
(2) Bock, E. u.a.: Stahl und Eisen 104 (1984) Nr. 11, S. 557 – 63.
(3) Alloys for the 80ies. Climax Molybdenum 1980.
(4) Röhrig, K.: Seewasserbeständiger rostfreier Stahlguß, Konstruieren u. Gießen 9 (1984) Nr. 2, S. 8/20.
(5) Gysel, W.; Dybowski, G.; Wojtas, H.J.; Schenk, R.: Hochlegierte Duplex- und vollaustenitische Legierungen für Qualitäts-Stahlgußstücke. Konstruieren u. Gießen 12 (1987), Nr. 1, S. 13 – 27.
(6) Pini, G.; Weber, J.: Werkstoffe für die Förderung von Meerwasser und hochchloridhaltigen Medien. Techn. Rundsch. Sulzer (1979) Nr. 2, S. 69 – 80.
(7) Horn, E.M.; Diekmann, H.; Kilian, R.; Kratzer, A.; Striepel, H.; Tischner, H.: Praxisnahe Prüfung korrosions- und erosionsbeständiger Pumpenwerkstoffe. Zeitschrift für Werkstofftechnik Nr. 14 (1983), S. 311 – 322, 350 – 356.
(8) Niederau, H.J.: Entwicklungsstand nichtrostender weichmartensitischer Chrom-Nickel-Stähle unter besonderer Berücksichtigung des Stahles X5 CrNi 13 4. Stahl + Eisen 98 (1978), Nr. 8, S. 385 – 92.
(9) Nickel, O.: Austenitisches Gußeisen – Eigenschaften und Anwendung. Konstruieren u. Gießen 9 (1984) Nr. 4.
(10) Eisensiliciumguß. Techn. Information Nr. 1, Rheinhütte.
(11) Tischner, H.: Werkstoffauswahl für Pumpen. VDI-Ber. Nr. 674, 1988, S. 173 – 207.

Kapitel 4

(1) Engell, H.-J.; Speidel, M.O.: Ursachen und Mechanismen der Spannungsrißkorrosion. Werkstoffe und Korrosion **20** (1969) 281.
(2) Tofaute, W.; Rocha, H.J.: Tecnica Metalvrgica, 6. Jg. Dezember (1950) 427.
(3) Edeleanu, C.: J.I.S.I. Bd. 173 (1953) 140.
(4) Hines, J.G.; Hoar, T.P.: J.I.S.I. Bd. 184 (1956) 166.
(5) Uhlig, H.H.; White, R.A.: Trans ASM 52 (1960) 830.
(6) Randak, A.: Trautes, Fr.-W.: Werkstoffe und Korrosion (1970).
(7) Vermilyea, O.A.: Conference on Fundamental Aspects of Stress Corrosion Cracking, Ohio State University Columbus, Ohio, 11. − 15. Sept. 1967.
(8) Angel, T.: J.I.S.I., Bd. 177 (1954) 165.
(9) Cina, B.: J.I.S.I., Bd. 177 (1954) 406.
(10) Breedis, J.F.; Robertson, W.D.: Acta Met. **10** (1962) 1077.
(11) Nilson, H.; Schüller, H.J.; Schwab, P.: Prakt. Metallographie **5** (1969) 269.
(12) Engell, H.-J.: Korrosion 21. Physik.-Chem. Methoden der Korrosionsprüfung (1968). Verlag Chemie, Weinheim.
(13) Reed, R.P.: Acta Met. **10** (1962) 865.
(14) Hoar, T.P.; Hines, J.G.: J.I.S.I., Bd. 182 (1956) 124.
(15) Hines, J.G.; Jones, E.R.W.: Corrosion Science **1** (1961) 88.
(16) van Rooyen, D.: Proceedings of First International Conference on Stress Corrosion Cracking. Butterworths, London (1961).
(17) Barnartt, S.; Stickler, R.; van Rooyen, D.: Corrosion Science **3** (1963) 9.
(18) Desestret, A.; Wagner, G.H.: Werkstoffe und Korrosion **20** (1969) 300.
(19) Warlimont, H.: Persönliche Mitteilung über EM-Aufnahme.
(20) Hornbogen, E.: Zeitschrift für Metallkunde **58** (1967) 224.

Kapitel 6

Höpfner, W.; Plieth, W.J.: Charakterisierung der Prepassiv- und Passivschicht auf Eisen durch XPS, AES und Relexionspektroskopie, Werkstoffe und Korrosion, **36** (1985), 373.

Risch, U.; Althen, W.: Gezieltes Beizen von Apparaturen aus chemisch beständigen Stählen, Z. Werkstofftechnik **12** (1981), 23 − 30.

Rössel, Th.: Auch Edelstahl rostet, Schweißtechnik Wien, Heft 1 − 11 (1985).

Pieslinger-Schwaiger, S.: Elektropolieren von Edelstahloberflächen für hohe Reinheitsanforderungen, Metalloberfläche, **8** (1986), 40.

Pieslinger-Schwaiger, S.: Elektropolieren hochwertiger funktioneller Edelstahloberflächen, Chemie Technik, **4** (1983).

Kapitel 7

(1) Werkstoffkunde Stahl, Bd. 1: Grundlagen, Hrsg.: Verein Deutscher Eisenhüttenleute, Springer-Verlag 1984.
(2) Werkstoffkunde Stahl, Bd. 2: Anwendung, Hrsg.: VDEH, Springer-Verlag 1985.
(3) Lohmeyer, S. u.a.: Edelstahl I, expert verlag, Band 70, 1989.
(4) Engineer, S.; Huchtemann, B.; Schüler, V.: Entwicklung und Anwendung von mikroleg. perlit. Stählen, Thyssen Edelst. Techn. Bericht 13. Bd. 1987, Heft 1, S. 34.
(5) Huchtemann, B.; Engineer, S.; Schüler, V.: 26MnSiVS7 − ein neuer mikroleg. perlit. Stahl, Thyssen Edelst. Techn. Berichte 13. Bd. 1987, Heft 1, S. 44.

(6) Brandis, H.; Huchtemann, B.; Schmidt, W.: Einfluß der Umformbedingungen auf die mechanischen Eigenschaften des mikrolegierten Stahles 42MnSiVS33, Thyssen Edelst. Techn. Berichte 14. Bd. 1988, Heft 2, S. 135.
(7) Grundmann, R.: Erfahrungen und Trends bei Herstellung und Anwendung nichtrostender Stähle, Thyssen Edelst. Techn. Berichte 12. Bd. 1986, Heft 2, S. 176.
(8) Information über Werkstoffe im Triebwerk, v. P. Eßlinger, MTU, 1986.
(9) Schreiber, F.: Verarbeitung und Anwendung von Tantal, Niob und Vanadium, Radex-Rundschau, Heft 1/2, 1983, S. 85.

Kapitel 8

(1) Rüdiger, K.: Moderne Werkstoffe — Auswahl — Prüfung — Anwendung, Übersichten über Sondergebiete der Werkstofftechnik für Studium und Praxis, Z. Werkstofftechnik 9 (1978), S. 181/188.
(2) Ogawa, Sh.; Watanabe, D.: Sci. Rep. RIIu 7A (1955), 184.
(3) Rüdiger, O.; Fischer, W.; Knorr, W.: Zeitschr. f. Metallkunde, Bd. 47 (1957), Heft 8, S. 599, zur Korrosion von Titan und Titanlegierungen.
(4) Wasilewski, R.J.: GL Kehl Metallurgia 50 (1954), 225.
(5) EC. Fetter Chem. Eng. 57 (1950), 263.
(6) Brauer, E.; Nann, E.: Werkstoffe + Korrosion 20 (1969), 676.
(7) Franz, D.; Göhr, H.: Ber. Bunsengesellschaft 67 (1963), 680.
(8) Pourbaix, M.: Atlas of Electrochemical Equilibria in Aqueous Solution, Pergamon, London, 1966.
(9) Die Korrosionsbeständigkeit des Titans, Druckschrift Ref. MK 145/23/570 der Imperial Metal Industries (Kynoch) Ltd., New Metals Division, Birmingham, England, S. 17.
(10) Tomoshov, N.D.; Chernova, G.P.: Passivity and Protection of Metals against Corrosion, Plenum Press, New York, 1972, S. 100/102.
(11) vgl. (9), S. 9/11.
(12) vgl. (9), S. 12/13.
(13) Diekmann, H.; Horn, E.-M.; Gramberg, U.: Erfahrungen mit hochschmelzenden Metallen in der Chemietechnik, VDI-W-Tagung „Verarbeitung und Anwendung der hochschmelzenden Metalle Chrom, Tantal, Niob, Molybdän und Wolfram", Köln 06./07.12.1984, Tagungsband, S. 87/95.
(14) Bishop, C.R.: Corrosion Tests at Elevated Temperatures and Pressures, Corrosion (Houston) 19 (1963), S. 308t/314t.
(15) Webster, R.T.; Yau, T.L.: Zirconium in Sulfuric Acid Applications, Mater, Perform, (Houston) 25 (1986) 3, S. 15/17.
(16) Günther, T.: Zusammenhang zwischen Gefüge und Korrosionsverhalten bei Zirkonium Werkst. u. Korros. 30 (1979) 5, S. 308/321.
(17) Frechem, B.S.; Morrison, J.G.; Webster, R.T.: Improving the Corrosion Resistance of Zirconium Weldments, in: Industrial Applications of Titanium and Zirconium, ASTM, STP 728, E.W. Kleefisch, Ed. American Society for Testing and Materials, 1981, S. 85/108.
(18) Knittel, D.R.; Webster, R.T.: Corrosion Resistance of Zirconium and Zirconium Alloys in Inorganic Acids and Alkalies, in: Industrial Applications of Titanium and Zirconium, ASTM, STP 728, E.W. Kleefisch, Ed. American Society for Testing and Materials, 1981, S. 191/203.
(19) Yau, T.L.: Methods to Treat Pyrophoric Film on Zirconium, in: Industrial Applications of Titanium and Zirconium, Third Conference, ASTM, STP 830, R. T. Webster u. C.S. Yound, Ed. American Society for Testing and Materials, 1984, S. 134/129.

(20) Knittel, R.D.: Zirconium in: Corrosion and Corrosion Protection Handbook, Ph. A. Schweitzer, Ed., Marcel Dekker, Ind., New York, Basel 1983, S. 209/210.
(21) McDowell, D.W.: Handling Mineral Acids, Chemical Engineering 81 (1974) 24, S. 118/135.
(22) Lupton, D.; Aldinger, F.; Schulze, K.: Niobium in Corrosive Environments, in: Niobium, Proc. Intern. Symposium Niobium '81, San Francisco, 08./11.11.1981, S. 533/560.
Lupton, D.; Aldinger, F.: Proc. 10th Plansee-Seminar, Juni 1981, Reutte/Österreich.
Lupton, D.F.; Amend, L.; Heinke, H.; Schrank, R.; Schreiber, F.: Einsatz von Sondermetallen in hochkorrosionsfesten chemischen Anlagen, Hereaus-Sonderdruck anläßlich der ACHEMA 1982, Frankfurt/Main.
(23) Lupton, D.; Schiffmann, W.; Schreiber, F.; Heitz, E.: Corrosion Behaviour of Tantalum and Possible Substitute Materials under Extreme Conditions, Proc. 8th International Congress on Metallic Corrosion, Mainz, 1981, Bd. II, S. 1441/1446.
(24) DECHEMA-Werkstoff-Tabelle/Chemische Beständigkeit, Abschnitt Oleum, Blatt 17, Dez. 1966.
(25) vgl. (20), S. 183.
(26) Horn, E.-M.; Diekmann, H.; Hörmann, M.: unveröffentlichte Ergebnisse.
(27) Schussler, H.: Corrosion Data Survey on Tantalum, Fansteel Incl, North Chicago, III., 1972, S. 104.
(28) vgl. (20), S. 200.
(29) Kane, R.D.; Boyd, W.K.: Use of Titanium and Zirconium in Chemical Environments, in: Industrial Applications of Titanium and Zirconium, ASTM, STP 728, W.W. Kleefisch, Ed. American Society for Testing and Materials, 1981, S. 3/8.
(30) Horn, E.-M.; Kohl, H.: Werkstoffe für die Salpetersäure-Industrie, Werkst. u. Korros. 37 (1986) 3, S. 57/69.
(31) Berg. F.F.: Korrosionsschaubilder, VDI-Verlag GmbH, Düsseldorf, 1964.
(32) Charquet, D.; de Gelas, B.; Armand, M.; Tricot, R.: Mem. Sci. Rev. Metall. 74 (1977), S. 113/117.
(33) Berglund, G.; Berner, M.: UNIDO-AFCFP-Seminar Corrosion in Fertilizer Plants, 09./13.04.1984, Arzew, Algerien.
(34) Streicher, M.A.: General and Intergranular Corrosion of Austenitic Stainless Steels in Acids, J. Electrochem., Soc. 106 (1959) 3, S. 161/180.
(35) Degnan, D.F.: Materials for Handling Hydrofluoric, Nitric and Sulfuric Acid, Process Industries Corrosion, NACE, Houston (1975), S. 229/239.
(36) Fontana, M.G.: Materials for Handling Fuming Nitric Acid and Properties of Fuming Nitric Acid with Reference to its Thermal Stability, Wright Air Development Center, US Air Force, Wright-Patterson Air Force Base, Ohio, AF Technical Report 6519, No 5, PB 111877, Mai 1955.
(37) Gilbert, L.L.; Funk, C.W.: Explosions of Titanium and Fuming Nitric Acid Mixtures Metall Process Nov. 1956, S. 93/96.
(38) Bomberber, H.B.: Titanium Corrosion and Inhibition in Fuming Nitric Acid, Corrosion (Houston) 14 (1957) 5, S. 287t/291t.
(39) Rittenhouse, J.B.; Stolica, N.D.; Vango, St.P.; Whittick, J.B.; Mason, D.M.: Corrosion and Ignition of Titanium Alloys in Fuming Nitric Acid, Jet Propulsion Laboratory, Wright Air Development Center, WADC Technical Report 56-414, PB 121.940, Februar 1957.
(40) Corrosion (Houston) 12 (1936) 6, S. 65/68.
(41) Stough, D.W.; Fink, F.W.; Peoples, R.S.: The Stress Corrosion on Pyrophoric of Titanium and Titanium Alloys, (Peoples) Titanium Metallurgical Laboratory, Battelle Memorial Institute, Columbus, Ohio, T. M. L. Report No 84 vom 15.09.1957.
(42) Some Hazards when Hdnling Titanium, Metal Industry v. 11.06.1964, S. 794/795.
(43) Fontana, M.G.: Ind. Engng. Chem. 44 (1952) 7, S. 71 A/74 A.

(44) Zircadyne Corrosion Properties, Teledyne Wah Chang, Albany, Druckschrift TWCA-8102 ZR, S. 10.
(45) Rüdiger, K.: Korrosionsschutz durch die Werkstoffe Titan, Zirkonium und Tantal, Thyssen Edelstahl techn. Ber. 8 (1982) 2, S. 172/176.
(46) Outlook, Druckschriften der Teledyne Wah Chang, Albany, 4 (1983) 3 und 6 (1985) 4.
(47) Kallista, R.G.: Beständigkeit von Zirkon gegenüber Salpetersäure, Chem.-Techn.-Heidelb. 14 (1985) 6, S. 249/252.
(48) Furuya, F.; Satoh, H.; Shimigori, K.; Nakamura, Y.; Matsumoto, K.; Komori, Y.; Takeda, S.: Corrosion Resistance of Zirconium and Titanium Alloy in HNO, Solutions, in: Fuel Reprocessing and Waste Management, Tagungshandbuch, Jackson, Wy; 24./29.08.1984.
(49) Beavers, J.A., Griess, C.J.; Boyd, W.K.: Corrosion (Houston) 37 (1983) 5, S. 292/297.
(50) Yau, T.L.: Corrosion (Houston) 39 (1983) 5, S. 167/184.
(51) Outlook, Druckschrift der Teledyne Wah Chang, Albany, 7 (1986) 1.
(52) I. Inst. Metals 86 (1957 – 1958), Teil 1.
(53) Horn, E.M.; Klusacek, H.: demnächst.
(54) Schweitzer, Ph.A.: Tantalum, in: Corrosion and Corrosion Protection Handbook, Ph.A. Schweitzer, Ed., Marcel Dekker, Ind., New York, Basel, 1983, S. 180/182.
(55) vgl. (23), S. 36/45.
(56) Horn, E.M.: unveröffentlichte Ergebnisse.
(57) Cabot: High Technology Materials Division, Digut 33 (1982) 5.
(58) vgl. (23), S. 115/116.
(59) vgl. (23), S. 111.
(60) vgl. (51), S. 175.
(61) Beer, H.: DP 1.671.422.0 vom 02.07.1968.
(62) Gramberg, U.; Horn, E.-M.; Cavalar, K.-C.: Explosionsplattierte Bleche in Anlagen – Erfahrungen aus der Chemietechnik, VDI-W-Tagung, Explosionsplattieren – Ein modernes Verfahren zur Herstellung von Hochleistungsverbundsystemen, 01.12.1983, Düsseldorf, Tagungsband S. 29/35.

Kapitel 9

(1) Klement, W.; Willens, R.H.; Duwez, P.: Nature, **187** (1960) 869.
(2) Predel, B.: In „Sondermetalle, Gewinnung – Verarbeitung – Anwendung", herausgegeben von der GDMB, Gesellschaft Deutscher Metallhütten- und Bergleute, Verlag Chemie, Weinheim (1983) Seite 232 – 255.
(3) Predel, B.: Erzmetall, **35** (1982) 350 – 357.
(4) Predel, B.: In „Key Engineering Materials", Trans. Techn. Publications, Switzerland, Vol. **40; 41** (1990) 17 – 38.
(5) Predel, B.: „Metallic Glasses" in „Thermochemistry of Alloys", H. Brodovsky and H.J. Schaller (Editors), Kluwer Acad. Publ. Dordrecht (1989).
(6) Schulze, H.: Glas, Vieweg und Sohn, Braunschweig (1965).
(7) Chen, H.S.; Turnbull, D.: Appl. Phys. Letters, **10** (1967) 284.
(8) Hultgren, R.; Desai, P.D.; Hawkins, D.T.; Gleiser, M.; Kelley, K.K.: „Selected Values of Thermodynamic Properties of Binary Alloys", Amer. Soc. for Metals, Metals Park, Ohio (1973).
(9) Sommer, F.: Z. Metallkunde, **73** (1982), 72, 77.
(10) Castanet, R.; Bergman, C.: J. Chem. Thermodyn., **11** (1979) 83.
(11) Predel, B.; Bankstahl, H.: J. Less-Common Met., **43** (1975) 191.
(12) Predel, B.: „Experimentelle Untersuchungen zur Thermodynamik der Legierungsbildung", Westdeutscher Verlag, Opladen (1976).

(13) Ellner, M.; Predel, B.: Z. Metallkunde, **71** (1980) 364.
(14) Massalski, T.B. (Editor-in-Chef): Binary Alloy Phase Diagrams, Amer. Soc. for Metals, Metals Park, Ohio (1986).
(15) Bernal, J.D.: Nature (London), **183** (1959) 141.
(16) Bernal, J.D.: Nature (London), **188** (1960) 908.
(17) Bernal, J.D.: Proc. Roy. Soc. (London), **A 280** (1964) 299.
(18) Polk, D.E.: Acta Met., **20** (1972) 485.
(19) Lamparter, P.; Sperl, W.; Steeb, S.; Blétry, J.: Z.Naturforschung,**37a** (1982) 1223 − 1234.
(20) Fukunaga, T.; Suzuki, K.: Sci. Rept. RITU, **A 28** (1980) 208.
(21) Vincze, I.; Kemény, T.; Arays, S.: Phys. Rev. B, 21 (1980) 21.
(22) Sommer, F.; Vogelbein, W.; Predel, B.: J. Non-Cryst. Solids, **51** (1982) 333.
(23) Sommer, F.: Ber. Bunsenges. Phys. Chem., **87** (1983) 749.
(24) Lewis, B.G.; Davies, H.A.: In P.H. Gaskell (Herausgeber): „The Structure of Non-Crystalline Materials", Taylor and Francis, London (1977).
(25) Duwez, P.: Trans. Amer. Soc. Met., **60** (1967) 607.
(26) Chen, H.S.; Jackson, K.A.: In „Metallic Glasses", Papers presented at Sem. of Mat., Soc. Div. Amer. Soc. Met. (1976); Amer. Soc. for Metals, Metals Park, Ohio (1978).
(27) Sommer, F.: Z. Metallkde., **72** (1981) 219.
(28) Pietrokowski, P.: Rev. Sci. Instr., **34** (1963) 445.
(29) Predel, B.; Hülse, K.: J. Less-Common Met., **63** (1979) 45.
(30) Duwez, P.; Willens, R.H.; Klement, W.: J. Appl. Phys., **31** (1960) 1136.
(31) Predel, B.; Duddek, G.: Z. Metallkde., **69** (1978) 773.
(32) Salli, I.V.; Limina, L.P.: Zavod. Lab., **31** (1965) 120.
(33) Chen, H.S.; Miller, C.E.: Rev. Sci. Instr., **41** (1970) 1237.
(34) Anthony, T.R.; Chine, H.E.: J. Appl. Phys., **49** (1978) 829.
(35) Pond Jr., R.; Maddin, R.: Trans. Met. Soc. AIME, **245** (1969) 247.
(36) Taylor, G.F.: Phys. Rev., **23** (1924) 655.
(37) Nixdorf, J.: Draht, **53** (1967) 696.
(38) Moss, M.; Smith, D.L.; Lefever, R.A.: Appl. Phys. Letters, **5** (1964) 120.
(39) Köster, U.; Herold, U.: In H.J. Güntherodt und H. Beck (Herausgeber), „Glassy Metals I", in „Topics in Applied Physics", Vol. 46, Springer-Verlag, Berlin (1981).
(40) Predel, B.: Nachr. Chem. Techn. Lab., **31** (1983) 168.
(41) Fischer, M.; Polk, D.W.; Giessen, B.C.: In: R. Mehrahian, B.H. Kear und M. Cohen (Herausgeber), „Proc. Conf. on Rapid Solidification Processing", Claitors Publ. Div., Baton Rouge (1978).
(42) Pratten, N.A.; Scott, H.G.: Scr. Metall., **12** (1978) 137.
(43) Chen, H.S.: Acta Met., **24** (1976) 153.
(44) Chen, H.S.; Park, B.K.; Acta Met., **21** (1973) 395.
(45) Sommer, F.; Bucher, G.; Predel, B.: J. Phys., **C8** (1980) 563.
(46) Güntherodt, H.J.: Metall, **33** (1979) 723.
(47) Warlimont, H.: Inst. Phys., (1980) 29.

Kapitel 10

(1) Engell, H.-J.; Speidel, M.O.: Ursachen und Mechanismen der Spannungsrißkorrosion. Werkstoffe und Korrosion **20** (1969) 281.
(2) Engell, H.-J.; Schreiber, F.: Werkstoffe und Korrosion **23** (1972) 3; 175/80.
(3) Diehl, J., in: Moderne Probleme der Metallphysik. Verfasser A. Seager. Springer-Verlag, Berlin/Heidenheim/New York.
(4) Diehl, J.; Seidel, G.P.: Symposium on Radiation Damage in Reactor Materials, I.A.E.A. Vienna, Austria, June 2 – 6 (1969).
(5) Harris, D.R. et al.: Proceedings of the third International Conf. on the Peaceful uses of Atomic Energy. Geneva (1964) P/162, p. 232.
(6) Böhm, H.; Dienst, W.; Hauck, H.; Laue, H.J.: J. of Nuclear Mat. **18** (1966) 337.
(7) Wilsdorf, H.G.F.; Kuhlmann-Wilsdorf, D.: J. of Nuclear Mat. **5** (1962) 178.
(8) Bloom, E.E.; Martin, W.R.; Stiegler, J.O.; Weir, J.R.: J. of Nuclear Mat. **22** (1967) 68.
(9) Stiegler, J.O.; Bloom, E.E.: J. of Nuclear Mat. **33** (1969) 173.
(10) Holmes, J.J. et al.: Acta Met. **16** (1968) 955.
(11) Reynolds, M.B.; Low, J.R.; Sullivan, L.O.: Trans. AIME (1955) 555.
(12) Cupp, C.R. in: Physical Metallurgy of Stress Corrosion Fracture Ed. Rodin T.N. (1959) 270.
(13) Davis, M.J.; Landsmann, D.A.; Seddon, W.E.: AERE-R 5014, UKAEA Reserach Corporation, Harwell, Berks (1965).
(14) Knights, C.F.: AERE-M 1899, UKAEA Research Group, Harwell, Berks (1967).

Sachregister

AOD 119
Arbeitshandschuhe 34
Arbeitsplatzsauberkeit 33
Assoziate 330, 333
Assoziationsgleichgewicht 324, 325, 328, 332
Assoziationsgrad 333
Atmosphäre
- schwefeldioxid-freie 46
- schwefeldioxid-haltige 46
Atmosphärische Angriffsmedien 39
Aufbauschmelze 1
Ausscheidung 343
Ausscheidungsreaktionen 345
Austenitisches Gußeißen 137
- mit Kugelgraphit 95, 137
- Korrosionsbeständigkeit 139
Auswahl 251
- technische 251
- wirtschaftliche 251

Beizen 212
Beizpaste 11
Beizwäsche 25
Belüftungselement 47
Beständigkeitsreihenfolge 53
Beständigkeit gegen Schwefelwasserstoff 132
Bildungsenthalpie 330, 331
Biradikale 7
Bleche
- kaltgewalzte 257
Brauchwasser 3, 52

Chloridbeständigkeit 125
Chromausscheidung in angelieferten Blechen 16
Chromgußeisen 149
Chromstähle
- carbidhaltige-martensitische 149
- carbidisch-ferritische 149

Delta-Ferrit 113
Dissoziation des Wassers 61
Doppelung in Blechen 37
Duplex-Stahl 120, 125
Durchbruchpotential 125

Edelstähle 245
Einsatz in Salpetersäure 114
Einsatzbedingungen 247
Eisengußwerkstoffe 94
Elektrochemische Spannungsreihe 3
Elektromotorische Kraft (EMK) 28
Elektronenstrahlschmelzen 275

Elektropolieren 212
Entpassivierung 81
Essen 43
Essigsäure aus Holz 88

Feingußlegierungen 267
Feinkornstähle 256
- schweißgeeignete 256
Fernordnung 336, 337
Ferritgehalt 112
Festigkeitssteigerung 257
Freie Enthalpie 332, 333, 334, 343, 344
Fremdrostinfektion 42
Fügestelle 3, 61

Gefügeinhomogenität 1
Glasbildung 337
Glasbildungsfähigkeit 337, 338
Glastemperatur 323, 332, 334, 338
Grundstähle 245

Hämmern 13
Herstellungsverfahren 91
Holzteile einer Verpackung 88
Hume-Rothery-Verbindungen 330, 331

Interkristalline
- Korrosion 214
- Risse 356

Kalkausfall 5
Kapillarkondensation 8
Keramikformgußverfahren 119
Kondenswasser 44
Konstruktionsfehler 80
Korrosion 147
- interkristalline 112
Korrosionsart 262
Korrosionsbeständigkeit 260
- von Tantal und anderen Metallen 270
Korrosionssystem 163, 349
Kristallisation 343
Kristallkeimbildung 332, 334, 336, 337
Kristallwachstum 337
Krustenbildung 56
Kunststoffzusätze 89
Kupfergehalt im Trinkwasser 78
Kupferniete 30

Legierungselemente 253
Lichtbogenschmelzen im Vakuum 275
Lochfraß 113, 139
Lochfraßpotential 127
Lochkorrosion 214
Lokalkorrosion 113

Lösungsglühtemperatur 115
Löten rostfreier Stähle 65

Martensitbildung 167
Mechanische Eigenschaften 351
Meerestechnik 114
Metallographische Untersuchungen 168
Mischungsenthalpie 326, 327, 328, 343
Mischungslücke 343
Modell 91
Molwärme 324
Molybdän 114

Nahordnung 336, 337
Neutronenbestrahlung 349
Neutronenfluß 356
Nickel-Legierungen 264
- schmiedbare 267
Normen 95

Oberflächen
- elektropolierte 25
- Nickel-diffundierte 18
Oberflächenbehandlung 212
Ostwaldsche Stufenregel 343
Oxidische Passiv-Schicht 273

Polarisationswiderstand 164, 351
Polymorphe Umwandlung 345
Potentialunterschied 4
- in Schweißnähten 5
Preisvergleich 271
Produktionslösung 3, 68

Qualitätsstähle 245

Randaufkohlung 119
Reguläre Lösung 326, 328, 330
Reißlänge 267
Rekristallisation 14
Relaxation 343
Röhrenwärmeaustauscher 307

Salzsäurehaltige Luft 42
Salzschmelze 24
Schaeffler-Delong 111
Schaumkunststoffe 84
Schleifen 10
Schraubenverbindung 29
Schraubgewinde 31
Schrottschmelze 1
Schwachstellen 3
Schwefelsäure 128
Schweißen 307
Schweißpatzer 26
Schweißtupfer 26
Schweißverbindung 113
Sigma-Phase 123
Siliciumguß 95, 143
Silikatschmelze 323
Sonderbelastungen 85

Sondermetalle 273
- in Flußsäure 304
- in Salpetersäure 298
- in Salzsäure 296
- in Schwefelsäure 289
- Verwendung in der chemischen
Verfahrensindustrie 305
Spalte 3
Spaltkorrosion 114
Spaltwirkung 82
Spannungen
- thermische 26
Spannungs-Dehnungs-Kurven
- bestrahlter Proben 352
- unbestrahlter Proben 352
Spannungsrißkorrosion (SRK) 112, 114,
163, 214, 356
- Empfindlichkeit 171
- Standzeit 356
- Untersuchungen an bestrahlten
Proben 356
Spezifische Zeitstandfestigkeit 268
Sprengplattieren 309
Stähle
- Chrom 149
- Chrom-Nickel 163
- Eisen-Chrom-Nickel 349
- ferritisch-austenitische 120
- ferritisch-carbidische 111
- hitzebeständige 264
- martensitische Cr-Ni 133
- mikrolegierte 253
- mikrolegierte perlitische 258
- nichtrostende 260
- Sorte 1.4308, 1.4552 112
- weichmartensitische 132
Stahlguß 11
- ferritisch-austenitischer 120
Stahlgußsorten 11
Stauchungsbereich 16
Stickstoff 115, 120
Strahlen 10
Strahlenschädigung 349
Strahlparameter 12
Strömungsgeschwindigkeit 129, 130
Stromdichte-Potentialkurve 70

Tantal 270
Titan 268
Titanlegierungen 268
Transkristallin 356

Umformer 26
Umwandlungsenthalpie 331
Unterkühlung 323

Verarbeitungseigenschaften 249
Verarbeitungsfehler 23
Verbindungsbildung 326
Verbindungsbildungssystem 343
Verdampfungsenthalpie 338, 339

Verformungsenergie 13
- eingespeicherte 1
Verpackungen 87
Verschleiß 147
Verschleißbeständige Werkstoffe 132
Versprödung 123
Viskosität 323
VOD-Konverter 119
Vollstab 37

Wärmebehandlung 123
Wärmedämmstoffe 83
Warmrissigkeit 112
Wasserdipol 7

Weichmacherwanderung 88
Weichmartensite 150
Werkstoffanforderungen 247
Werkstoffauswahl 247
Werkstoffbeurteilung 251
Werkstoffe 132
Werkstoffkosten 306
Wirksumme 114, 115, 116
Wirtschaftlichkeit 250

Zähigkeitswerte 254
Zeitstandfestigkeit 266
Zufallspackung 331, 332
Zugfestigkeit 352

Autorenverzeichnis

Dipl.-Chem. Prof. Dr. Sigurd Lohmeyer
Giengen

Prof. Dr. Hans Jürgen Engell
Professor Dr. Franz Schreiber
Fachhochschule München
Fachbereich Wirtschaftsingenieurwissenschaften
München

Dipl.-Ing. Horst Körbe
Osnabrück

Dr. Max Mayr
Heräus Elektroden GmbH
Rodenbach

Dipl.-Chem. Prof. Dr. Bruno Predel
Max-Planck-Institut für Metallforschung,
Institut für Werkstoffwissenschaften
Stuttgart

Dr.-Ing. Klaus Röhrig
Erkrath

Dr.-Ing. Karl Schäfer
Butting Röhren- und Metallwerk
Wittingen-Knesebeck

Dr. Frowin Zettler
Deutsche Derustit GmbH
Dietzenbach

Tribologisches Verhalten keramischer Werkstoffe

Grundlagen und Anwendungen

Prof. Dr. Karl-Heinz Habig (federführend)

Dr. Ing. R. Dedeken, Dr. rer. nat. K. Dreyer, Dr.-Ing. W. Jaschinski
Dr.-Ing. D. Klaffke, Dr.-Ing. H. Knoch, Dr.-Ing. H. Kolaska, Dr.-Ing. D. Steinmann
Dr. rer. nat. P. Studt, Dr.-Ing. W. Thiele, K.-H. Victor, Dr.-Ing. R. Wäsche

1993, 222 Seiten, 171 Bilder, 149 Literaturstellen, DM 69,--
Kontakt & Studium, Band 431
ISBN 3-8169-0897-7

Das Buch
- gibt einen Überblick über die Grundlagen der Reibung und des Verschleißes von keramischen Werkstoffen auf der Basis Aluminiumoxid, Zirkonoxid, Siliciumcarbid, Siliciumnitrid und Kohlegraphit
- zeigt die Möglichkeiten der Reibungs- und Verschleißminderung durch den Einsatz dieser Werkstoffe auf (Dabei wird zusätzlich die Schmierung durch flüssige und feste Schmierstoffe behandelt.)
- enthält Beispiele für den Einsatz keramischer Werkstoffe in der Praxis.

Es wendet sich an
- Konstrukteure, Entwicklungs- und Versuchsingenieure
- Fertigungs- und Verfahrenstechniker
- Werkstofftechniker, Chemiker, Physiker
- Betriebsingenieure und Instandhalter

Inhalt: Systemtechnische Grundlagen - Einschränkung des Verschleißes bei Gleit-, Wälz-, Schwingungs- und Furchungsbeanspruchungen - Einsatz von keramischen Werkstoffen für Wälzlager, Gleitlager, Gleitringdichtungen, Werkzeuge u.a. - Flüssigkeits- und Feststoffschmierung keramischer Werkstoffpaarungen

Fordern Sie unsere Fachverzeichnisse an.

expert verlag GmbH, Postfach 2020, 71268 Renningen

Verschleißhemmende Schichten

Grundlagen des Verschleißverhaltens von Eisenwerkstoffen und praktische Maßnahmen zur Verschleißminderung

Dr.-Ing. Helmut Kunst (federführend)

Obering. H. Freller, Prof. Dr.-Ing. K.-H. Habig, Dr.-Ing. K. Kirner
Dr.-Ing. D. Liedtke, Dipl.-Ing. A. Oldewurtel, Dr. W. Riedel, Dipl.-Ing. G. Wahl

1993, 246 Seiten, 208 Bilder, 122 Literaturstellen, DM 88,--
Kontakt & Studium, Band 436
ISBN 3-8169-0988-4

Dieses Buch gibt Antwort auf folgende Fragen:
- Wie bearbeite ich ein Verschleißproblem rationell? Lohnen sich Zeit und Kosten für eine Systemanalyse?
- Wie gehe ich dabei vor? Welche Daten benötige ich, wie verarbeite ich sie?
- Kann ich das vorliegende Problem mit einer verschleißhemmenden Schicht lösen? Mit welcher?
- Wie erzeuge ich die Schicht? Grundmaterial, Ausgangszustand? Welche Ausrüstung benötige ich? Vor- und Nachbehandlung, Kosten?

Es wendet sich an Ingenieure und Techniker, die sich in der Praxis mit Verschleißproblemen zu befassen haben und sich in dieses Gebiet einarbeiten wollen.

Inhalt: Grundlagen des Verschleißes von Werkstoffen und Richtlinien zur Bearbeitung von Verschleißfällen - Möglichkeiten zur Verschleißprüfung in Betrieb und Labor - Einsatzhärten, Nitrieren und Nitrocarburieren von Eisenwerkstoffen - Borieren von Eisenwerkstoffen - CVD-Beschichtung als Verschleißschutz - Nach PVD-Verfahren erzeugte verschleißhemmende Schichten - Galvanisch und chemisch aufgebrachte Schichten zur Verschleißminderung - Moderne Spritzverfahren zur Erzeugung verschleißmindernder Schichten - Kriterien für Auswahl und Beurteilung verschleißhemmender Schichten in der industriellen Praxis

Fordern Sie unsere Fachverzeichnisse an.

expert verlag GmbH, Postfach 2020, 71268 Renningen